数字化转型理论与实践系列丛书

U0723032

数字化落地的
逻辑与实践案例

唐凌遥——主编 黄山 金国华——副主编

電子工業出版社·

Publishing House of Electronics Industry

北京·BEIJING

内 容 简 介

本书是由多位资深 CIO 联合撰写的数字化转型实践指南，凝聚了数十位行业专家在制造、供应链、营销、财经、人力资源等领域的数字化实战经验。本书从数字化变革的基础理论出发，深入剖析了业务架构、数据架构、应用架构的底层逻辑，并结合丰富的实践案例，详细展示了如何将数字化技术与业务需求深度融合，实现从战略到落地的全流程数字化转型。

全书分为三篇：第一篇"数字化转型的基础"系统阐述了数字化转型的组织保障、路径选择与成熟度评估；第二篇"数字化的逻辑、框架及方法"提供了从业务能力到流程设计、从业务架构到数据与应用架构的完整方法论；第三篇"数字化实践案例"则以讲故事的方式，呈现了研发、供应链、营销、财经、人力资源等领域的真实案例，涵盖背景、问题、解决方案与成果展示，帮助读者避免实践中的"坑"。

本书不仅适合企业 CIO、管理层、咨询顾问等阅读，也为大专院校相关专业学生提供了理论与实践结合的参考。通过本书，读者将掌握数字化落地的核心逻辑，获得可复制的实战经验，助力企业在数字化浪潮中脱颖而出。

图书在版编目（CIP）数据

数字化落地的逻辑与实践案例 / 唐凌遥主编 ；黄山，金国华副主编. -- 北京 ：电子工业出版社，2025. 10.（2025. 11重印）

（数字化转型理论与实践系列丛书）. -- ISBN 978-7-121-51127-1

Ⅰ. F272.7

中国国家版本馆 CIP 数据核字第 2025J13Q01 号

责任编辑：钱维扬

印　　刷：三河市鑫金马印装有限公司
装　　订：三河市鑫金马印装有限公司
出版发行：电子工业出版社
　　　　　北京市海淀区万寿路 173 信箱　邮编：100036
开　　本：720×1 000　1/16　印张：21.25　字数：408 千字
版　　次：2025 年 10 月第 1 版
印　　次：2025 年 11 月第 2 次印刷
定　　价：69.80 元

凡所购买电子工业出版社图书有缺损问题，请向购买书店调换。若书店售缺，请与本社发行部联系，联系及邮购电话：（010）88254888，88258888。

质量投诉请发邮件至 zlts@phei.com.cn，盗版侵权举报请发邮件至 dbqq@phei.com.cn。

本书咨询联系方式：（010）88254459，qianwy@phei.com.cn。

本书编委会

主　编：唐凌遥

副主编：黄　山　金国华

成　员：周小福　许少锋　唐　勇　严　诚　杨　坤
　　　　廖　文　刘秋情　陈文泽　杨爱霞　吴　峰
　　　　王　伟　王冬兴　叶挺衍　熊　韧　秦　娟
　　　　谢冬华　宋志勇　邱大巍

序一：数字化的自主可控

常有人问："您是做什么的？"

我回答："体系建设。"

对方继续问："什么是体系建设？"

我回答："如果把组织比作一台电脑，那么组织也需要有一个'操作系统'，这个'操作系统'就是体系。它能把组织变成一个整体，让人、事、物高效协同……而构建和维护这个体系的过程，就是体系建设。"

对方又问："这与数字化有什么关系？"

我回答："对大部分组织来说，数字化过程就是组织变革，并将变革成果通过 IT 技术实现的过程。而企业变革的核心，正是围绕体系建设、升级及其数字化展开的。"

本书着重讲解体系建设与数字化的逻辑，并邀请了一线的 CIO 们现身说法，将丰富的案例呈现给大家。

十多年来，我的主要工作集中在体系建设领域。我给自己设定了以下定位和角色：

定位：为复杂组织构建卓越的数字化业务运营体系的伴随式服务专家。

角色：相关专业的整合枢纽，关键问题的加速引擎，运营体系的成长引擎。

所谓整合枢纽（即充当"黏合剂"），就是协助数字化团队统一思路、逻辑、方法和方案，提升体系整体设计质量；所谓加速引擎（即充当"加速剂"），就是协助数字化团队识别关键问题并参与解决，承担关键项目的监理；所谓成长引擎（即充当"助推剂"），就是协助数字化团队快速增强数字化能力，培养复合型人才团队。

价值：充当数字化总架构师的角色，聚焦业务场景，采用"三位一体"模式推进工作。通过整合枢纽夯实协作基础，依托加速引擎突破关键瓶颈，借助成长引擎实现持续优化。

一路走来，虽然工作中解决难题的过程很有意思，服务过几个大型企业，所著书籍也被一汽集团、金龙集团、赛轮集团、温氏集团等选为数字化学习教材，但客观上我感到特别孤独。一方面，很少碰到同行，闭环的逻辑方法体系基本上是我多年学习、碰撞、打磨出来的；另一方面，大部分企业不太能理解体系工作的价值，大家更倾向于解决某些专业领域的具体问题，也更喜欢专业领域的高手，对体系专家的概念还比较陌生。

好在现在这种情况正在好转，越来越多的企业家意识到体系及其数字化建设的重要性。但仍有许多人认为数字化是 IT 技术的事情，是一个全新的建设内容，与体系无关。因此，市场上存在一个巨大的未开发的教育需求。从我多年数字化一线实践的体验来看，我愈加坚定地认为，数字化工作属于组织变革的范畴，体系数字化建设逻辑的重要性不言而喻。

好的体系和数字化建设需做到：战略定位、商业模式、管理模式、业务能力、体系建设、流程、数据及 IT 设施保持一致。如果没有系统方法的强逻辑来规划这个蓝图，是无法达到理想效果的。

在体系和数字化建设过程中，如何做到"自主可控"是企业必须回答的一个重要问题。

什么是"自主可控"？ "自主可控"的对象是组织的业务运营体系的逻辑及相关的数据资产。这里的逻辑既包括业务数字化后的逻辑，也包括数字业务化后的逻辑；既涵盖建设时的方案逻辑，也涉及运维时的维持逻辑。

为什么需要"自主可控"？ 企业的业务运营体系的逻辑及其相关的数据资产是企业现在和未来的核心竞争力，绝不能委托他人构建。无论多难，都必须由企业自己的数字化团队主导及控制，组织其建设和运营。

谁来"自主可控"？ 许多企业在数字化建设中，由于自身认知不足或力量有限，因此，常寄望于以下几种方式："靠知名大厂的能力""靠从大厂招募高管""留下源代码""靠数字化部门或数科公司"。

这些方式虽可作为辅助手段，但绝不能过度依赖。原因如下：

● "靠知名大厂的能力"：虽然可行，但必须明确边界。

大厂替代企业自身进行数字化建设，或以大厂为主力推进，存在以下问题：大厂未必熟悉企业的产业逻辑和内部情况，需要漫长的磨合期；大厂人力成本高，难以持续承担其昂贵的服务费用；企业核心的逻辑和资产被大厂掌握，若大厂辅导同行或进入企业所在行业，后果将难以控制；企业自身能力得不到提升。因此，与大厂合作必须明确边界，既能利用其优势，又能保护自身核心逻辑和资产，同时通过联合项目组锻炼人才。

● "靠从大厂招募高管"：亦可行，但需甄别其场景化赋能能力。

从大厂招募高管需要注意：对方在原厂是从事执行工作，还是方案设计或体系建设工作？是否具备将大厂经验灵活应用于企业现场的潜力？若招募到一名执行者，则很难将大厂的解决方案逻辑灵活应用于企业，容易陷入形式主义。因此，甄别其场景化赋能的能力至关重要。

- "留下源代码"：并非关键，不能被技术反向控制。

源代码本身不是关键，关键在于代码所承载的逻辑和解决方案必须掌握在企业手中。同时，需采用通用技术并以标准化方式开发，确保接口定义清晰、技术通用、文档齐备。否则，企业很容易被技术反向控制，失去主动权。当然，在此基础上，二次开发的源代码能留下则尽量留下。

- "靠数字化部门或数科公司"：也可以，但必须清晰其定位。

升级和扩张数字化部门及组建数科公司都是可行的路径，但必须明确其定位，始终聚焦于业务运营体系的逻辑及其相关的数据资产。数字化部门绝不能再是简单的"买办机构"，更不能与供应商"抢饭碗"。因此，数字化建设的唯一出路是，建立自主的跨领域数字化团队，实现数字化的自主可控。这要求：企业必须有中坚力量持续管理运营逻辑和数据资产；不轻易向外界透露自身核心能力的秘密；不要跟供应商"抢饭碗"；数字化部门一定不能是纯技术角色，更不能是买办角色，要对自己升级，成长为中坚力量；对组织变革和数字化建设"蓝图成竹在胸，核心资产紧握在手"。

如何实现"自主可控"？ 数字化属于组织变革的范畴，必须运用系统方法，以适当的节奏落地。数字化的使命是构建卓越的业务运营体系，其核心目标包括：业务稳健增长、效率持续提升、模式进化升级，分别对应三种创新方式：产品与服务创新、运营创新、商业模式创新。要实现这些目标，需进行体系建设，运用系统方法（如企业架构方法），厘清业务、数据、应用和 IT 间的关系。策略上，采用"精益+敏捷"的方法，即快速见效、整体着眼、局部着手（如MVP、速赢等）。体系建设离不开跨领域沟通，最后才是 IT 技术的选用。

本书旨在帮助企业的决策者、管理者和数字化团队建立自洽的数字化建设逻辑，并结合一线 CIO 们的实践经验，在自身的数字化建设过程中做到胸有成竹、自主可控。

本书的编写历时 10 个月。作为主编，组织这么多知名企业的 CIO 共同撰写一本书，的确是一项不小的挑战。其间，CIO 私享会创始人黄山在协调方面投入了大量精力。更难得的是，各位 CIO 在百忙之中，愿意将他们的实践心得和经验整理成书。特别感谢电子工业出版社电子信息出版分社柴燕社长的大力支持，以及钱维扬主任在辛勤校稿和出版安排上的付出。

在阅读本书过程中，若发现任何纰漏或有好的想法，请随时联系作者，欢迎批评指正。

联系方式

微信号：renzhetiger　　　　　电话：18128855662

微信公众号：digital-spirit　　　邮箱：3969493@qq.com

体系及数字化伴随式服务专家、《数字化的极简逻辑与方法》作者

唐凌遥

2024 年 12 月 10 日于深圳

序二: 数字化转型——企业数字化生存的必由之路

1996 年，美国学者尼葛洛庞帝在其出版的《数字化生存》一书中提出，人们将很快生活在一个数字化的空间中。在这个空间里，人们通过数字技术进行信息传播、交流、学习、工作等活动。这种数字化的生存方式，既是对现实生存的模拟，也是对现实生存的一种延伸与超越。

近 30 年来，随着层出不穷的数字化技术快速融入我们的生活，相对"物理的现实世界"，一个"数字的虚拟世界"已逐渐形成。起初，"数字世界"仅是对"现实世界"的模拟和映射；而随着数字化技术的发展，"数字世界"反过来开始影响甚至改变我们在"现实世界"中的活动方式。事实上，我们已开始适应在两个世界中同时生存，这两个世界正在相互映射、相互影响，有时甚至难以分清彼此。

自 20 世纪 90 年代以来，随着以 ERP、MES 为代表的一系列信息化管理系统的实施，人们在商业企业中完成各项工作的"业务活动"也已逐渐形成了"现实"和"数字"两个世界，我们将二者称为"数字孪生"世界。起初，"数字业务活动"仅是"现实业务活动"的记录和映射；随着移动通信、社交网络、云计算、大数据、人工智能等新一代信息技术的涌现，"数字世界"已开始反向影响甚至从根本上改变企业在"现实世界"中的活动方式。通过数字化技术来映射、影响、改变企业现实业务活动的过程，就是企业的"数字化转型"。可以认为，企业的"数字化转型"就是企业适应"数字化生存"的过程。

那么，企业如何实现"数字化生存"呢？构建数字化的业务模型，实现由"数据+模型"驱动的业务运营数字孪生闭环，是企业数字化转型的必由之路。《数字化落地的逻辑与实践案例》一书详细介绍了完整的理论、方法和实践案例。

《数字化落地的逻辑与实践案例》由业内众多知名专家共同编撰，是近年来企业数字化转型领域理论与实践的精华提炼。其中，"数字化的逻辑、框架及方法"部分以"极简数字化转型模型"为基础理论框架，整合了近年来在企业数字化转型实践中被广泛采纳的 TOGAF、EBPM 等众多理论和方法，完整阐述了如何将企业现实业务中的业务战略、业务能力、业务流程、业务对象、业务规则等管理要素在数字虚拟世界中进行映射和建模，并通过"数字的业务模型"驱动现实业务活动的运行，以及对现实业务活动进行监控、处理和优化创新的方法。

"数字化实践案例"部分则由各位专家直接分享了经过实践考验的数字化转型案例，范围涵盖集成产品开发（IPD）、集成供应链（ISC）、市场管理（MTL）、销售及交付管理（LTC）、服务管理（ITR）、财经管理、人力资源管理、业财一体化等当下企业数字化转型中最为关注的业务流程。这些案例内容翔实，不仅细致描述了具体的业务流程，还详尽介绍了业务痛点、数字化转型的关键举措和成果。书中的每一个案例都是企业开展数字化转型实践工作的珍贵参考资料。

未来已来！尼葛洛庞帝描述的数字化时代已经来临。企业要在这个数字化时代适者生存，《数字化落地的逻辑与实践案例》一书极具参考价值。当您读完本书时，我相信您也会认同这一看法。

博阳精讯联席总裁

王磊

2024 年 12 月 15 日于上海古北

序三：数字化转型成功的关键——复合型专家及超级行动力经理人

看完本书之后，我有一个强烈的感受：企业数字化转型成功的关键在于拥有一批"复合型专家及具有超级行动力经理人"。

数字化转型的重要性无须多言，几乎多数企业已将其作为公司的核心战略之一。如今，企业在数字化转型中面临的主要矛盾不再是"为什么"（why），而是"是什么"（what）与"怎么做"（how）。

在咨询服务过程中，我接触了不少企业，这些企业在数字化转型工作中投入了巨额的财务费用与人力资源，但最终结果与最高管理者的预期仍有巨大落差。这些企业数字化转型不成功的根本原因基本相同：无法将业务、流程、数据、IT/技术有效融合，无法利用数字化技术对业务进行重构，最终未能收获效率及客户体验的显著改善。

正如信息化工作的难点在于业务专家不懂 IT，IT 专家不懂业务，导致业务与 IT 相互脱节；流程管理工作的难点也是如此，业务不关注流程，流程不理解业务，交付了一堆看似规范实则不太有用的管理体系文件。如今，数字化对企业管理体系融合与集成的要求更高，要求业务、架构、流程、数据、IoT 等深度融合，对经理人的要求也更高了。数字化呼唤更复合型的专家，例如懂业务、懂IT 的流程专家，懂业务、懂流程的 IT 专家，懂流程、懂 IT 的业务专家等。

作为一名从业近三十年的"职场老兵"，我认为我们在面对一项全新的任务，管理者最大的能力挑战是理论联系实际的能力，即能够快速学习、掌握先进的方法论，并将其结合企业具体场景进行有效应用，转化为有价值的产出。

数字化转型也不例外，管理者若想打赢这场战争，首先要过理论关，将数字化转型的"是什么"（what）与"怎么做"（how）理解透彻。什么叫理解透彻？就是能够将所学的方法论融入个人的知识体系，用自己的话顺畅表达，并结合所在企业及业务场景，转化为可落地执行的方法论，包括架构、流程、方法、规则、模板等。

然后再过实践关，找到一切可应用的场景，把这套方法论付诸实践，并且要对准数字化转型的目的，而非仅完成数字化任务本身。在实践过程中，要不断思考：数字化转型是否为企业带来了价值？如果有价值，价值是什么？价值通过什么输出来承载？这个输出对应的解决方案思路是什么？其中的关键变革点是什么？

这就是具有超级行动力的经理人，他们总是能快速学习、掌握先进的方法论，并迅速将其应用到工作中，最终取得有效的结果。起初可能并不完美，甚至有些可笑，但在过程中能够快速迭代、进化，带领企业走到行业的前列。

拿到本书时，我先快速地从前到后浏览了一遍，再锁定自己关注的章节进行精读。读完后，我非常兴奋，本书从内容上达到了我对一本好书的预期：理论+实践。更为难得的是，不同章节都出自不同领域的实战专家之手，堪称集体智慧的结晶。在出版行业，这种高质量的集体创作非常少见。

如果你想成为复合型专家或具有超级行动力的经理人，那么我强烈推荐你阅读这本书。在实践过程中遇到问题时，不妨再拿出来重读，相信会有新的启发。

我也期望 CIO 私享会能够根据用户的反馈，持续对这本书进行改版。希望未来能将数字化转型方法论打磨得越来越完善、越来越简洁，并呈现更多领先的业务实践案例，分享给广大读者。

知名流程变革专家、广东端到端管理咨询有限公司联合创始人
陈立云
2024 年 12 月 15 日十广州

　　作为一名从事企业信息化 25 年的 IT 老兵，我最近 15 年一直在一家研产销一体化的制造型公司从事流程管理体系建设与 IT 落地工作。在这期间，我经历了 IT 建设的"从 1 到 10"，以及流程管理从 0 到 1、从 1 到 10 的完整过程，并经历了完整的业务与管理变革。在此过程中，我深刻感受到深入理解业务及业务战略对数字化工作的重要性。

　　2019 年初，我创办了 CIO 私享会，初心是通过每年定期邀请高水平的老师讲课及成员间的相互交流，解答成员 CIO 们在工作中遇到的疑惑，提升 CIO 们的自身专业能力。

　　CIO 私享会的成员大多拥有丰富的数字化项目经验，成员之间经常进行交流与分享，也沉淀了不少知识与经验。于是，我们开始思考：是否可以将这些经验提炼出来，汇编成书，分享给更多的人。写作是一个比较痛苦的过程，之前也有成员尝试过，但因种种原因最终未能成功出版。2023 年，我与陈立云老师合著的《向流程设计要效率》出版后，收到了很多读者的积极反馈，这更加坚定了我做这件事的决心。

　　2024 年初，机会来了。通过与 CIO 私享会 1014 号成员唐凌遥老师沟通，鉴于他之前撰写的三本关于数字化方面的书非常畅销，我们邀请他担任本书的主编。一方面，我们希望通过这本书，将 CIO 私享会这十多位有着丰富数字化实践经验的 CIO 的经验分享给读者；另一方面，我们也希望通过写作过程，让这些 CIO 的数字化实践经验得以升华。

　　数字化的本质是用数字化手段重塑业务，这涉及如何梳理业务，以及如何用数字化手段重构梳理后的业务。重构的前提是，将现有的业务以合适的方式表达出来。因此，对于数字化从业人员来说，一是要了解业务战略及业务本身，并找到合适的表达方式；二是要通过数字化手段重塑或支撑业务发展。

　　对于不熟悉数字化技术的业务人员来说，虽然他们熟悉本领域的业务，但对数字化的逻辑并不了解，因此需要了解数字化技术以及如何通过流程方式将业务表达出来。

　　唐凌遥老师的数字化极简逻辑很好地表达了业务、数据、应用及技术之间的关系。同时，结合这十几位 CIO 丰富的数字化项目经验提炼，本书将呈现自洽的数字化逻辑和细致翔实、原汁原味的数字化案例。

组织写作这样一本书，一方面是为了给读者奉上成体系的数字化方法论，另一方面也是为了给读者呈现与该方法论相对应的鲜活案例。

我们希望通过书中的数字化案例引发读者的思考，打开思路，避免一些数字化实践中的"坑"。

本书的写作由唐凌遥老师组织编委会拟定大纲，案例部分依据研发、供应链、销售与服务这三大主要业务流程以及财经、HR、流程与 IT 这几大主要支撑职能进行规划。本书分 3 篇 17 章，以下是各章的作者，作者名字前面的编号是 CIO 私享会正式徽章号：

第一篇 数字化转型的基础 | 1014 唐凌遥组织编著
- 数字化的定义与目的 | 1014 唐凌遥
- 数字化转型的组织保障 | 1014 唐凌遥
- 数字化转型路径 | 3022 严诚
- 数字化成熟度 | 3022 严诚

第二篇 数字化的逻辑、框架及方法 | 1014 唐凌遥组织编著
- 数字化的底层逻辑 | 1014 唐凌遥
- 业务架构与业务能力 | 3052 熊韧
- 从业务能力到流程 | 3052 熊韧
- 从业务架构到数据架构 | 3043 王冬兴、3027 刘秋情
- 从业务架构到应用架构 | 3027 刘秋情

第三篇 数字化实践案例 | 3001 黄山组织编著
- 战略领域数字化实践 | 3003 许少锋
- 集成产品开发（IPD）业务数字化实践 | 3047 叶挺衍、3028 陈文泽
- 集成供应链业务数字化实践 | 3023 杨坤、3002 周小福、3037 吴峰、6039 宋志勇
- 营销服数字化实践 | 3025 廖文、3047 叶挺衍
- 财经领域数字化实践 | 3039 王伟
- 人力资源数字化实践 | 3006 唐勇、6065 邱大巍
- 流程与 IT 数字化实践 | 3001 黄山、3047 叶挺衍
- 业财一体化数字化实践 | 3031 杨爱霞

整体的校对与勘误：6001 秦娟、6016 谢冬华。

在写作过程中，由于每个人的写作风格不同，在金国华老师的提议下，大家达成一致意见，将第三篇的案例部分统一为以下结构：背景、问题、问题的解决

方法与过程、结果呈现。以讲故事的方式，首先介绍案例发生的背景，让读者了解案例是在哪些特定的背景下发生的；然后阐述案例数字化前存在的问题，即在特定企业背景下，数字化面临的问题是什么；接下来是在方法论指导下，用数字化解决问题的过程，这是各章的精华所在；最后是数字化的成果展现。

本书适合规模企业的 CIO、董事会及管理班子、咨询公司或咨询专家，以及大专院校相关专业的学生。

感谢唐凌遥老师自始至终对其他各章写作者的悉心指导、感谢金国华老师在前期写作过程中的建议，感谢博阳精讯张炬老师的支持，最后感谢所有参与写作的 CIO 私享会成员们的辛勤付出。

希望本书能给读者带来共鸣，同时也希望各章写作的 CIO 们在今后的数字化实践中，不断总结提炼，并撰写后续系列书籍，以飨读者。读者在阅读过程中如有好的建议或意见，请联系我们，以便我们在再版时不断改进。

最后，期待读者们多提建设性的意见，更期待有数字化实践经验的 CIO 加入我们的写作团队，共同为中国企业的数字化之路贡献力量。

另外需要说明的是，本书内容为各章作者的个人观点，与其所任职公司无关。

CIO 私享会创始人
黄山
2024 年 12 月

目录

第二篇　数字化的逻辑、框架及方法

第三篇　**数字化实践案例**

第一篇

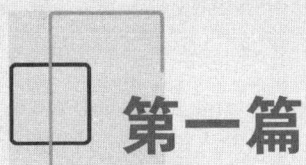

数字化转型的基础

第1章

数字化的定义与目的

数字化的定义

关于数字化的定义非常多，但主流观点基本一致，如下所示。

国际数据公司（IDC）：利用数字技术根本性改变企业或组织的运营方式和商业模式，实现新的收入和价值创造。

哈佛商业评论（Harvard Business Review）：涉及企业核心的变革过程，利用数字技术创建新的或修改现有的业务模式和客户体验。

世界经济论坛（World Economic Forum）：整合数字技术到所有领域，改变企业的战略方向、业务模式和运营结构。

甘特纳（Gartner）：开发数字化业务的过程，涉及利用数字技术根本性地改变企业或组织的运营方式和向客户提供价值的方式。

德勤（Deloitte）：企业通过数字技术重新设计和重新定义其业务模式、客户体验和内部流程的过程。

麦肯锡 (McKinsey)：利用数字技术实现业务模式、运营流程和企业文化的全面变革。

埃森哲（Accenture）：利用数字技术推动业务模式和运营效率的转型，实现新的收入、运营效率和更优的客户体验。

欧洲联盟（EU）：通过数字技术的应用改善公共服务、促进经济增长和提高社会福祉的过程。

VeriSM™：数字化技术的应用给整个组织各方面带来的变革，包括从销售到市场、产品、服务乃至全新商业模式。

团体标准 T/AIITRE 10001-2020：顺应新一轮科技革命和产业变革趋势，不断深化应用新一代信息技术，激发数据要素创新驱动潜能，打造提升信息时代生存和发展能力，加速业务优化升级和创新转型，改造提升传统动能，培育发展新动能，创造、传递并获取新价值，实现转型升级和创新发展的过程。

华为：企业利用先进技术优化或创建新的业务模式，以客户为中心，以数据为驱动，打破传统的组织效能边界和行业边界，提升企业竞争力，为企业创造新价值的过程。

微软（Microsoft）：通过整合数字服务、平台和工具来重新构想其业务模式，提高效率、增强客户体验和创造新的价值。

IBM：利用云计算、大数据、人工智能等数字技术推动创新和增长的旅程。

从上述定义可以概括出：

数字化就是运用新一代信息技术，促进产品数字化创新，让业务和管理结合数字化有新的实现可能，帮助企业实现业务稳健增长、效率持续提升、模式进化创新。

数字化可带来的好处包括固化规则、突破时空限制、记录交易、信息对称、数据挖掘、自动化、个性化、智能化、控制风险、驱动商业升级、全面价值提升等。具体如下：

- 固化规则：拒绝业务的线下操作，强行固化、巩固规则，并便于审计。
- 突破时空限制：全连接、业务在线、随时随地处理业务和沟通信息。
- 记录交易：将交易过程如实记录下来，为审计和数据挖掘等做准备。
- 信息对称：主体、配置、交易等信息跨单位、跨流程、跨领域、跨层级共享。
- 数据挖掘：可基于业务沉淀的真实数据进行挖掘。
- 自动化：对规则确定的业务做自动化处理，减少人工、简化管理；**几乎做到规则运行零边际成本。**
- 个性化：敏捷应对业务场景变化。
- 智能化：对规则不确定的业务通过智能化进行补充。
- 风险控制：将风控重心放在事前、事中，强化业务开展过程中的监控、预警，以及事后取证与复盘。
- 模式创新：商业模式创新、管理模式创新。
- 产品创新：基于数据技术的产品升级或创新。
- 全面价值提升：体验价值、成本价值、平台价值、生态价值等。

这些好处不是简单配置几个系统或购买服务器、云服务就能实现的。在某个业务主题领域展开数字化的逻辑是：首先识别关键业务能力，然后优化端到端的业务流程，随后将业务流程上线，确保数据在跨流程中实现一致共享，最终实现数字化、个性化和智能化。

反过来，缺乏数字化可能带来以下问题：

- 获取反馈数据和外部数据成本高；
- 难以直接面对消费者，难以形成业务闭环；
- 数据无法跨流程、跨业务板块、跨实体共享；
- 内外能力协作效率低下；
- 产品缺乏竞争力；

● 最糟糕的是，更好的商业模式、管理模式无法实现，失去竞争力；

……

数字化工作的重心并非追求尖端技术的使用，而在于：关注端到端业务价值的提升和持续的管理改进；利用适当的技术快速增强企业的核心能力和竞争力，以促进企业的持续健康发展；服务业务价值链的重塑和管理变革，主要包括价值链重构、端到端流程打通、数据共享、平台化共享等方面。

如果把组织比作一台电脑，那么同样需要构建一个良好且可升级的"操作系统"，即"业务运营系统"（也称"业务运营体系"）。数字化工作的核心，就是为组织打造一个"数字化业务运营体系"，而这一过程是系统性的。其目标是帮助企业更好地实现业务稳健增长、效率持续提升以及模式进化创新。因此，数字化建设必须扎根于业务价值，回归商业本质。

然而，许多复杂组织缺乏"守夜人"，也就是没有"系统管理员"，导致业务运营体系处于一种"佛系生长"的状态。组织不仅需要卓越的业务运营体系，更需要一套可落地且简洁的数字化业务运营体系建设方法。数字化属于管理变革范畴，它不是简单地发文、立项，更不是喊口号，而是要建立体系。通过体系建设，组织的经验教训（即知识）可以制度化地沉淀下来，从而推动组织提升，实现"让平凡的人干不平凡的事"。至少，组织可以避免重复犯错，降低运营成本，从而更有精力和空间专注于核心业务。

所以，从更高的维度来看，数字化就是帮助企业构建和维护卓越的业务运营体系的内容。"数字化"既是名词也是动词。作为名词，它代表数字化建设/转型工作本身，指企业通过数字化行动或过程达到一个满意的数字化状态或结果；作为动词，它指企业开展数字化建设/转型的行动或过程，其结果是达到或形成用名词"数字化"描述的状态或结果。这个过程包括从建设（从 0 到 1）到维护（从 1 到 N）。

本质上，数字化不是一个新的内容，而是让组织的业务模式和管理模式具备数字化属性，具有新的实现可能；数字化就是打造企业的"数字化业务运营体系"，因此，数字化必须深植于业务价值、回归商业本质。

"数字化转型"是"数字化建设"的一部分，在"数字化建设"这个短句中，"数字化"是定语、配角、过程和工具，而"建设"是主语、主角、目的。数字化建设过程属于组织变革工作，是一个系统性的、持续进化的"精益+敏捷"过程，需运用系统方法、深刻理解业务本质、灵活配置各类资源，真正赋能企业数字化建设过程。请注意，大家总是对变革的问题争论不休，认为变革影响了正常运营工作。其实，**变革的是机制**，而运营是沿着机制运行业务和管理。

只讲运营而忽视机制建设会导致组织越来越乱，同样只讲机制建设而忽略运营会导致组织难以顺利实现目标，甚至可能面临风险。因此，机制建设与运营之间需要保持平衡。在机制建设方面，组织内部的各要素应保持一致性，协调推进各项工作。数字化的核心逻辑需要确保战略选择、商业模式、业务能力、管控能力、流程、数据和 IT 建设等方面的一致性。

数字化建设自然离不开数据。数据必须源于业务且应用于业务，才能成为资源、资产、资本，才可能具备价值，才需要被治理；也只有如此才可以被交易，从而被更好估值，对其确权才有意义。数据治理是数字化及数据资产管理工作的一部分。在数字化建设过程中，业务到数据的映射是关键，也是数据治理工作需要重点关注的方面。

市场上不缺数字化方法论，更不缺数字化软硬件解决方案，而企业需要的是变革的决心、自洽的数字化逻辑及可以配套落地的整体解决方案，因此，数字化建设必须运用系统方法来构建企业的"数字化业务运营体系"。

数字化的目的

根据华为、团体标准 T/AIITRE 10001-2020、埃森哲、IBM、VeriSM™ 等不同来源对数字化的定义，我们可以整理出从净资产收益率"格式化"数字化的目的，如表 1-1 所示。

表 1-1   从净资产收益率"格式化"数字化目的

代表	目的 1	目的 2	目的 3
华为观点	（用户）体验提升	效率提升	模式创新
T/AIITRE 10001-2020	产品/服务创新	生产运营优化	业态转变
埃森哲观点	主营业务增长	效率提升	商业创新
VeriSM™ 观点	聚焦客户（效率创新）	聚焦运营（持续创新）	聚焦未来（颠覆性创新）
"格式化"数字化目的	实现业务稳健增长	实现效率持续提升	实现模式进化升级

华为认为数字化目的是（用户）体验提升、效率提升和模式创新；T/AIITRE 10001-2020 认为数字化在于产品/服务创新、生产运营优化和业态转变；埃森哲认为数字化应关注主营业务增长、效率提升和商业创新；VeriSM™ 认为数字化目的分为聚焦客户（效率创新）、聚焦运营（持续创新）和聚焦未来（颠覆性创新）。这些目的均可对应为改善效益、提高效率和利用杠杆。

为了叙述方便，本书将数字化转型的目标归纳为 3 类：实现业务稳健增长、实现效率持续提升和实现模式进化升级。

业务稳健增长：注重提高用户体验、增加收入。通过营销、服务、渠道的数字化增强销售能力，提升用户体验，关注业务增长。理解客户，丰富、简化、优化客户接触点及接触过程，具体包括营销、渠道、物流、服务的数字化，以及产品创新（产品数字化及智能化）。

效率持续提升：注重运营效率、决策效率提升，降低成本。通过数字化升级运营体系，提高运营效率、决策效率，由此带来新的价值，缩短产品上市周期；随时随地工作与沟通；数据驱动决策等。具体包括智能制造、数字化供应链、数字化智能能力等。

模式进化升级：注重数字化服务、平台或生态建设。基于数字化能力，通过战略和商业模式创新，开辟新蓝海。通过数字化调整战略方向和部署，升级商业模式，实现价值创造；打造平台与生态，对内、对外赋能。

这 3 类目标分别对应 3 类创新：产品与服务创新、运营创新、商业模式创新。

在本书主编撰写的《数字化的极简逻辑与方法》[1]中，将数字化的内容分为：数字化营销、数字化管理和数字化创新，经仔细思量，将本书中的数字化目标分为：实现业务稳健增长、实现效率持续提升和实现模式进化升级。

数字化与数据治理的关系

数字化后的业务与现实世界一样，必然会使用和产生数据。数据无处不在，只是表现形式不同，本质上是相同的数据。在业务层面，数据通过"用户视图"与用户互动；在应用系统层面，数据通过"数据表单"在电子流程中进行流转；在技术层面，数据存储在数据库的基础数据表中。数据以不同的形式存在于不同的架构和层次中。

从企业运营改善的角度看，数字化不是新内容，而是通过新一代信息技术赋予业务模式和管理模式数字化属性，从而实现新的可能性。数据只有源自业务并用于业务，才具有价值，才能成为要素、资源、资产或资本，才需进行治理。因此，数据治理是数字化工作的一部分。

在数年前的信息化建设热潮中，供应商们宣传可以通过"交钥匙工程"方式帮助企业实施 ERP 建设乃至整个信息化建设，忽略了业务与应用之间的有机联系，导致企业走了许多弯路。ERP 等应用系统的实施，不管是部分还是全部实现了现实业务的线上化，其逻辑和基础数据必须与现实业务保持一致，否则再多的投资也无法使其发挥作用，导致大量的 IT 投资、时间和机会的浪费。

在当前的数字化热潮中，一些供应商提倡"数字化需要从数据治理切入"，主张先建立数据湖，采取"先入湖再治理"的策略，这与过去的"交钥匙工程"如出

---

1 唐凌遥. 数字化的极简逻辑与方法[M]. 北京：电子工业出版社，2023.

一辙。如果继续忽视业务与数据之间的内在联系，可能会使企业再次陷入困境。数据源自业务并用于业务，这是数据价值实现的基础逻辑和生命周期的闭环。如果不从业务出发，而是简单地将企业现有数据全部纳入数据湖，忽视了业务与数据间的重要联系，同样会导致 IT 投资、时间和机会的浪费。因此，良好的数据治理策略应重点关注业务与数据之间的联系，采取"边治理边入湖""理清楚多少数据，入湖多少数据"的谨慎策略，避免盲目采用"先入湖再治理"的激进策略。

总之，数字化的核心逻辑可以概括为："业务是数字化的基础，数据是数字化的核心，应用是业务部分或全部的镜像，IT 是应用的支撑"。任何数字化建设若将企业业务核心置于次要位置，忽视业务、数据、应用之间的联系，盲目追随"大师"或供应商的解决方案，采用"交钥匙工程"或"先入湖再治理"的策略，都将得不偿失。

数字化与新质生产力的关系

《2024 年政府工作报告》中提出，要大力推进现代化产业体系建设，加快发展新质生产力。充分发挥创新主导作用，以科技创新推动产业创新，加快推进新型工业化，提高全要素生产率，不断塑造发展新动能新优势，促进社会生产力实现新的跃升，政府将通过"推动产业链供应链优化升级""积极培育新兴产业和未来产业""深入推进数字经济创新发展"等措施来发展新质生产力。

新质生产力源于技术革命性突破、生产要素的创新性配置及产业的深度转型升级。它不仅涉及生产力的提升，包括更高素质的劳动力、更高技术含量的劳动工具和更广阔的劳动对象，还将推动生产关系的革新，如新的交易、服务、分配方式以及数据所有权关系等。因此，新质生产力不仅代表生产力的革新，更标志着生产方式的全面更新。

产业互联是新质生产力的新业态，故产业互联网可能成为新质生产力的主要承载形式。通过构建数字化作业、价值链、供应链、产业链，最终形成覆盖广泛的数字化生态链。数字化的分层累进可能是实现新质生产力的关键途径。

为了培育和壮大数字经济，政府将推动数字技术与各产业的深度融合，并鼓励平台企业建立多层次的产业互联网服务平台。同时，政府还将引导和促进产业互联网与数据交易所的互联互通，实现数据要素的市场化配置和产业业务的应用。通过进一步发挥数据交易所的作用，加速数据要素的安全、高效流通，促进产业生态体系的广泛互联和深层次渗透，激发产业生态体系的"化学反应"，为各类生态平台的孵化和发展提供强大动力，推动产业的升级和重构。

综上所述，实现各产业的无缝互联和数据的顺畅流通是构建新质生产力、形成新生产方式的关键。这将为经济的持续健康发展提供坚实的基础和源源不断的动力。

第 2 章

数字化转型的组织保障

数字化治理管控的核心在于建立健全的管控组织，明确管控职责，制定管理原则，执行管控流程，以及有效管理架构资产，确保数字化项目的有效实施和落地。企业数字化涉及多个业务部门和系统，因此，必须统筹架构治理和项目群管理相关工作。企业需加强项目间的协调和共享，以降低成本和解决衔接问题，并确保项目与战略重点相一致。本章将就数字化组织变革方面的数字化治理、组织保障、利益相关方、考核与激励等方面提出理解和建议。

数字化治理

组织应该利用架构方法，从数字化领导力培育、数字化人才培养、数字化资金统筹安排、安全可控建设等方面，建立与新型能力构建、运行和优化相适应的数字化治理机制。这包括但不限于：

战略指导执行：数字化转型必须在战略引领下进行。通过明确数字化战略，明确转型的业务目标和成果至关重要。每家企业都会有不同领域和优先级的变革目标，确认共同的努力目标是成功的第一步。

聚焦核心能力：只有专注才能实现高效的转型。数字化转型的焦点应是建立以客户为中心的业务体系，专注于提高客户体验，并根据客户需求变化持续做出反应。

投入与产出：企业需为数字化专门准备投资，用于支持商业模式创新，流程、产品和服务的优化，以及新技术的研发和引入。没有足够的投入就不会有相应的产出。这里一定注意，数字化建设本身就涉及大量组织变革的工作，既要从短期、定量类指标进行评价，又要从长期、定性类指标进行评价，才相对客观。

统筹协调和标准规范：围绕实现业务解决方案相关的数据、技术、流程和组织四个要素，建立适宜的标准规范和治理机制，实现统筹协调、协同创新管理和动态优化。

高层领导者的角色：高层领导者需对数字化转型有敏锐的战略洞察和前瞻性布局，共同形成协同领导和协调机制，包括一把手、决策层成员、其他各级领导和生态合作伙伴等。请注意，项目组应把高层领导者当作项目资源来调配和使用，从项目的解决方案中识别出需要领导出面参与或决策的工作项，让高层领导者的宝贵时间、决策能力等得到充分利用。

全员参与和技能培养：进行全员的数字化理念宣传和技能培养，建立完善的数字化人才绩效考核和成长激励制度，以及跨组织的人才共享和流动机制。

适宜的制度机制：建立适宜的制度机制，强化围绕新型能力构建等数字化资金投入的统筹协调利用、全局优化调整、动态协同管理和量化精准核算。

信息安全和技术研发：有效进行自主可控技术研发、应用与平台化部署，充分应用网络安全、系统安全、数据安全等信息安全技术手段，建立完善的信息安全相关管理机制，提升整体安全可控水平。

组织保障

数字化从本质上改变了企业内外部的生产关系，涉及核心业务流程和管控规则等机制层面的变革，这必然要求跨专业、跨单位、跨层级的沟通与协作，包括业务、数据、应用和技术各方面的配套建设。跨领域沟通意味着打破界限，实现跨学科、跨单位、跨层级等不同领域之间的沟通，因此，**需要构建跨领域的数字化团队**。这些内容在《数字化的极简逻辑与方法》[1]中得到了详细阐述，包括跨领域沟通的价值、模型和具体做法，可供有兴趣的读者参考。下面摘取部分内容并简要说明如下：

跨领域沟通是指突破边界，实现跨专业领域（如跨学科）、跨管理领域（如跨单位）、跨权力领域（如跨层级）等的沟通过程。根据 LY-DTM[2]分析一下跨领域沟通的必要性，如图 2-1 所示。

管理咨询的服务范畴通常包括行业分析、资本运营、战略、商业模式、组织结构、流程等，最终落实到流程等规则体系及其配套内容中。服务工作通常梳理到业务流程中的表单结束，而不会继续梳理表单中的数据；IT 厂商通常提供 IT 解决方案，包括应用、信息技术等。但是，当前鲜有 IT 厂商提供数据、业务方面的配套服务；数据服务商的服务范畴通常包括数据治理、数据资产管理和数据源等业务。

---

1 唐凌遥. 数字化的极简逻辑与方法[M]. 北京：电子工业出版社，2023.

2 LY-DTM：极简数字化转型模型，全名"凌遥－极简数字化转型模型"（简称"LY-DTM"）。

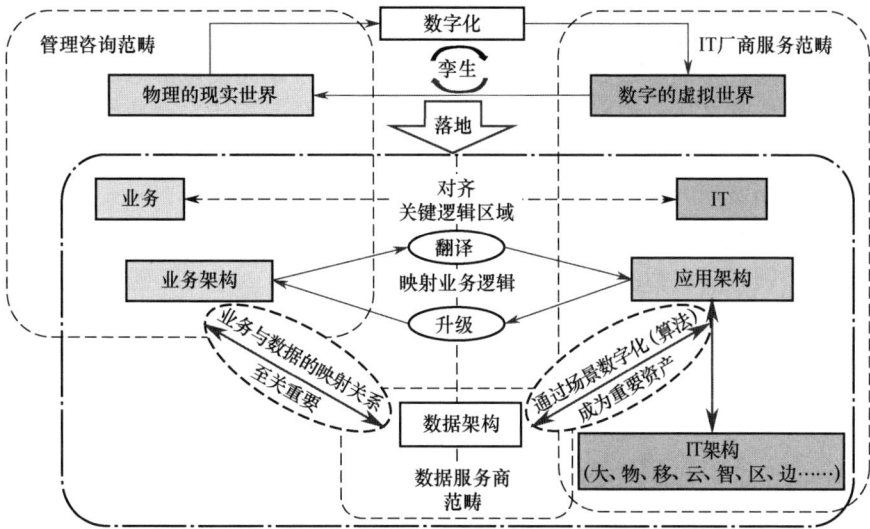

图 2-1　根据 LY-DTM 分析跨领域沟通的必要性

所以，弥补"裂缝"的工作必须依靠组织自身的业务运营体系的"系统管理员"团队，即系统工程师团队、数字化团队。系统管理员团队必须通过组织好跨领域沟通来定位"裂缝"，商定解决方案，利用各种内外部力量和资源弥补"裂缝"。当前，数字化组织急需两类关键角色：一是"产品经理"，负责清晰阐述业务价值。必须从即将开展数字化工作的主体中选拔"业务骨干"，配合总工程师及相关业务和利益方，明确业务链中的价值和利益分配结构。二是"总工程师"（即系统管理员），负责将价值实现的逻辑转化为数字化建设的具体路径。其工作内容包括但不限于：厘清数字化建设逻辑，弥合战略、业务与 IT 之间的鸿沟，整合跨领域资源与能力，全面提升运营体系的核心能力等。这些工作旨在解决以下断层问题：战略与执行脱节、OT 与 IT 割裂、短期投入与长期价值失衡、局部与全局冲突等。

"总工程师"是目前大多数开展数字化建设的组织中最为紧缺的人力资源。不论企业未来设计哪种组织架构，必须由"总工程师"牵头组织，让以下 3 股力量配合起来，如图 2-2 所示。

业务骨干：在绝大多数情况下，只有企业自己的业务骨干能说清楚当前企业、行业的情况，但业务骨干往往只精通于某一领域范围内的内容，而对总体和相关领域间的逻辑等未必熟悉和掌握，这时候就需要专家的帮助。

专家力量：这里包括企业内外的专家。有些专家短时间内对企业情况未必非常熟悉，但可以提供专业的方法、工具和最佳实践方案等建议，用于增强企业的"脑力"，帮助企业看清楚、说清楚问题，协助找到解决方案。企业在专家力量的帮助下，依托业务骨干，充分结合组织实际，厘清数字化主逻辑，看清主路径，确定实施方案，识别项目及其需求，进而利用各种外部力量来落地。其中，特别重要的一类专家是体系专家，这类专家不替代业务骨干干活，而是帮助、协助业务骨干开展工作，是跨领域沟通的整合枢纽（即"黏合剂"），是解决问题的加速引擎（即"加速剂"），是企业数字化的成长引擎（即"助推剂"）。专家的跨领域沟通、依照具体场景赋能的能力和经验非常重要，所以一定要甄别有价值的专家。尽量邀请跨领域复合型的专家、有变革实战经验的专家（一定不能是执行者，而是设计者），以及有复杂行业辅导经验的专家。要清醒认识到，专家可提供方法论的指导和贡献逻辑思考，但变革管理工作主要还是要企业自行完成。

图 2-2 数字化需要的 3 股力量

外部力量：外部力量通常指各类外部供应商，用来增强企业的"体力"，并将解决方案落地。外部力量介入的前提是业务骨干和专家共同梳理清楚项目需求，并能控制供应商实施项目的质量。然而，许多企业在遇到问题时，往往将业务骨干置于一旁，迷信"大师"或供应商的解决方案及"交钥匙工程"，这往往得不偿失。

一个有效的解决方案是将三股力量结合在一起，约定三方沟通的手段和方法，以进行跨领域沟通。相关方各司其职、各尽其力，与企业治理层和管理层商定原则、策略和路径，拟定计划。统一思路、统一行动，扎实推动工作顺利开展，从而实现数字化建设的落地。

企业需具备进行跨领域沟通的能力，以关注端到端的跨领域业务流的价值，并通过数字化的思维、方案和工具来实现。通常情况下，传统企业在开始数字化建设时会发现需进行大量跨领域沟通的工作，这时通常会将相应的沟通任务交给企业发展部门、办公室、IT 部门或质量管理部门。许多企业尚未建立专门的跨领域组织，因此，可以采用"专家组+项目制"的方式来推进相关工作，逐步形成跨领域沟通的专门组织。少数企业的组织架构较为成熟，已成立了专门的跨领域沟通部门。

企业发展部门和办公室：通常被指派进行跨领域沟通，因为它们天然具备这样的权限。然而，由于主责主业、能力、意愿等因素的限制，这些部门往往难以深入开展数字化建设工作。此外，这两类部门至少需掌握数字化的基本逻辑、业务逻辑、IT 原理以及运行场景等知识。

IT 部门：在信息化时代通常充当买办机构，更多关注 IT 的适配性，解决方案的逻辑大多由外部提供。然而，数字化要求 IT 部门的能力进行升级，需理解业务逻辑，并从全局角度规划数字化建设，组织业务部门充分参与数字化过程，并善于利用外部资源来落实项目建设。

质量管理部门：也通常被指派进行跨领域沟通，因为该部门负责全面的质量管理，而全面质量管理的目标是提升企业整体业务运营体系的素质，这与数字化的方向是一致的。然而，目前许多企业的质量部门并不熟悉数字化的逻辑及相关领域的知识，如果能将质量管理与数字化属性结合，该部门也适合成为数字化建设的组织者。

"专家组+项目制"：一种常见的跨领域沟通的临时组织。由于职能部门缺乏跨领域的技能，许多企业成立了由跨部门成员组成的项目组，并配备相关的领域专家，以推进具体的数字化项目。然而，项目结束后，项目组往往立即解散，导致经验难以沉淀，能力难以持续。

跨领域沟通部门：少数企业已在基础变革方面做得较好，专门成立了跨领域沟通部门，以组织开展数字化建设。这些部门负责协调各部门间的沟通与协作，推动数字化项目的顺利实施。通过这些措施，企业能更好地应对数字化变革带来的挑战，实现业务的持续发展和创新。

不同企业的数字化组织架构各不相同，没有一种固定的组织架构是最优的，只有当前最适用的架构。例如，"扁平化"架构（主要适用于快速创新或小规模组织）和"层级制"架构（主要适用于提高效率或复杂组织）并无优劣之分，只是适用场景不同。

编者结合接触到的大多数复杂企业的实际情况，给出一种供大家参考的数字化组织结构，如图 2-3 所示。

数字化委员会：企业数字化的最高决策机构，建议由董事长或执行董事主持，成员主要由各业务部门负责人组成。该委员会负责掌握变革的方向，基于业务战略和数字化战略进行变革的投资决策（包括变革的优先级），并裁决各部门之间的重大冲突。主要负责决策以下内容：

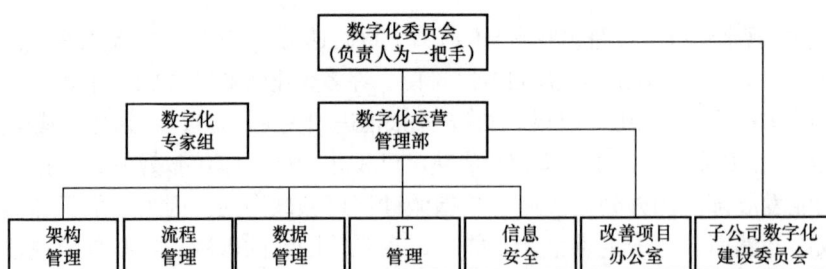

图 2-3　一种供参考的数字化组织结构

企业数字化整体愿景、蓝图、节奏和预算；各领域的数字化愿景、蓝图、目标和路标，并进行评价；确保数字化遵循统一的治理规则、架构原则和安全规则；批准重大变革项目的立项和关闭，并对跨领域问题进行裁决。

数字化运营管理部：充当"总工程师"角色，相当于企业业务运营系统的系统管理员团队，统筹整个企业的数字化业务，直接向数字化委员会汇报。该部门是一个典型的跨部门的团队，成员由各业务部门的骨干组成。最好有一部分专职人员保持相对稳定性，另一部分则可以是流动的业务骨干。该部门专注于进行横向沟通和数字化业务运营系统的升级。

数字化运营管理部下设：

- 企业架构相关部门。负责架构管理（4A）、流程管理、数据管理和 IT 管理（包括应用管理和 IT 设施管理）。
- 信息安全部门：负责公司的信息安全管理工作。
- 改善项目办公室：保障项目建设与变革方向的一致性。
- 子公司数字化建设委员会。

改善项目办公室：作为数字化运营管理部的下设机构，其职责在于分析和管理变革项目之间的关联关系，明确责任分工，并解决跨领域边界的冲突，以确保各协同领域/项目能够共同推动整体变革目标的实现。改善项目办公室负责广泛收集项目利益相关方的意见，并组织专题会议，让各方陈述观点。

架构管理、流程管理、数据管理、IT 管理部门：分别负责企业的总体架构、业务架构、数据架构、应用架构和 IT 设施的管理工作。

信息安全部门：负责数据安全工作。

数字化专家组：通常为伴随式辅导专家，为企业的数字化转型提供智力支持。

"一把手"工程

数字化建设必然涉及核心的端到端价值流和流程，这些流程通常是跨部门、跨业务领域的，涉及组织职责、权力、利益的再分配及组织结构的重塑。组织底层的、关键的、重要的流程或规则的调整往往涉及管理班子层面的决策，最终需直达"一把手"，但如何充分利用一把手的作用是一个关键问题。

在启动会上，如果一把手仅仅是发表讲话，那将无法推动数字化建设的进程。并且如果所有数字化建设决策都由一把手来决定，也是不切实际的。

最佳实践是将一把手视为数字化项目建设的重要资源。 在确定项目解决方案、识别工作项并开始分配权限时，需充分利用这一重要行政资源。例如，在某个项目中，可能需要一把手在特定时间对端到端流程的决策参数做出指示。这种做法具体而明确，避免了单纯发表讲话或过度介入的情况，真正让一把手参与到数字化建设的过程中。

一把手在数字化项目中可以发挥以下至关重要的作用，但必须将具体工作事项纳入数字化项目计划中。

- 愿景和方向指引：一把手应明确制定数字化转型的愿景和方向，确保整个组织朝着正确的方向前进。
- 资源调配：一把手有权决定资源的分配，包括资金、人力和技术支持，确保数字化项目顺利推进。
- 推动变革：一把手是变革的倡导者和推动者，鼓励组织成员拥抱变化并积极参与数字化转型。
- 扫除障碍：一把手有责任消除数字化转型过程中的各种障碍，包括组织结构、文化和流程上的障碍。
- 监督和评估：一把手应对数字化项目的进展进行监督和评估，确保项目按时完成并达到预期目标。
- 激励和奖励：一把手可以通过激励和奖励机制鼓励员工积极参与数字化建设，提升项目的成功率。

总的来说，数字化建设需要一把手的积极参与和正确引导，才能取得最佳效果。通过将一把手纳入数字化项目的决策和执行过程中，可更好地发挥其领导作用，推动数字化转型取得成功。

关注利益相关方

企业数字化的成功依赖于团队协作，最终服务于内外部客户/用户，强调客户、用户、供应商、伙伴、员工的共同发展，"人同频，事自顺"。

组织的驱动力由以下三个基本方面组成：愿意干、知道如何干、干了有什么正向回馈。

- 愿意干：意味着员工认同组织文化和当前安排。
- 知道如何干：企业需建立稳定、不断优化的规则体系，并提供相对稳定的环境，让员工清楚自己的任务和责任。
- 干了有正向回馈：员工需明确，只要做对了、做好了事情，就会有相应的考核与激励。

编者一直认为：如果企业家或高层管理者只是片面地强调文化理念而不实施激励机制，将难以解决员工不愿意付出的问题（即"只讲精神不讲物质就是耍流氓"）。长期来看，马斯洛的需求层次理论一再被证明是正确的。在商业世界，大多数情况下，无论是个人还是组织，都是理性的经济人。事实上，利己与利他并不矛盾，利他是对利己的认可、包容和超越，从而进一步促进自身利益，这才是可持续的良性循环，但需要通过机制来保障这种循环的良好运转。

考核与激励

数字化建设在许多时候涉及"开着车换轮子"的场景（见图2-4），也就是需要调整核心的业务流程。然而，由于当期考核指标的存在，相关人员往往不愿意"换轮子"。

图2-4 "开着车换轮子"

大家总是对变革的问题争论不休，认为变革影响了正常运营工作。其实，变革的是机制，而运营是沿着机制进行业务和管理。只提升运营而忽视机制建设可能导致灾难，两者之间需要平衡。在这种情况下，要获得一线人员的支持，就必须非常注重考核机制的相应调整。例如，数字化业务运营系统建设与业务目标之间需要找到平衡；升级数字化业务运营系统时，一些工作很难用短期的、可量化的 KPI 来衡量。

持续机制

企业的精益工作没有终点，业务运营系统的持续迭代也没有终点，因此，数字化工作自然也是一个长期持续的过程，不适合"搞运动"或"完成一个大项目就结束"的思路。数字化是与企业发展紧密相关的持续性工作，需要构建数字化机制，以保障相关工作的持续迭代。对这些企业而言，数字化转型不仅是长期战略，更是企业管理进化和迎接未来挑战的主要手段。

第3章

数字化转型路径

曾任百度首席技术官的陆奇博士曾说过，任何一个行业和企业，都值得以数字化的方式重新审视和构建。当前，随着人工智能和大语言模型的突破，通用人工智能的普及几乎成为未来数年内最大的确定性。数字化和智能化已成为企业转型的必答题。条条大路通罗马，如何走向数字化、智能化，如何为企业规划一条最优路径，正是本章要探讨的内容。

💡 数字化转型路径概述

当我们谈及数字化转型路径时，通常将其定义为一个企业在其业务、产品、服务和内部流程中进行数字化变革的过程和实现路径。数字化转型是一个复杂的过程，它在不同行业、不同发展阶段、不同类型的企业中都可能有其独特的实现方式。这涉及企业在不同层面上对现有业务模式、运营流程、组织结构、技术基础和文化进行根本性的变革。

数字化转型的战略部分是整个转型过程的指导思想和行动指南。在制定数字化转型战略时，企业需考虑三个关键目标：业务的稳健增长、效率的持续提升、模式的进化升级。

💡 数字化转型的目的

在探讨数字化转型路径的同时，首先浮现的问题是，数字化转型的目的是什么？为什么一定要进行数字化转型？

针对这一问题，中关村信息技术和实体经济融合发展联盟（简称"中信联"）组织研制的《数字化转型 新型能力体系建设指南》（T/AIITRE 20001）团体标准中已给出明确答案："全面推进数字化转型是新时期企业生存和发展的必答题。企业推进数字化转型过程中，普遍面临战略不明确、路径不清晰、过程方法缺失、价值难获取等共性问题和挑战，亟须形成一套行之有效的数字化转型体系架构和方法机制。"

企业数字化转型的目标是建立新型价值效益体系。价值效益是企业开展业务活动所创造且可度量的经济和社会价值及效益的结果，它既是企业数字化转型的出发点，也是落脚点。那么，企业数字化转型有哪些价值效益？按照业务创新转型方向和价值空间大小，可分为以下三类：实现业务稳健增长、实现效率持续提升、实现模式进化升级，具体如下。

实现业务稳健增长

企业存在的价值在于为客户提供更优的产品或服务，为客户创造更多价值，因此，提升客户体验是数字化转型中的首要目标，因为它直接影响到客户的满意度、忠诚度以及企业的长期成功，提升客户体验的目的是促进企业盈利，实现销售和利润增长。

产品/服务创新主要专注于拓展基于传统业务的延伸服务，价值创造和传递活动沿着产品/服务链延长价值链，开拓业务增量发展空间，价值获取主要来源于已有技术/产品体系的增量价值。产品/服务创新主要包括新技术/新产品、服务延伸与增值、主营业务增长等方面。

以下是数字化转型如何帮助提升客户体验的几个方面。

- 产品数字化：将传统产品转化为数字产品或集成数字技术以增强其功能和价值的过程。这不仅包括完全数字化的产品，如软件、在线服务和数字媒体，还包括将数字技术嵌入到实体产品中，从而提升其性能、便利性和用户体验。具体包括两方面：一是体验数字化，数字化使企业能够在多个渠道（如网站、移动应用、社交媒体、实体店等）上与客户互动，确保客户在不同渠道上获得一致的体验。二是服务数字化，数字化工具和自动化流程可以缩短企业对客户请求和问题的响应时间，提高客户满意度。客户可通过在线平台和移动应用自行完成订单、查询、支付等操作，减少对人工服务的依赖，实现透明的沟通，提高效率。
- 个性化：通过收集和分析客户数据，企业可更好地了解客户的偏好和需求，从而提供定制化的产品和服务。例如，可根据用户的购物历史推荐相关商品，可根据渠道批发商的销售和库存情况推荐新的备货计划。
- 利用机器学习和人工智能技术，企业可根据客户的行为和偏好提供个性化的推荐，提高客户满意度和购买率。企业可根据客户的兴趣和行为提供定制化的内容，如新闻、文章、视频等，提高客户黏性。
- 其他方面：同时，数字化客户体验会在安全和隐私、社会责任、教育和培训、本地化和多元文化适应性等方面发挥作用。通过数字化平台的安全措施，保护客户的个人信息和交易安全，增加客户的信任。通过数字化减少碳排放，促进可持续发展，体现企业的社会责任，通过教育培训和本地化，可以更好地了解客户，同时帮助客户更好地了解产品，提高客户满意度，满足不同地区不同客户的需求。

提升客户体验是一个持续的过程，需要企业不断地收集客户反馈，分析客户数据，优化产品和服务。数字化转型为企业提供了强大的工具和平台，帮助企业更好地理解和服务客户，建立长期的客户关系。

实现效率持续提升

早在 1937 年，经济学家、诺贝尔经济学奖得主罗纳德·科斯（Ronald Coase）就开展了关于企业存在本质的研究，其论述被后世经济学家称为科斯定律，科斯定理至今仍是解释和影响经济活动的重要理论，科斯提出企业的本质是一种资源配置的机制，而企业之所以能存在，就是为了降低交易成本。根据科斯的理论，提升资源配置效率和降低交易成本是企业存在的价值，而这两者在企业内部通常以运营效率来体现。

运营效率通常是指企业在生产和提供服务过程中，资源的使用效率和产出的优化程度。它涉及成本控制、时间管理、流程优化等多个方面。高运营效率意味着企业能以更低的成本、更短的时间和更高的质量完成工作。

生产运营优化主要基于传统存量业务，价值创造和传递活动主要集中在企业内部价值链，价值获取主要来源于传统产品规模化生产与交易。生产运营优化类价值效益主要包括效率提升、成本降低和质量提高等方面。在效率提升方面，主要包括提高规模化效率和多样化效率；在成本降低方面包括降低研发成本、生产成本、管理成本和交易成本；在质量提高方面主要包括提高设计质量、生产/服务质量、采购及供应商协作质量和全要素全过程质量。

数字化转型为企业提供了一系列的工具和方法来提升运营效率。以下是四个详细的方面，展示了数字化如何帮助企业实现这一目标。

流程自动化：通过引入自动化工具，可显著提高企业的流程效率。自动化可应用于订单处理、库存管理、客户服务等多个方面。例如，使用机器人流程自动化（RPA）技术，企业可以自动执行重复性高且耗时的任务，如数据录入和文件处理，从而释放员工去从事更有价值的工作。

数据分析和业务智能：数字化使企业能收集和分析大量的业务数据，从而获得深入的业务洞察。通过使用先进的数据分析工具，如大数据分析和人工智能算法，企业可以识别业务趋势、预测市场变化，并据此优化运营策略。例如，通过分析销售数据，企业可以优化库存水平，减少过剩或缺货的风险。

实时监控和敏捷响应：数字化提供了实时监控业务活动的能力，使企业能快速响应市场和运营中的变化。实时数据可帮助企业及时发现问题并采取措施，如供应链中断或客户需求的突然变化。这种敏捷性对于在快速变化的市场中保持竞争力至关重要。

内外部流程优化：面向客户，数字化可帮助企业更好地理解客户需求和行为，提高供应链的透明度和效率。面向供应链，企业可实时追踪产品从生产到交付的整个过程，优化库存管理，减少物流成本，并提高供应链的响应速度。

实现模式进化升级

数字化转型的最终目标是创造新的、在非数字化情况下无法达成的商业模式。商业模式转变通常会发生颠覆式创新，主要专注于发展壮大数字业务，形成符合数字经济规律的新型业务体系，价值创造和传递活动由线性关联的价值链、企业内部价值网络转变为开放价值生态，价值获取主要源自与生态合作伙伴共建的业务生态。主要包括为用户/生态合作伙伴连接与赋能、数字新业务和绿色可持续发展等方面。

数字化帮助企业实现模式进化升级的 5 个关键点如下。

- 数据驱动的洞察：数字化使企业能收集和分析大量的数据，从而获得对市场趋势、消费者行为和业务运营的深刻理解。这些数据驱动的洞察可以帮助企业发现新的市场机会，制定创新的商业模式，如基于订阅的服务、个性化产品或数据驱动的决策制定。
- 客户体验创新：数字化技术，如移动应用、增强现实（AR）、虚拟现实（VR）和聊天机器人等，可提供全新的客户体验。企业可利用这些技术来增强客户互动，提供更加个性化和沉浸式的体验，从而吸引和保留客户，创造新的收入来源。
- 平台经济模式：数字化促进了平台经济的发展，企业可通过创建或加入在线市场和网络来连接买家和卖家。这种模式允许企业通过交易费用、广告或其他服务来获得收入，同时降低运营成本并扩大市场覆盖。
- 敏捷的产品和服务开发：数字化工具和流程，如敏捷开发、云计算和 3D 打印，使企业能够快速开发和迭代新产品或服务。这种敏捷性使企业能够快速响应市场变化，测试新想法，并根据客户反馈进行调整，从而降低风险并加速创新。
- 跨界合作与生态构建：数字化使企业能更容易地与其他行业和领域的企业建立合作关系。通过构建或参与数字化生态系统，企业可共享资源、知识和技术，创造新的商业价值。这种跨界合作可带来创新的解决方案和商业模式，如物联网（IoT）解决方案、智能城市项目等。

通过这些方式，数字化不仅改变了企业内部的运营方式，还为企业与客户、合作伙伴和整个市场之间的互动提供了新的可能性，从而推动了商业模式的创新和转型。

💡 阶段路径：从信息化到数字化再到智能化

从数字化转型的阶段路径来看，一般非数字原生企业会经历从信息化到数字化到智能化这三个阶段，这三个阶段前后依赖，可在局部并行开展，但无法被完全跳过，信息化是数字化的基础，而数字化是智能化的基础。

数字原生企业与非数字原生企业的定义：非数字原生企业是指业务本身不是构建在数字化基础上的企业，有些也称为传统企业，第一产业、第二产业和部分第三产业都属于非数字原生企业。而数字原生企业是指业务本身就构建在数字化基础之上，没有数字化将无法开展业务的企业，如美团、淘宝、京东等。

很多时候媒体和企业爱用的一个词：数智化转型，实际上编者认为是一种取巧的叫法，但仍可解释为企业从信息化到智能化的过程。

信息化、数字化和智能化是信息技术在商业领域应用的不同阶段，它们各自代表了技术与业务融合的不同深度和广度。下面将详细解释这三个阶段。

信息化阶段（业务 IT 化）

信息化阶段，即**业务 IT 化**，是指企业通过信息系统来承载、记录业务流程，信息化水平可理解为企业业务被 IT 化的百分比。若企业所有业务流程都通过信息系统实现，则可称为 100%信息化。信息化的显著特征在于系统仅如实反映当前业务，**并未改变**当前业务方式。

信息化阶段的特点：

- 基础架构：建立了 IT 基础设施，包括服务器、网络和存储系统。
- 业务在线：日常业务流程在线化，数据被记录和跟踪，以提高效率。
- 数据分析：进行一定程度的数据分析，主要是事后分析，事前预防较少。

信息化阶段的应用：

- 企业资源规划（ERP）系统，用于整合财务、人力资源、供应链等业务流程。
- 客户关系管理（CRM）系统，用于管理客户信息和销售流程。
- 供应商关系管理（SRM）系统，用于管理供应商信息和流程。
- 产品生命周期管理（PLM）系统，用于管理研发流程和产品生命周期。
- 制造执行系统（MES），用于管理生产制造的全过程。
- 办公自动化系统（OA），用于提高日常办公效率。
- 其他系统，根据企业不同，信息化阶段可能在研产供销服的不同领域实施和部署特定功能系统，以解决信息化程度不足的问题。

数字化阶段（IT 业务化）

数字化阶段，即 IT 业务化，是指企业将信息技术与业务深度融合，改变现有业务方式，利用数字技术创造新的商业模式、产品和服务，以及改善客户体验。

与信息化阶段仅反映当前业务流程不同，数字化阶段是改变当前业务流程，创造新的模式，使 IT 成为业务模式的必需部分。

数字化阶段的特点：

- 客户参与：通过数字化渠道，如移动应用、社交媒体等，与客户互动。
- 数据驱动：利用数据分析来指导业务决策和优化客户体验。
- 数字化产品：开发数字产品，如电子书、在线课程、数字媒体等。
- 数据分析：根据实时数据进行事中分析和决策，实现一定程度的预防和判断。

智能化阶段

智能化是在数字化基础上，通过人工智能、机器学习、自然语言处理等先进技术，使系统能自主学习、分析和做出决策。智能化是从信息感知到决策执行的闭环。智能化逻辑如图 3-1 所示。

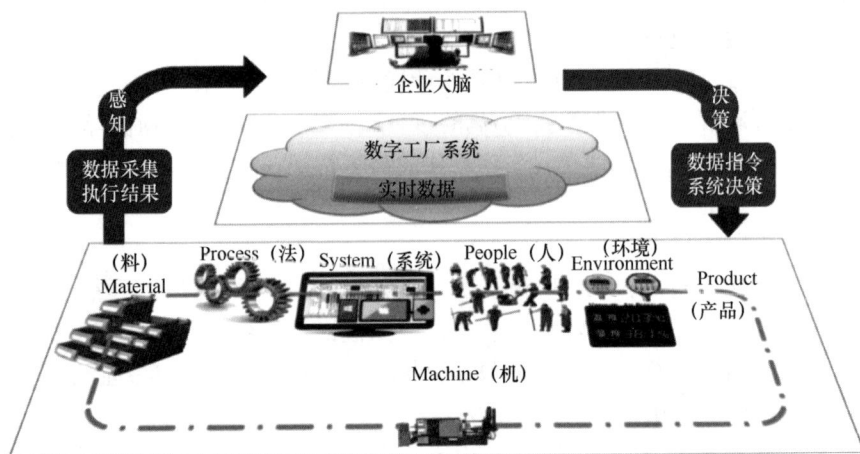

图 3-1 智能化逻辑

智能化阶段的特点：

- 自主学习：系统能通过机器学习算法不断优化自身性能。
- 智能分析：利用人工智能进行复杂的数据分析和模式识别。
- 自动化决策：系统能基于分析结果自动做出业务决策。
- 决策和反馈闭环：信息感知、反馈和决策执行形成了闭环。

三个阶段的相互关系

信息化是基础：信息化为数字化和智能化提供了必要的 IT 基础设施和数据基础。

数字化是深化：数字化将信息技术与业务流程深度融合，为智能化提供了丰富的应用场景和数据资源。

智能化是跃迁：智能化通过高级技术实现业务流程的自动化和智能化，提升企业的竞争力。

数据路径：点线面体，从数据流动到数据驱动

从数字化转型的数据路径来看，我们通常可以从点、线、面、体四个层次来描述和理解数据流动的几个层次。这种分类有利于企业系统性地规划和实施数字化战略。以下是对这四个层次的详细解释。

点：单元数字化

定义：单元数字化是指在企业内部的单个业务单元或特定功能中应用数字技术。

特点：

- 单一系统：专注于单个业务系统或实现单个功能的信息系统建设。
- 局部优化：通常是在优化单个业务单元的效率和性能。

应用：

- 特定部门的软件系统，如财务部门的会计软件系统。
- 特定任务的自动化工具，如发票处理自动化工具。

线：局部流程数字化

定义：局部流程数字化是指对企业内特定业务流程或跨部门的工作流程进行数字化改造。

特点：

- 流程优化：优化和自动化端到端的业务流程。
- 跨部门协作：涉及多个部门或团队的协作和数据共享。
- 集成系统：需要集成不同的 IT 系统以支持流程的自动化。

应用：

- 供应链管理流程的数字化，从采购到库存再到物流。
- 客户服务流程的数字化，包括客户咨询、服务请求和售后支持。

面：组织内数字化

定义：在整个组织范围内实施数字化，包括文化、组织架构和所有业务流程。

特点：
- 全面战略：制定全面的数字化战略，涵盖所有业务领域。
- 组织和文化：涉及组织结构、文化和员工技能的变革。
- 数据驱动：建立数据驱动的决策机制。

应用：

基于所有业务流程的集成和拉通，不再是以单个单元或者单条流程来组织，通常是以数据中台或业务中台等应用形式呈现。

体：生态系统数字化

定义：在企业所处的整个商业生态系统中应用数字化技术，包括供应商、客户、合作伙伴等，企业已能与产业链的上下游进行实时的数据传递。

特点：
- 开放创新：与外部合作伙伴共同创新和开发新的商业模式。
- 平台战略：构建或参与数字化平台，促进生态系统内的协作和交易。
- 跨界融合：跨越不同行业和领域的数字化融合。

应用：

构建产业链特定的数字化平台，与供应商和客户共同开发智能产品和服务。

相互关系和转型路径

从点到线：企业首先在特定单元实施数字化，然后扩展到局部流程，实现流程的自动化和优化。

从线到面：随着局部流程的数字化，企业可进一步将数字化扩展到整个组织，实现组织层面的变革。

从面到体：在组织内实现数字化后，企业可进一步与外部生态系统中的其他实体合作，推动整个生态系统的数字化。

数字化转型是一个逐步演进的过程，企业需在不同层次上持续投入和创新。通过点线面体这种逐渐递进的方法，企业可以更系统地规划和实施数字化战略，优化企业成本，逐步实现从单元到整个生态系统的全面数字化。从点线面体这四个阶段来讲，不是所有企业都能走到建立生态系统这一个阶段，对绝大部分企业来讲，加入某个或者多个生态系统反而是最优选择。

产业路径：从产业数字化到数字产业化

据官方数据，2022 年我国的数字经济规模已达 50.2 万亿元，占 GDP 的比重已攀升至 4%，数字经济的规模和比重双双攀升，已成为我们未来经济的重要引擎。

2024 年，随着新质生产力的提出，数字化的产业路径更加清晰。根据数字经济的内涵，其中包含两块内容，产业数字化和数字产业化，这两者既是相互依存和服务的关系，也是转换和递进的关系，下面就这两方面进行一些探讨。

- 产业数字化：利用数字技术对传统产业进行升级改造，通过数字化手段优化生产流程、提高效率、降低成本，实现产业的智能化、自动化，推动产业的高质量发展。
- 数字产业化：将数字技术本身作为产业来发展，包括软件开发、硬件制造、云计算、大数据、人工智能等数字技术的研发、应用和服务，形成新的经济增长点。

企业在做数字化转型的时候，产业数字化是最直接的阶段，在产业数字化之后，通过自身能力，赋能其他企业发展，这个时候，数字产业化又成为另外一种商业模式和发展可能。

有人曾说，未来所有的企业都应该是科技企业，数字产业化是我们在做数字化转型时需认真考虑的一个阶段和选项。

实施路径：数字化转型六步走

本节将探讨数字化转型如何实现，探讨其实施路径。业界关于数字化转型的实施有诸多的方法论，编者将众多的方法论归结为六个步骤，称之为数字化转型六步走。

第一步：评估现状

对企业的人、事、物全方面进行现状评估，包括企业战略、企业文化、业务流程、组织架构、技术基础等。识别数字化转型的痛点和机会。

第二步：制定愿景

明确数字化转型的愿景和目标，与企业战略相一致。确定转型的方向和重点领域。

第三步：规划蓝图

分析愿景和现状之间的差距，设计详细的转型路线图，包括关键的里程碑和时间表。确定短期和长期目标。

第四步：建立组织

数字化转型是一把手工程、一号工程，需建立跨部门的数字化团队，负责转型的规划和执行。同时，调整组织结构和流程，以适应数字化的需求。

第五步：分步实施

选择合适的技术和平台，如云计算、大数据、AI 等。分阶段实施数字化解决方案，从试点项目开始，逐步扩大规模。

第六步：持续优化

建立持续改进的文化，鼓励创新和试错。定期评估转型进展，根据业务反馈和市场变化，调整和优化实施策略。

通过这样的系统规划和实施，企业能更有效地推进数字化转型，实现业务模式的创新和运营效率的提升。同时，持续的优化和迭代，可帮助企业适应不断变化的市场环境，保持长期的竞争优势，这也将成为企业在数字经济时代成功的关键。

本章介绍了数字化转型的目的，并分别从数字化转型的阶段路径、数据路径、产业路径和实施路径这四个角度探讨了数字化转型的路径。总而言之，数字化转型是一个系统工程，企业需从数字化转型的最终目的、阶段路径、数据路径、产业路径和实施路径等多个维度进行全面规划和实施。只有充分理解和把握这些维度，企业才能在数字经济时代实现成功转型，赢得市场竞争的主动权。

第 4 章

数字化成熟度

数字化成熟度是衡量企业数字化应用能力的标准和参照，反映了企业在利用数字技术进行业务创新、流程优化和价值创造方面的能力。它是企业数字化战略成功的关键指标，对企业的竞争力和市场适应性具有直接影响。

成熟度模型概要

如何评价企业当前数字化的成熟度，这通常成为企业在面临数字化转型时思考的第一个问题，成熟度模型（Maturity Model）是一种评估和提升企业在特定领域能力和绩效的工具。它通过定义不同级别的成熟度状态，帮助企业了解当前的状况，识别改进空间，并指导企业逐步提升，以实现最佳实践和卓越绩效。

数字化以及数字化转型的成熟度模型是一种评估和改进组织数字化能力的方法，它定义了不同级别的成熟度，并提供了改进的路径。目前关于数字化成熟度的主流模型较多，编者挑选了几个常见且公开的模型在本章进行探讨。

各种成熟度模型比较

关于数字化转型的成熟度模型，目前主要分为以下四类，这些模型从不同的角度，针对不同的行业和领域评估组织的成熟度，如技术能力、项目管理、业务流程等。

- 第一类为国家标准类模型，主要包括电子技术标准化研究院、信通院等国家相关单位起草和发布的标准类模型。
- 第二类为地方或者团体标准类模型，主要由地方或者团体组织起草和发布的标准类模型，例如大湾区数字化转型成熟度标准。
- 第三类为公司或研究机构发布的相关模型，这类模型通常是某个公司根据自身理解和需求发布的评估模型。

- 第四类为某个领域的模型，比如供应链领域、制造领域或数据管理领域，针对该领域的特点和要求发布的标准或模型。

本章将重点探讨两个国家级的模型和标准，这两个标准覆盖范围广，适用的企业更多，更具有参考价值。这两个标准分别是：

- 团体标准：《数字化转型 新型能力体系建设指南》T/AIITRE 20001—2020。
- 国家标准：《信息技术服务数字化转型成熟度模型与评估》GB/T43439—2023。

数字化转型 新型能力体系建设指南（团标）

《数字化转型 新型能力体系建设指南》，即团体标准 T/AIITRE 20001—2020。《数字化转型 新型能力体系建设指南》的总体框架，主要包括新型能力的识别、新型能力的分解与组合、能力单元的建设、新型能力的分级建设等内容，系统阐释新型能力体系建设的主要方法。

新型能力的建设是一个循序渐进、持续迭代的过程，对照 T/AIITRE 20001—2020 提出的数字化转型 5 个发展阶段，将新型能力的等级由低到高划分为：

- CL1（初始级）；
- CL2（单元级）；
- CL3（流程级）；
- CL4（网络级）；
- CL5（生态级）。

这 5 个等级，不同等级能力呈现不同的状态特征及能力单元/能力模块的过程维、要素维、管理维的不同建设重点，如图 4-1 所示。

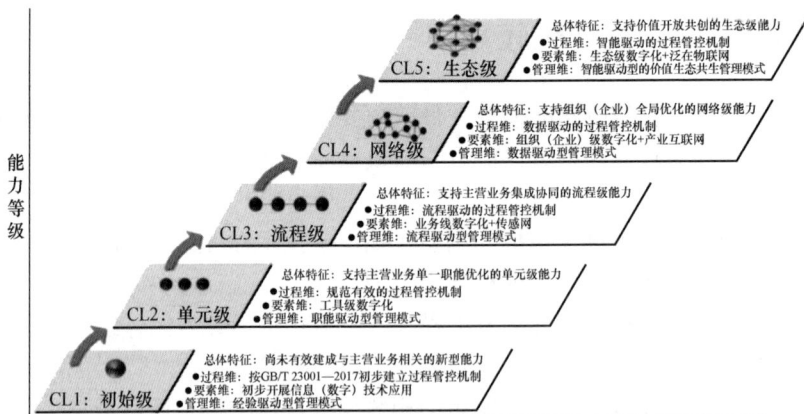

图 4-1 团体标准 T/AIITRE 20001—2020《数字化转型 新型能力体系建设指南》

CL1 初始级：总体尚未有效建成主营业务范围内的新型能力，初步建立了过程管控机制，初步开展了数字化、信息化技术应用，主要采用**基于经验**的管理模式。

CL2 单元级：形成了支持主营业务的单元级能力，形成了较为规范有效的过程管控机制，在某些领域实现了工具级的数字化解决方案，覆盖数据、技术、流程和组织等四要素，支持特定领域或业务环节数字化。CL2 单元级是**基于职能**的管理模式。

CL3 流程级：聚焦跨部门或跨业务环节，建成支持主营业务集成协同的流程级能力，支持过程管理动态优化；实现现有业务效率提升、成本降低、质量提高等预期价值效益目标，并有效拓展延伸业务。CL3 流程级是**基于流程**的管理模式。

CL4 网络级：聚焦组织全员、全要素和全过程，建成支持组织（企业）全局优化的网络级能力；能按需开展数据驱动型的能力打造过程管理；实现与产品服务的创新，并有效开展业态转变，培育发展数字业务。CL4 网络级是**基于数据**的管理模式。

CL5 生态级：聚焦跨组织（企业）生态合作伙伴、用户等，建成支持价值开放共创的生态级能力，全面实现与业态转变相关的用户/生态合作伙伴连接与赋能、数字新业务、绿色可持续发展等价值效益目标。CL5 生态级是**基于智能**的生态共生管理模式。

该团标从数据和业务应用的角度，将企业数字化成熟度分成了 5 个等级，每个等级分别对应特定的企业管理模式，分别是基于经验、基于职能、基于流程、基于数据和基于智能驱动的 5 种模式。

信息技术服务数字化转型 成熟度模型与评估（国标）

GB/T43439—2023《信息技术服务数字化转型 成熟度模型与评估》是最新且最具权威的数字化转型成熟度模型。该标准于 2023 年 11 月 27 日发布，并在 2024 年 6 月 1 日正式实施，是目前对数字化转型最具权威性的国家标准。

该标准是首部适用于各行业和组织类型的、以信息技术服务为依托的数字化转型国家标准。它面向各行业的组织的数字化转型需求，对数字化转型工作中相关支撑性服务的参考架构、工作内容和成熟度阶段划分等进行规范，帮助组织在标准引领下进一步清晰数字化转型方向和内容，并结合组织实际情况设定切实可行的阶段性工作计划和目标，有利于加快组织数字化转型的高效、稳步推进。

该标准从企业的多个能力域评估数字化能力，包括组织、技术、数据、资源、数字化运营、数字化生产、数字化服务等 7 个能力域，全面评估企业的数字化能力。

该标准将数字化转型成熟度分为 5 个等级，从低到高分别为一级、二级、三级、四级和五级，适用于根据组织现状和业务目标明确转型工作所要达成的成熟度等级目标，并根据目标等级的分级特征和要求，制订详细的转型工作路径和各细项目标。

编者将该标准的 5 个等级的特征和要点归纳如下（见表 4-1）。

表 4-1   5 个等级的特征和要点

等级	特征	要点
一级 （初始级）	组织应具备数字化转型意识，开始对实施数字化转型的基础和条件进行规划，在运营、生产、服务等业务领域基于内外部需求开展数字化转型探索工作	组织转型意识，基础规划，业务领域数字化探索
二级 （基础级）	组织应对数字化转型的组织、技术、数据和资源进行规划，完成局部业务的数据收集、整合与应用，初步具备基于数据的运营和优化能力	数字化组织/技术/数据/资源规划，局部数据应用，运营优化能力
三级 （集成级）	组织应具备数字化转型总体规划并有序实施，完成关键业务的系统集成和数据交互，在运营、生产和服务领域实现基于数据的效率提升	数字化总体规划与实施，关键业务系统集成，数据驱动效率提升
四级 （优化级）	组织应将数据作为支撑运营、生产和服务关键领域业务能力提升优化的核心要素，构建算法和模型为业务的相关方提供数据智能体验	数据作为核心资产，通过算法和模型构建，提供数据智能体验
五级 （引领级）	组织应基于数据持续推动业务活动的优化和创新，实现内外部能力、资源和市场等多要素融合，构建独特生态价值	优化与创新，内外部能力资源市场多要素融合，构建生态价值

除了定义的 5 个成熟度等级之外，该国家标准（GB/T43439—2023）中还定义了开展数字化转型成熟度评估的能力域，包含组织、技术、数据、资源、数字化运营、数字化生产、数字化服务等 7 个能力域，每个能力域又包含若干能力子域，共计 29 项，如图 4-2 所示。

本书不深入探讨成熟度模型的评估方式。除本书列举的两个国家标准外，其他的地方团体标准或企业模型也具有参考价值。有兴趣的读者可参考其他公开资料。

GB/T 43439-2023

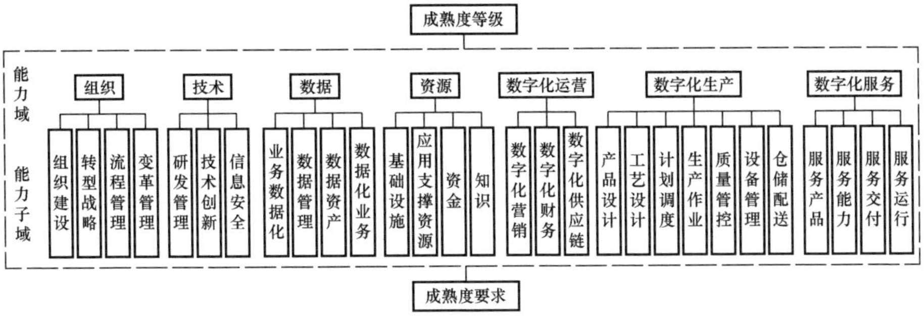

图 4-2　数字化成熟度能力域

选择合适的成熟度模型

成熟度模型为企业在特定领域的发展提供了一个系统化的框架，帮助企业评估当前状况、识别差距、制订改进计划，并推动持续改进。通过逐步提升成熟度级别，企业可以实现最佳实践和卓越绩效，增强竞争力和创新能力。

选择合适的模型主要取决于组织或企业的具体需求、目标、当前状况及希望评估或改进的具体领域。以下是一些需要考虑的因素，帮助你选择适合的模型。

- 企业所处的行业和区域；
- 是否与企业的业务目标和战略一致；
- 是否涵盖了企业关注的关键领域；
- 是否有足够的行业认可和支持；
- 是否有清晰的评估和改进流程。

成熟度测评方法与流程

为了科学评估并提升企业的数字化成熟度，需要以下几个步骤。

- **自我评估**：企业根据成熟度模型的标准，自我评估当前的成熟度水平。
- **第三方评估**：聘请外部专家进行独立的评估，提供客观的反馈。
- **数据收集**：收集相关的数据和信息，如业务流程、项目案例、员工反馈等。
- **分析和报告**：分析评估结果，识别强项和改进领域，并生成详细的评估报告。

通过这样的详细分析和规划，企业能更系统地推进数字化转型，提高转型的成功率。同时，成熟度模型的评估和改进，可帮助企业持续提升数字化能力，实现长期的竞争优势。

企业数字化转型是一个复杂且系统的过程，需要科学的评估方法和系统的实施策略。参照相关模型和标准，结合实际情况进行调整和优化，可构建和应用数字化成熟度模型，全面评估企业的数字化能力，制定针对性改进措施，以确保数字化转型的成功。

数字化转型成熟度是企业数字化旅程的指南针，它不仅涉及技术层面的升级，更关乎业务模式、组织结构和企业文化的全面革新。通过科学评估和持续改进，企业可加速数字化进程，提升竞争力，实现可持续发展。数字化转型是一个长期而复杂的过程，需要企业在战略规划、技术投资、人才培养和文化塑造等方面进行全面考虑和持续投入。

如何选择成熟度模型也许并不重要，重要的是企业需要读懂数字化成熟度模型背后的能力要求，归根结底，数字化建设是企业能力的建设，而能力建设关乎企业竞争力和可持续发展。数字化转型绝不仅是 IT 工程，也不是某个业务域的工程，而是系统工程、一把手工程、一号工程，只有真正做到一把手负责，全员参与，持续投入，这样的转型才可能是成功的转型。

不管今天企业处于什么成熟度水平，都可以基于科学和系统的分析，逐步提升成熟度，从而实现组织的三项目标：业务稳健增长、效率持续提升、模式进化升级。这三项目标将引领企业健康成长，实现可持续经营。

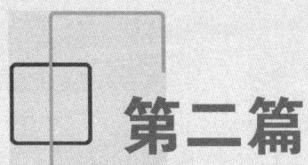

第二篇

数字化的逻辑、框架及方法

第 5 章

数字化的底层逻辑

🖋 数字化的极简模型

本书将参考《数字化的极简逻辑与方法》[1]中的"凌遥－极简数字化转型模型"（简称"LY-DTM"），如图 5-1 所示。

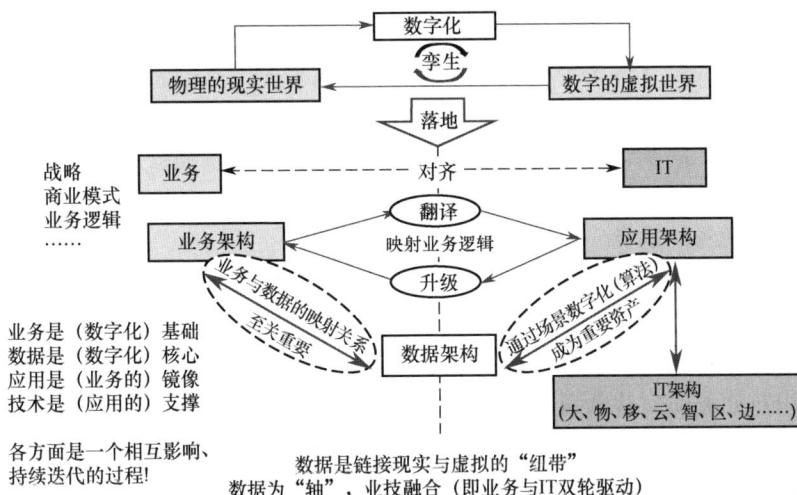

图 5-1 凌遥－极简数字化转型模型（LY-DTM）

LY-DTM 是编者在多年数字化建设实践中提炼的数字化认知体系的核心逻辑，它简单、易用且实用，能快速帮助跨领域的数字化建设团队建立统一的数字化底层思维模型，并在数字化思维层面达成共识。曾在一个企业的千万级数字化项目方案决策会议上，用这个模型仅花半小时就协助管理层选择了合适的供应商和解决方案。

从该模型上解读，数字化就是在数字世界为现实世界提供一个"数字孪

---

1 唐凌遥. 数字化的极简逻辑与方法[M]. 北京：电子工业出版社，2023.

生"，将物理现实世界的业务对象、业务规则等在数字虚拟世界建模，并将现实世界的业务过程在虚拟世界进行模拟仿真，以实现相同甚至更优的业务效果。数字世界具有固化规则、突破时空限制、业务过程运行几乎零边际成本等优势，从而充分发挥数字资产对业务的支撑价值。

"孪生"实质上是确保现实世界的业务与数字世界的 IT "对齐"。现实世界的业务与虚拟世界的 IT "孪生"得越一致，业务就能在虚拟世界更好地开展，从而更有效地实现业务效果。数字化工作主要是实现业务逻辑从现实世界到数字世界的"翻译"，即映射业务逻辑。将这个过程抽象后，用简洁的形式和语言表达出来，就是数字化的极简逻辑。简而言之，数字化是通过系统方法，利用信息技术（IT）和 IT 基础设施，实现企业运营自动化、智能化的过程。

接下来简单阐述这个模型的工作原理："业务是数字化工作的基础、应用是业务的镜像、数据是数字化核心、技术是应用的支撑"，详细说明请参考《数字化的极简逻辑与方法》。

业务是数字化工作的基础

战略、商业模式等决定了业务，核心业务流程是业务的表达和承载。业务决定了相关数据的结构和内容；业务决定了映射、翻译到应用中的业务逻辑等；业务是数字化工作的基础，也是 LY-DTM 的基础。数字化工作需要梳理业务，搞清楚业务痛点、价值增值点等。

应用是业务的镜像

应用主要是指应用系统，应用系统将现实世界的流程变成数字世界的流程，实现流程线上化，也就是对业务逻辑进行翻译，使之能在数字世界以"数字孪生"的形式发挥作用。应用系统对业务逻辑"翻译"得越好，"数字孪生"的程度就越高，应用对业务的支持就越强。随着场景的丰富，应用将为业务模式提供新的实现可能，并反过来驱动业务"升级"发展，给业务带来本质影响，即在原有业务之上或之外进行"创新/转型"。

数据是数字化核心

现实世界的业务与数字世界的应用都会访问数据，并通过数据进行交互。由 LY-DTM 可见，数据是连接现实与虚拟的"纽带"，是现实世界与数字世界进行互动的"桥梁"。上文提到业务与应用的闭环，可从现实的业务开始驱动数字化，也可从虚拟的应用（包括相关 IT 体系）开始驱动数字化，而驱动业务与 IT 双轮的"轴"就是数据。

技术是应用的支撑

技术是应用系统的支撑，为应用系统提供软硬件设施相关的运行环境。从 LY-DTM 的架构可以看出，业务、应用、数据三方面之间在逻辑上是紧密相关的，而具体的信息技术与业务、数据并不直接相关。信息技术为应用系统的运行提供支撑环境，主要关注应用系统现在和未来的运行方式、部署方式、计算能力、安全需求和运维需求等。

在整个模型中，"业务+数据"是数字化工作中至关重要的部分。这个组合在每个企业中是唯一的，即便是在同质化很高的行业中，每个企业的"业务+数据"也存在一定差异。"业务+数据"是任何应用上线的前提，而应用系统决定 IT 基础设施的选择。

业务运营体系

如果把企业比作一台电脑，就需要构建良好的、可敏捷升级的"操作系统"，即"业务运营系统"，也称"业务运营体系"。没有"操作系统"的企业会随着规模的增大而逐渐进入日渐严重的熵增失序状态，而数字化的目的正是为企业打造和维护一个卓越的数字化业务运营体系。

企业的业务运营体系由两个子系统构成：商业模式子系统和管理模式子系统，如图 5-2 所示。

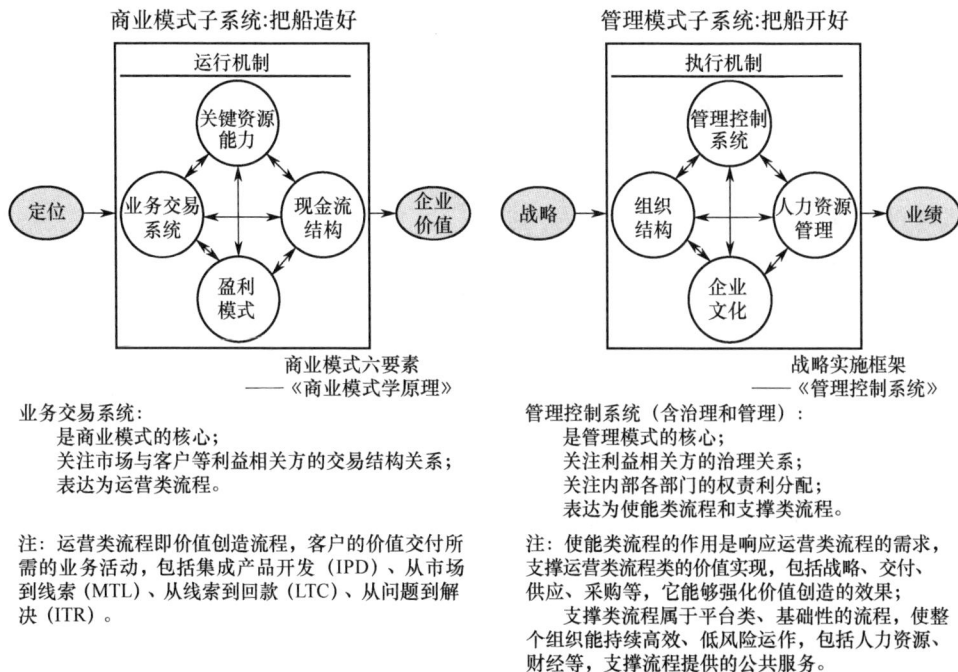

商业模式子系统:把船造好　　　　　　　管理模式子系统:把船开好

商业模式六要素
——《商业模式学原理》

战略实施框架
——《管理控制系统》

业务交易系统：
是商业模式的核心；
关注市场与客户等利益相关方的交易结构关系；
表达为运营类流程。

注：运营类流程即价值创造流程，客户的价值交付所需的业务活动，包括集成产品开发（IPD）、从市场到线索（MTL）、从线索到回款（LTC）、从问题到解决（ITR）。

管理控制系统（含治理和管理）：
是管理模式的核心；
关注利益相关方的治理关系；
关注内部各部门的权责利分配；
表达为使能类流程和支撑类流程。

注：使能类流程的作用是响应运营类流程的需求，支撑运营类流程类的价值实现，包括战略、交付、供应、采购等，它能够强化价值创造的效果；
支撑类流程属于平台类、基础性的流程，使整个组织能持续高效、低风险运作，包括人力资源、财经等，支撑流程提供的公共服务。

图 5-2　商业模式子系统和管理模式子系统

本书借用《商业模式学原理》[1]中的一张图，并做了适当的修改，来说明商业模式子系统。商业模式子系统包括商业模式的定位、业务交易系统、关键资源能力、盈利模式、现金流结构、企业价值，每个环节都承载着企业发展和运营的重要任务。其中，业务交易系统是该子系统的核心，直接关系到企业的生存和发展；主要关注市场与客户等利益相关方的交易结构关系；主要表现为企业的运营类流程。

同时借用《管理控制系统》[2]中的一张图，也做了适当修改，来说明管理模式子系统。管理模式子系统包括战略、管理控制系统、组织结构、人力资源管理、企业文化、业绩，它们共同营造了一个有序、高效的工作环境，为企业的发展提供了坚实的基础。其中，管理控制系统是该子系统的核心，主要关注利益相关方（如股东、董监高、监管机构等）的治理关系，以及内部各部门的权责利分配关系；主要表现为使能类流程和支撑类流程。

这两个子系统共同构成了企业的业务运营体系，是企业运作的基石和保障。在实际操作中，一条完整的价值流通常既包含商业模式中的业务规则，又包含管理模式中的管控规则。例如，在产品销售过程中，除需考虑市场定位和盈利模式等商业因素，还应依托管理控制系统对销售流程进行监督，确保产品质量，以实现良好的用户体验和持续盈利。

因此，商业模式子系统和管理模式子系统的相互配合和协同至关重要，它们共同为企业的持续发展和成功运营奠定了坚实的基础。在不断变化的商业环境中，企业需不断优化和调整这两个子系统，以适应市场的需求和变化，保持竞争优势，实现长期可持续发展。

✒ 构建卓越的业务运营体系

建设和维护一个卓越的业务运营系统可使企业的工作变得有序，各类流程变得可预期，从而沉淀组织智慧，实现"让平凡的人做不平凡的事"。然而，许多企业缺乏"系统守夜人"，即"系统管理员""总架构师"或"总工程师"，导致业务运营体系"佛系"生长，问题出现时只能在表面上解决，管理者成为"救火"队长。企业越大、业务越好，反而越来越依赖"人制"，越来越离不开"能人/英雄"，跑冒滴漏成为常态，导致混乱加剧。

有必要构建并维护、升级业务运营体系，使其不断满足各类标准和预期。业务运营体系是一个复杂的体系，因此，有必要运用系统方法来协助进行。数字化

---

1 魏炜，李飞，朱武祥. 商业模式学原理[M]. 北京：北京大学出版社，2020.

2 罗伯特·安东尼维杰伊·戈文达拉扬.管理控制系统[M]. 12 版. 刘霄仑，译. 北京：人民邮电出版社，2010.

的工作就是帮助企业构建卓越的业务运营体系，所以数字化本质上是组织的变革工作，而不仅是 IT 的运用。

组织变革变的是体系

如前文所述，数字化工作就是为组织打造卓越的业务运营体系。该体系主要由各类规则组合而成，组织变革的工作就是迭代升级这个规则体系，而数字化则是运用新一代 IT 来帮助开展组织变革。组织变革从形式要件上究竟变的是什么？是规则体系！是对没有规则覆盖的异常处理工作、依照新场景开展的规则升级工作，以及创新等大量消耗组织资源或能量的工作，经过评估分析发现有改进价值，便将对应规则识别出来，并进行制度化、例行化处理，使其变成日常工作，使组织消耗较低的、合理的资源或能量就可以执行。

变革涉及的根本是利益相关方交易结构（即商业模式）或分配结构（即管理模式）的调整，当然主要是朝着组织发展的整体方向。而在新的利益格局达成一致（情愿或不情愿）的情况下，形式上表现为：优化规则体系，并在优化的基础上开展新一轮运营，如此迭代不止。组织变革过程的极简逻辑如图 5-3 所示。

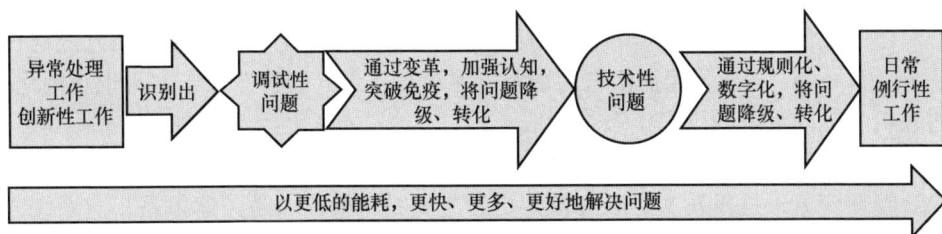

图 5-3　组织变革过程的极简逻辑

通过分析现状和目标存在的差距，这个过程中需要解决技术性问题和调试性问题。

（1）技术性问题。指在组织相关方现有认知条件下，基本上有把握解决的问题。此类问题具有较强的客观性，可以在既有认知下分析得很清楚，并找到可预期的、清晰具体的解决方案，例如科学技术难题、产品质量问题、设备问题、使用抗生素对抗特定病毒等问题。

解决方法：通过规范管理来解决，目的是维持秩序，关注当下、局部。组织对其所要解决的技术性问题，已明确知道应对方法，有既定的资源、流程可以使用，在已有的认知范围内可以解决问题。

（2）调试性问题。需要升级认知才可能解决的问题。对组织相关方来说，这类问题具有一定的模糊性，只能找到可能有效的解决方案。该类问题是当事人在当前认知下无法清楚描述的，也找不到可预期的解决方案，例如改变习惯、组织变革等问题。调试性问题主要是组织对即将发生的变化缺乏足够认知，进而激发系统免疫。

解决方法：通过加强领导来解决，目的是实现变革，关注未来、整体。调试性问题具有一定复杂性，解决方案的效果更具有不确定性，必须通过加强领导，突破认知瓶颈，变革现有方式才能解决。必须对现有的思想、行为方式和价值观做出根本改变。

系统免疫

从系统论的角度来看，体系/系统对来自任何外部环境的好或坏的刺激，都具有免疫力，以维护系统的稳定。因此，解决任何一类问题都会面临阻力，这与运气无关。需要组建跨领域的团队来开展变革工作。

体系/系统优化过程

第一步：从异常或创新性工作中识别出调试性问题。

第二步：通过调试性问题的解决方案把问题规整为可以解决的、可控的技术性问题。

第三步：将技术性问题的解决方案固化为日常性、例行性工作。

如图 5-3 所示，这个过程周而复始：不断发现新的异常处理工作和创新性工作，不断把创新性工作、异常处理工作变成日常例行性工作，从而不断升级迭代业务运营系统。同时，应在治理层面将异常处理工作、创新性工作本身也规则化，通过机制驱动组织的规则体系不断成长。

组织变革的核心是建体系、建系统

管理变革不是发发文、立立项，更不是喊喊口号，而是：建体系、建系统。有了体系建设，组织的经验教训（即：知识等）就可以制度化地沉淀下来，让组织提升，做到"让平凡的人干不平凡的事情"。至少组织可以做到不重复犯错，运营成本就降低了，才更有精力和空间来更好专注核心业务。

构建组织的规则体系就是构建公司的业务运营系统，组织的业务、数据、IT、质量（即：满足各类要求）等都需要融入或体现到规则体系中，实现"多标一体化"。

而组织的业务运营体系/系统是由战略、业务模式决定的，其中的规则要体现业务流的本质，规则越是匹配实际业务，效率越高。

打造数字化业务运营体系的逻辑

编者将在实践中总结的打造数字化业务运营体系的逻辑整理成一张模型图，如图 5-4 所示。

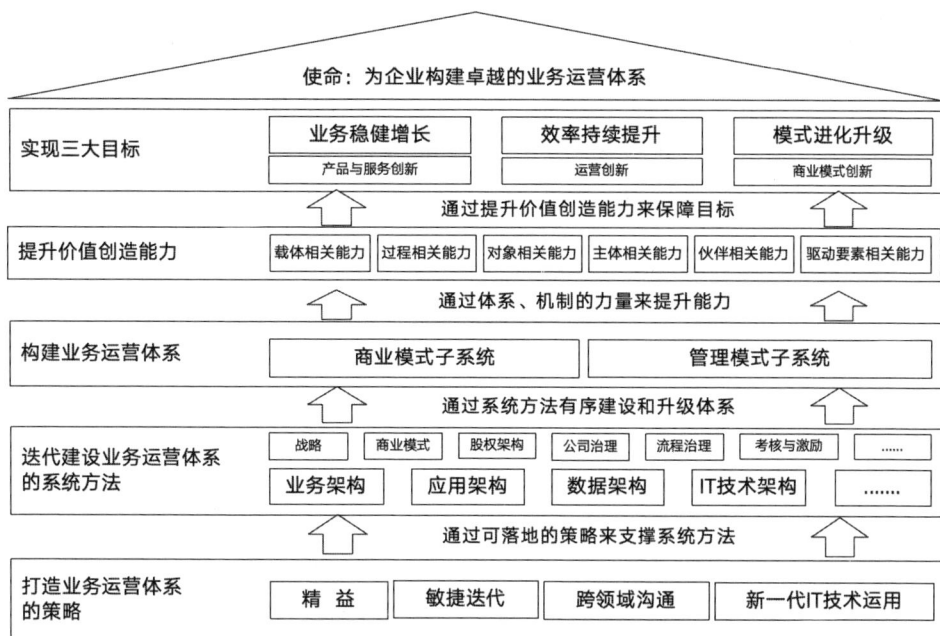

图 5-4　打造数字化业务运营体系的逻辑模型

使命

数字化的目的不是简单地使用新一代信息技术，而是帮助企业构建卓越的数字化业务运营体系。

实现三大目标

数字化的三大目标包括业务稳健增长、效率持续提升、模式进化升级。许多人误以为数字化等同于自动化，或仅是提高效率，这是对数字化效果的狭义解读。既然数字化旨在构建卓越的业务运营体系，其目标必然和企业目标一致。首先，主营业务增长是企业数字化转型的核心目标之一。通过数字化，企业可以拓展新的业务渠道，提升产品和服务的质量，满足不断变化的市场需求，从而实现业务规模和收入的增长。其次，效率提升是数字化的另一个重要目标。通过自动化流程、优化资源配置、提高生产效率等方式，企业可以降低成本、提高生产效率，获得更大的利润空间。最后，敏捷创新是数字化带来的重要益处之一。数字化可以缩短产品开发周期，提高企业对市场变化的应变能力，从而在竞争激烈的市场中保持领先地位。

提升价值创造能力

目标的实现必须通过能力建设来达成。在规划阶段，就应确保战略定位、商业模式、管理模式及业务能力间的关系对齐，体系建设围绕能力建设展开。

构建业务运营体系

要实现这些目标，企业需构建起卓越的数字化业务运营体系，包括商业模式子系统和管理模式子系统两个方面。商业模式子系统涉及企业的核心业务模式，通过数字化，企业可重新思考和优化自己的商业模式，适应市场的变化和客户需求演变。管理模式子系统则关注企业内部管理流程和机制，通过数字化，企业可实现内部流程的优化和协同，提高决策效率和执行力，更好地支持主营业务发展。

迭代建设数字化业务运营体系的系统方法

在构建数字化业务运营体系时，企业需关注多个内容模块。从架构方法的视角来看，至少应包括业务架构、数据架构、应用架构和 IT 架构。不仅要关注这 4 个架构本身的建设，更要关注它们之间的关系。

首先是业务架构，即企业的核心业务结构和流程。通过构建清晰的业务架构，企业可以更好地理解和把握自己的核心竞争优势，从而在市场竞争中脱颖而出。其次是数据架构，即企业的数据管理和分析体系。数据是数字化的核心资源，通过构建完善的数据架构，企业可以更好地利用数据驱动业务决策，提高决策的准确性和效率。再次是应用架构，即企业的信息化应用系统和平台。通过构建灵活、可扩展的应用架构，企业可以更好地支持业务需求的变化和创新。最后是 IT 架构，即企业的技术基础设施和网络环境。通过构建安全、稳定的 IT 架构，企业可以更好地保障业务运行的稳定性和安全性。

打造业务运营体系的策略

企业在数字化建设过程中需要采用系统方法。其中，"精益+敏捷迭代"是一种常用的方法论。精益思想强调持续改进和价值创造，而敏捷方法强调快速响应和灵活调整。通过将精益和敏捷相结合，企业可以实现变革成果的快速见效，不断优化和完善自己的数字化业务运营体系。此外，跨领域沟通也是非常重要的。数字化工作涉及多个部门和岗位之间的协同合作，需进行跨专业、跨单位、跨层级的沟通和协调。只有通过有效的跨领域沟通，才能确保数字化建设的顺利实施和落地。最后，新一代信息技术的运用也是非常关键的。随着人工智能、大数据、云计算等新技术的发展，企业可以更好地应用这些技术来解决业务问题，提升业务运营的效率和质量。

综上所述，数字化是企业持续发展的关键驱动力之一，通过构建卓越的数字化业务运营体系，企业可以实现主营业务增长、效率提升和敏捷创新等目标，从而在竞争激烈的市场中保持竞争优势，实现长期可持续发展。因此，企业需重视数字化建设，注重全面规划和系统实施，才能更好地把握数字化带来的机遇，应对未来的挑战。

第6章

业务架构与业务能力

业务架构的全景

什么是业务？

几乎所有建设信息系统的同行，在进行规划和设计时都会问这样一个既难回答又很重要的问题。待建设的信息系统所服务的"业务"是什么？只有当对这个问题有了答案后，才能进行系统各项功能的规划、数据的设计及后续实施方案的安排。如果这个问题没有回答得足够好，就会导致系统在建设过程中反复调整，轻则造成返工浪费，重则导致建设失败。

那到底什么是"业务"？没必要去纠结这个词的字面含义。在信息系统实施的语境下，"业务"往往指那些不由系统建设方掌控的，但又对系统建设成败非常重要的"信息"，来自系统建设方"对面"的需求方。"业务"其实是进行系统建设过程中，不由建设方所掌控的所有的内容的合集。

在做信息系统建设的过程中，传统上是怎么样来讲"业务"的呢？最简单和常见的方式就是"需求分析"，由需求分析师将一切"业务"通过调研总结为"需求"，然后和用户方在一起反复探讨和分解"需求"，直到明确可实现为系统的各项功能的程度，最后形成"需求说明书"。这个过程中往往还伴有原型设计和反复迭代的过程。这种方式虽然直接且有效，但过程中需求的提出或理解不到位，存在大量的反复修改。而且用户方在提需求的过程中，其理解也是变化的，甚至可能导致需求发生重大偏移，违背初衷。对于传统的信息化来说，这种方式是可用的，但对于数字化来说，这种方式就不合时宜了。

例如，有一家大型制造企业，厂区内有多个大型仓库和露天货物堆放区，物资的运输和调配是非常头疼的问题。企业希望提升物资保管与运输效率，随时掌握物品位置和状态。建设方按照传统思路开展需求调研，遇到一个场景：仓库运输员用运输车将货物从一个仓库运到另一个仓库或指定堆放地点。需求方提出车上需要有一个可拆卸的平板电脑，并强调这是一个非常重要的需求，而建设方听完也没觉得不合理，并记录了需求。深入需求分析时发现，物资管理方希望知道是谁启动了运输车,于是在车上面用平板电脑生成二维码,运输人员扫码启动运输车,同时绑定了运输人员与车辆的关系。待运输人员把货物运送到指定地点,希望扫描墙上的二维码进行打卡登记,但公司规定开车时不允许使用手机,于是想到用车载平板电脑扫码,绑定车辆与地点的关系,因此,平板电脑需要是可拆卸的。这些需求单个看都是挺合理的,但组合在一起后从数字化实现的角度看就变得混乱和累赘,因为完全可以通过员工工卡刷车感应系统来启动车辆,绑定人车信息,再利用车辆定位设备和场所位置来产生车在场所中移动的关系。这个过程中,运输人员只需刷卡开车送货,数据收集、定位跟踪、信息计算都可以通过数字技术系统完成,不需要平板电脑。

这个故事表明,用户仅简单地提需求,系统盲目地去实现,有可能根本达不到数字化应有的效果。实现数字化,特别是大范围连贯性(也就是常说的端到端)的业务,不能只谈需求,而要谈"业务"的所有信息和本质。

"业务"的本质是什么?事实上故事中也提到了,就是作为用户方,要做什么、为谁做、谁来做、怎么做、用什么做、做成什么样等信息。这恰好反映了一个重要的问题,业务事实上不是单一的内容,而是用户方的客户(为谁做)、能力(做什么)、组织与职责(谁来做)、流程与规则(怎么做)、记录与评价(做成什么样)等汇总在一起的整体设计内容。最终,这些信息经过总结和分析后形成了所谓的"业务服务",即通常所说的"需求"背后的实质内容。可以深刻感受到,无论是否存在信息系统,或者是否开发信息系统,这些内容对用户方而言已经存在,并且在日常运作中发挥作用。但在进行数字化之前,需将这些内容完整且准确地表达出来,以实现利用数字技术进行全面的改革和升级。

事实上,"业务"的全部内容不仅限于前述几点,它包含了企业实现其经营目标过程中所需的所有管理要素。在TOGAF®的企业架构框架中,这些内容被称为"业务架构",并提供了相应的元模型图。根据TOGAF®的定义,"业务"涵盖了驱动因素、目标、目的、衡量标准、行动动因、产品、组织单元、业务能力、价值流、业务信息、职能(功能)、执行人、流程、控制、角色、事件、服务质量、合同以及业务服务等多个方面。TOGAF®企业架构元模型如图6-1所示。

国内流程管理 EBPM®(基于要素的流程管理)方法论[1]将企业分为六大视图和多种管理要素,如图6-2所示。除了应用系统和数据,其他要素都归属于"业务",包括战略目标、关键成功因素、商业模式、价值链、服务树、业务能力、管控模式、组织、职责、角色、授权、事件、活动、风险、控制、流程(职能流程、端到端流程、作业流程)、规则文件(制度、标准、程序文件、指导手册)、

---

[1] 源自王磊所著的《流程管理风暴》(2019 年),这是 EBPM 流程管理方法论系列的第一部作品。该书主要阐述了流程要素化管理的理念与实践方法。

绩效、记录、术语等。

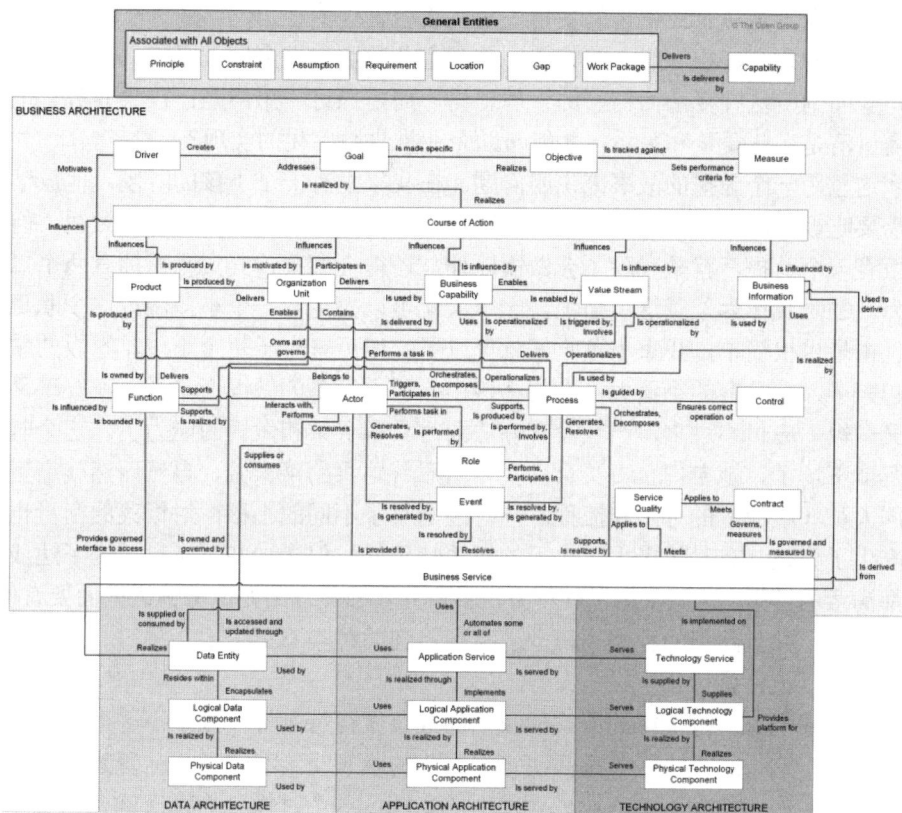

图 6-1　TOGAF®企业架构元模型

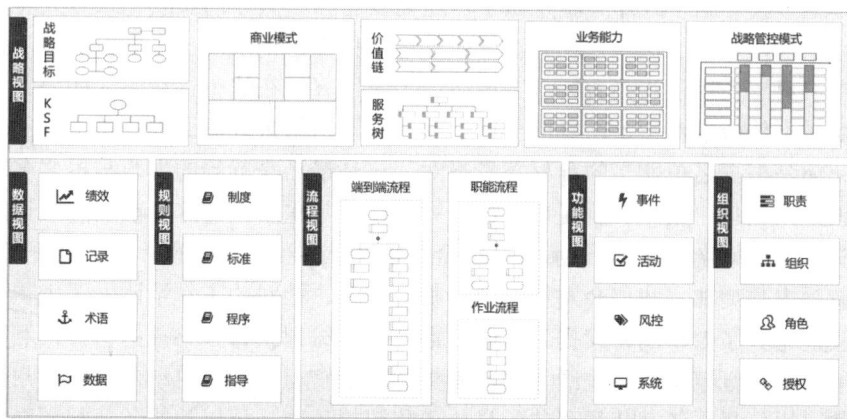

图 6-2　EBPM®方法论中的管理要素

由此可见，"业务"的复杂度和管理的必要性本身就是一个超越数字化的专业话题，无论是从企业架构的视角还是从流程管理的视角，"业务"都具有源自战略、多种要素、相互组合等特点，且对企业数字化带来巨大影响。当然，目的不是全面剖析这种复杂而精密的管理理论，而是探讨一个问题：在"业务"上至少需讲清楚哪些要素和关系，才能帮助企业推进数字化的实现？

这里用一个虚拟的故事来说明问题。在我家里有一个小孩的时候，他放学回家需要吃饭，所以我必须具备给他做饭的能力，通俗地讲就是我得能做饭。但能做饭有一个前提，就是我除了会做饭以外，还得会买菜，其实我得拥有两个二级能力。平时我作为爸爸这个角色，一个人就可以搞定给一个小孩做饭这个职责，而且衡量也很简单，我家小孩吃好就可以了。但后来有了两个小孩，吃饭的量就大起来了，而且有的小孩大，有的小孩小，原本简单的做饭变难了。我发现又买菜又做饭，应付不过来，已经没有办法同时具备买菜和做饭的能力了。这个时候妈妈就下场了，她专门负责买菜，我专门照着她买的菜来做，自然而然就产生了不同人员（组织）的分工和流程。同时因为有了不同的小孩，对饭菜的衡量也开始产生了分歧，有时候老大说今天的饭菜特别好，但老二却不满意。为了达成双方都满意的结果，也探索出了一种方法并制定了规则，比如说每顿饭里面要有肉、要有蔬菜，并且蔬菜的种类不得少于 3 种，肉的种类不得少于 2 种等，只不过这些规则自己记住就行。

由于我们家通过这样的方式使我们的饭菜做得特别好，成了小区远近闻名的做饭专家，这个时候小区各家都决定将小孩的晚餐交给我们做，并每家出一个家长来协助我们，使我们的商业模式发生了变革。这个时候我们每次就要为将近十多个小孩做饭，而且每天的人数可能是不固定的。为了管好这件事情，就不能简简单单地继续靠脑子或靠经验来做了，还需要有一个人专门负责记录今天有多少小孩来吃饭，每个小孩对食物的喜好或禁忌是什么。记录前一天获得的信息，规划菜单，第二天用于买菜做饭，并最终请大家用餐。在这个过程中，如果某天的饭菜质量不佳或数量不足，我们会通过前一天的记录来分析原因：是上报的名单有误，还是根据名单购买的食材数量不对，还是最后来就餐的人数与报名名单不符。因此，名单、菜单、就餐单等记录就变得非常重要。而这个前后有人记录，有人买菜，有人做饭，有人最后衡量的全过程，合在一起就形成了一个闭环流程。如果就餐人数增加，我们会发现记录、确定菜单、核对的工作量比做饭大得多，此时我们想到了效率的持续提升。通过数字化系统记录每个小孩的喜好，利用人工智能自动规划菜单，通过线上平台购买和配送食材，甚至自动从家长账户中每月扣款，用信息系统替代烦琐的信息传递和数据处理，可以使服务变得更高效、更精准，商业模式扩展到为整个城市的小孩提供服务都没问题。

虽然这是一个故事，但它实际上代表了企业业务从简单到复杂的演变过程。随着用户量和需求复杂性的指数级增长，企业需在商业模式和信息系统上进行变革。综上所述，要实现数字化，业务描述需达到怎样的程度？必须完整且关联地表述用户方的商业模式、产品（或服务）、业务能力、组织、职责、流程、角色、规则、衡量和记录，而不能简单地用"需求"替代。这也正是 TOGAF® 和 EBPM® 所共同强调的核心部分。

业务能力的三种来源

在开始描述业务时，首要任务是识别业务能力。业务能力在各项专业的业务架构指导和手册中有详细的定义，简单来说，就是"要做什么事情"。从企业数字化规划的全局视角来看，就是一家企业为服务客户所需完成的各项任务。如果从狭义上讲，即将某一块业务进行数字化转型，那么这块业务需要完成的任务是什么。

无论是从全局视角还是某一业务领域的视角，定义业务能力的常见方法之一是通过战略分解来获得。战略分解的方法也分很多种，我们推荐采用商业画布的方式来分解业务能力，如图 6-3 所示。

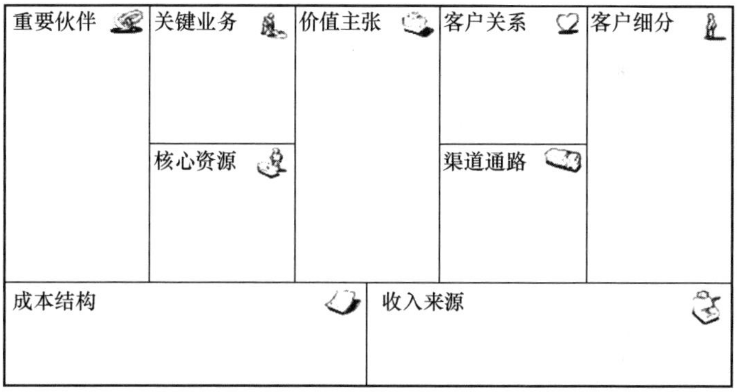

图 6-3　商业画布

商业画布的概念最早由瑞士商业模式创新专家亚历山大·奥斯特瓦德（Alexander Osterwalder）博士和伊夫·皮尼厄（Yves Pigneur）教授提出，他们在著作《商业模式新生代》（Business Model Generation）中介绍了这一概念。该书于 2010 年出版，迅速在全球范围内产生了深远影响，被誉为商业创新领域的里程碑之作。

商业画布通常由 9 个相互关联的模块组成，这些模块共同构成了一个完整且系统的商业模式视图。

（1）价值主张：阐述企业为目标客户提供的独特价值，包括产品特性、服务优势及解决方案的可行性。

（2）客户细分：明确企业的目标客户群体，了解他们的需求、偏好和行为特征。

（3）渠道通路：描述企业如何与客户建立联系并将产品或服务传递给客户的过程。

（4）客户关系：建立和维护企业与客户之间的关系，包括沟通方式、交易方式以及售后服务等。

（5）收入来源：明确企业的盈利模式，包括销售收入、广告收入、订阅收入等。

（6）关键资源：分析企业实现商业模式所需的关键资源，如资金、人才、技术、设备等。

（7）关键业务：确定企业为实现商业模式所需执行的关键业务，如研发、生产、销售、市场营销等。

（8）关键合作伙伴：识别企业在实现商业模式过程中需要建立的合作关系，如供应商、分销商、研究机构等。

（9）成本结构：分析企业的成本结构，包括固定成本和变动成本，以便优化资源配置和提高盈利能力。

来源一：从上至下

商业画布在应用上产生了各种衍生应用，但原始商业画布并没有直接获得业务能力的分析过程。这里引用的是源自《流程优化风暴》[1]一书的分析方法。

当然，在分析商业模式时，可从中间的价值主张开始，首先定义价值主张，即提供什么价值，然后去寻找直接需要这些价值的客户是谁。为了服务好这些客户，需确定渠道通路和客户关系该如何做。支撑服务客户需要有哪些关键活动和关键资源，以及最后一起服务的合作伙伴是谁。这些内容每一项展开，都要投入和整合相应的资源，输出具体的业务成果，达成具体的业务或管理目标。这个商业模式到业务能力的分解如图 6-4 所示。

用之前提到的故事来做这样的分析。现在这家餐饮企业马上就要投入运营了，价值主张是为每一个放学后的学生提供一顿营养且合适的晚餐。价值主张的直接客户其实有两类，第一类是直接消费者学生，第二类是代表他们与公司进行

---

1 源自《流程优化风暴》（2022 年），作者：王磊。EBPM 流程管理方法论系列第二部，主要讲述从战略到流程的优化方法。

接洽和沟通的人，暂且用父母来称呼。有了这样的价值，就要通过一定的方式去让这些父母知道这家餐饮公司。定义有两类渠道，一类是线上，一类是线下。线上的方式包括公众号营销等，线下的方式包括和小区或学校合作等，这时需要运营公众号和小区或者学校接洽。一旦有了客户，那就要与客户建立联系，来实现价值的输出，简单来说，可以与客户通过公众号或者服务群进行联系，或通过专门的 App 来联系。而就餐服务，则可以投放在每个小区的固定的餐厅里，学校的餐厅里，也可以通过送货到家的方式去提供。

商业画布标准模型

重要伙伴	重要活动	价值主张		客户关系	客户细分
	重要资源			渠道通路	
成本结构			收入来源		

商业画布 EBPM 变体模型

价值主张					
收入来源		成本结构			
客户细分	渠道通路	客户关系	重要活动	重要资源	重要伙伴

商业画布 EBPM 对接模型

产品服务		获得客户	客户维护	交付活动类型			交付支持类活动		人力资源	金融资产	实体资产	知识资产	信息系统	管理体系	行政资源	供应商	利益相关者	监管者	党政工团
研发管理	市场管理			提供产品	提供服务	交付项目	质量管控	物流管理											

图 6-4　商业模式到业务能力的分解

价值主张背后所代表的能力就是餐饮提供的能力；客户细分要求具备客户管理的能力；渠道通路要求具备与学校、小区或建设公众号等营销管理的能力；客户关系要求具备 App、服务群等客户服务的能力。

为了提供餐饮，需要制作和配送餐饮，因此，需要"生产"和"运输"能力。同时，还需管理与"生产"和"运输"相关的"人""财""物""信息"。由于需各种食材和油、盐、酱、醋等辅料，必须有供应商提供这些物品。当然，餐饮企业还要受到政府机关在食品卫生方面的监督和管理。经过这些分解，至少需要生产能力、运输能力、人力管理能力、财务管理能力、物资管理能力、信息管理能力、供应商管理能力和合规管理能力。

综上所述，一旦把商业模式建立起来，企业至少需要构建上述诸多能力。所谓至少，意味着为了更好地管理和提供服务，所需能力远不止这些，例如，可能还需要战略管理和品牌管理等。

当然，很多时候做数字化不是按企业整体进行，对某一个业务领域这样分析也是可以的。例如，如果现在只想管理餐厅，就聚焦于餐厅管理本身，以餐厅的视角思考：价值主张是什么？客户是谁？如何服务客户？如何接触到客户？服务客户需要做什么？需要哪些资源？合作对象是谁等问题。

来源二：从下至上

商业模式分解是最完整和最严谨的设计过程，但往往不需要以这么复杂的方式获得一套能力。当数字化针对的是企业的局部，且完整的企业能力已经识别过，那就只需找出与要进行数字化的业务相关的部分。例如，已经做过整个企业的能力识别，当需要考虑餐厅数字化时，只需先识别现有完整业务能力中与餐厅相关的能力，然后基于这些业务能力开展。这是业务能力的第二种来源，以最重要的问题来分析，依据问题去局部展开服务对象和服务方式的分析，获得局部的业务能力。

来源三：参考标杆

除此之外，常用的方法还包括借鉴一些成熟的业务能力框架来获得业务能力，如参考行业标杆或引用行业业务能力库等。这是业务能力的第三种来源。

业务能力是数字化的源头，但请不要被业务能力这个拗口的词语迷惑，可以认为就是企业需要做哪些事。把它称为事项或职能都可以，其核心讲的是应该做什么以实现目标，提供让客户满意的价值。它就是数字化所对应的业务本质。如果只调研业务需求，可能会忽略需求背后的业务本质。当从业务本身应具备的能力去进行数字化时，整个数字化就是直接为业务的客户服务的，实现业务应提供的价值主张。

🔋 业务能力与组织架构

在根据商业模式分解得到宏观业务能力后，下一步首先要考虑的是由谁来完成每一个业务能力，即确定这些业务能力对应的组织架构。在企业初创期，人员职责尚未完全形成或固化时，组织架构往往会根据业务的实际需要来形成。换句话说，先有业务，再有组织。例如，如果需要有人做饭，就需要厨师；需要有人送货，就需要司机。业务能力和组织架构在此阶段是相对匹配的，因为通常是先考虑业务需求再考虑人员配置，这反映了企业组织从混沌状态到初具雏形的过程。然而，我们所面临的企业往往不是一张白纸，很少有从初创阶段就开始进行业务能力数字化的情况。对一个成熟的企业来说，它一定经历过了许多变化，包括业务规模的扩张、市场环境的变化、业务形态的演变以及外部要求的变化。这些变化首先体现在需求上，其次是满足需求的业务能力的变化。在变更业务能力时，通常不会对现有组织架构进行大规模调整，而是通过人员工作事项的替换或修改来确保业务能力被人员承接。例如，随着采购规模的扩大和复杂度的提高，可能不是直接调整采购组织，而是将采购业务能力集中，由一个人或一个部门来完成。有时，组织的变化甚至是基于个人工作量的考量。如果发现某个人或某项工作非常繁忙，可能会将其部分工作分担出去，让其他人来完成，这种分担有时候是临时的。例如，当采购集中到一个部门时，如果发现采购量巨大，现有人员不足以满足采购需求，又需要在短时间内快速扩张采购能力，可能不会为该部门扩充人手，而是寻求其他部门分担一些非专业性工作，如部分采购申请或采购寻源工作。这种分工和调整使业务能力和组织关系变得不固定和混乱，意味着没有一个明确的业务能力和组织的对应关系。因此，我们可以借用热力学的概念，将业务能力和组织对应关系的无序性称为企业的"熵"。"熵"越大，代表业务能力和现有组织之间的无序性越大；"熵"越小，代表它们之间的有序规则性越强。企业的发展过程往往是从"熵"较小的状态向"熵"较大的状态演变，这与热力学第二定律相符，即一个"孤立"系统内的"熵"永远是不变或增大的。那如果企业的"熵"不受控制地一直增大，该怎么办呢？这就需要借助外力来调整。这些外力包括很多种方式，有的企业通过组织变革来实现，有的企业请外部咨询机构重新定义其战略和业务能力。因此，数字化是企业有效控制业务能力的"熵"的过程。通过减少组织和人员重组，甚至大规模的人员流动和重大人事调整，可以实现"熵"减。换句话说，这个过程一定会付出"代价"，这恰好也符合通过外部和内部的能量交换来减小"熵"的热力学定律。

数字化在降低企业的"熵"方面具有重大意义，它能有效帮助企业从商业模式梳理开始，寻找业务能力和现有组织架构之间的"混乱"，并通过数字化手段减少企业的业务能力和组织之间的无序性，提高二者的契合度。借助信息系统和数字化技术实现"熵"减。但从长远来看，"熵"仍会增加，因此，需要周期性地进行控制。

在业务能力梳理过程中，应对业务能力和组织架构的对应关系进行分析，查看是否有多个组织承担同一业务能力的工作，以及这些组织在承担业务能力的过程中是有规则的固化状态还是无规则的临时状态。通过这种分析，可以得到业务能力和组织架构之间的对应关系，如图 6-5 所示。可以发现，有些业务能力下的组织特别多，有些业务能力没有组织对应，这些都是非常有价值的分析结论。如果梳理完后发现能力和组织之间对应关系整整齐齐，呈现非常完美的结果，反而可能要小心，因为这可能是没有按照商业模式和业务提供的价值来梳理能力，而是直接把组织的现有职能转变为能力，变成"一个萝卜一个坑"。有了这个分析过程，识别了业务能力与"当前"组织的对应关系，并思考"未来"应如何调整，使业务能力和组织之间能够有效地对应，减少"重复""冗余""交叉""职责不清"的组织与能力关系，并把"未来"的组织与业务能力对应作为数字化实现的一项重要任务和衡量标准。

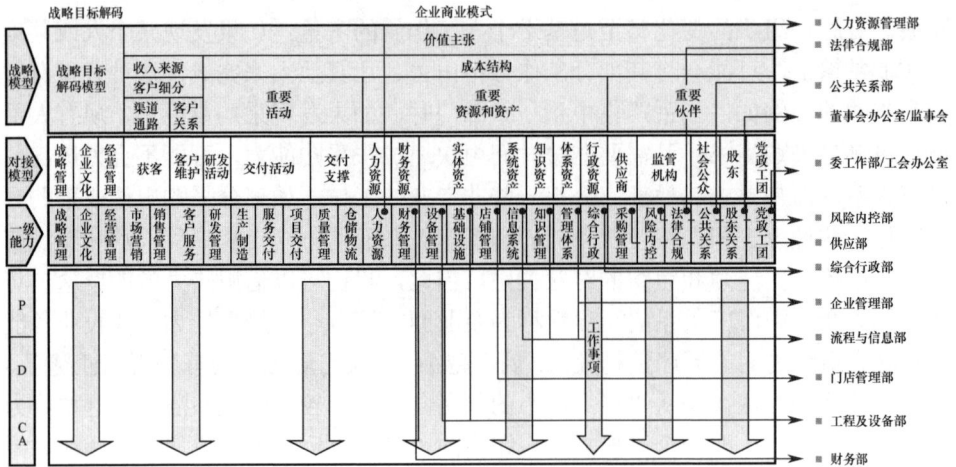

图 6-5 业务能力与组织架构的对应关系

业务能力与职能职责

当组织和业务能力匹配完以后，我们就能明确谁来执行哪些能力。接下来的问题是如何执行及执行到什么程度。实际上，如果将业务能力完全分解到每个工作事项，就会产生一个问题：公司有这么多大大小小的事情要完成，是否每一项都需要管理？每一项都需要通过信息系统来实现吗？

编者认为，并非每个能力都值得投入同样多的资源去"管理"。这里不得不谈到"管理"的本质。管理的概念在很多专业论著中都有提及，这里不深入剖析，但可以引用彼得·德鲁克的经典名言："如果不能衡量，就不能管理"。管理的核心在于能通过事后衡量的方式，对"业务对象"进行"预测、计划、指挥、协调、控制、决策"等活动。简而言之，管理就是要对一个"业务对象"具有事后追溯并改进执行的手段，前提是能让"业务对象"留下管理痕迹。这里的"业务对象"是"业务能力"作用的"对象"，在企业内是一种特定的名称。例如，"服务客户"是一项业务能力，那"客户"就是一个业务对象。但是，是否所有的"业务能力"都需要被管理？可能并非如此，因为即使没有管理，有时候事情也可以完成。例如，让一个厨师制作餐食，可以管理他，也可完全信任他而不进行管理，只要有"餐食"这样的结果就行。只需关心业务能力产生了结果并交付了，且没有出问题，那么不需要去记录、衡量，并开展一系列如"预测、计划、指挥、协调、控制、决策"等活动，这个业务能力也能被实现。

以餐饮公司为例，其业务能力已经定义好，也有了基本的组织架构，包括"餐饮部""联络部""供应部"和"运营部"四大部门。对于核心业务能力，需形成可管理的模式，例如"制作餐饮""配送餐饮""客户服务"等，对应"餐饮""配送""客户"等业务对象。这些不仅需要匹配到对应的"餐饮部""供应部""联络部"，还需要未来形成"管理记录"，这部分内容称之为"职能"。下一步将细化到"流程"，并通过有效的管理手段进行控制。但是，对于一些简单的业务能力，如"人员技能培训"，对应的业务能力是"人员技能"，如果目前认为没有管理的必要，就交给"运营部"来完成，不需要"流程"也不需要"管理记录"，这部分称为"不可管理的职责"。然而，如果有一天业务发展到这部分也需要管理的地步，就会为其定义"管理记录"，并通过衡量来有效"管理"，将"不可管理的职责"转变为"可管理的职责"，即"职能"，并通过"流程"来管理。

从上述分析来看，业务能力有两种重要的实现途径。第一种是"可管理的职责"，即"职能"，未来可能会用"流程"来具体实施。另一种是"不可管理的职责"，就是将任务分配给某个人，不关注具体执行过程，只关注任务是否完成及是否满足"客户"的需求。例如，在业务能力中有一个环节是"倒垃圾"，可以通过一个职能来实现，借助流程规范操作，并利用"记录表"记录每次倒垃圾的结果，有效控制倒垃圾的质量，如是否进行了分类、是否按时完成。另一种方式是不具体过问过程和质量，直接将任务分配给某人，由他负责确保垃圾被正确处理，如果出现垃圾未倒或倒垃圾出现问题，则由该人负责，这就是"不可管理的职责"的运作方式。显然，这两种方式在管理成本上存在差异，而数字化通常针对的是前者，即"可管理"的部分，或者说是"值得管理"的部分。同时，也应认识到企业中有一部分"不值得管理"的部分可以作为"黑箱"来运行。有人会问，这是否就是"人治"和"法治"的区别？确实如此，如果完全信任地放手让员工去做，那就是"人治"的魅力，没有管理记录，没有规范过程，靠的是"用人不疑、疑人不用"的原则；如果依靠标准、制度、信息系统等规则来管理企业，则需要"证据""数据""结果"等"管理记录"，这就涉及规范过程和评判、奖惩标准。企业中并非所有的内容都需要"法治"，但要从全局的业务能力出发，明确哪些是"法治"，哪些是"人治"。

明确业务能力与职能的关系后，意味着初步建立了业务能力架构与流程架构之间的联系。流程架构的详细分解将在第 7 章进行，本章不展开讨论。

💡 业务能力与管理记录

如果事务需要被管理，则必须留下用于展示"业务对象"状态的"管理记录"。"管理记录"可以是任何可追溯的方式，可以是纸质单据、电子表格、系统数据或聊天记录等。所有形式，只要满足进行"管理"动作的要求，都可称为

"管理记录"。然而，管理记录服务于管理动作的质量和效果是有差异的。如果只需知道垃圾是否被倒掉，那么只需了解倒垃圾的时间信息；但如需知道垃圾分类是否正确，则需了解垃圾中每件物品及其分类结果。因此，定义管理记录的内容是对业务能力进行本质分解的一项重要任务。拆解业务能力，实质上就是拆解业务对象的管理过程，也就是拆解管理记录的内容和处理过程。

继续上述故事，我们首先识别了初步的业务对象，例如"餐饮""配送"和"客户"，从而得出了第一级的业务能力，包括餐饮制作、餐饮配送和客户服务。获得第二级业务能力与第二级业务对象的识别密切相关。以"餐饮"业务为例，按形成过程和管理过程进行拆解，我们得到"餐饮需求""餐饮成品"和"餐饮废品"，这意味着我们有第二级业务能力如"餐饮需求管理""餐饮成品制作管理""餐饮废品处理"等。对于"配送"，可拆分为"配送订单"和"配送到货"等，对应的第二级业务能力有"配送下单"和"配送收货"等。对于"客户"，第二级业务对象可以拆分为"消费客户"和"沟通客户"等，对应的第二级业务能力有"客户消费服务"和"客户沟通服务"等。能力的分解本质上是其服务的"业务对象"的拆解和具体化过程。

推荐参考 EBPM 流程管理方法论在《流程优化风暴》一书中描述的分解过程和结果。总而言之，尽管业务能力可无限拆分，但为了实现数字化，通常拆解到第三级就足够了，更多的细节需要通过流程来描述。因此，拆解业务对象的一个标志就是将业务对象分解到一套管理记录的细度。在《流程管理风暴》一书中，管理记录被定义为"企业业务活动可追溯的证明性记录，记载着企业的业务活动的管理痕迹"。管理记录按载体可分为"纸质"和"电子"；按作用又可分为"表、证、单、书"。管理记录都有一个产生的源头，且被一个或多个使用者所需要。管理记录可以按照表 6-1 的方式进行收集和梳理。

表 6-1　管理记录表格样式

编号	记录名称	需求方（使用）	生产方（制作）	管理方	样式
01	《餐饮预订需求表》	餐饮制作部	客户服务部	客户服务部	附件 1
02	《餐饮预订变更表》	餐饮制作部	客户服务部	客户服务部	附件 2

当业务能力分解到发现它所服务的业务对象是一个或一套已存在的管理记录时，就不需要进一步分解了。因为一套管理记录的产生过程本身就是一条"末级流程"，这一点将在第 7 章中详细讨论。这样，我们就有了一套从上到下逐层分解的业务能力架构，末级业务能力成为一个"能力事项"，对应到一套"管理记录"，而且明确了其组织。简而言之，我们明确了"谁来做什么，做成什么样"这些最基本的信息。最重要的是，依据业务对象从拆解到"管理记录"的过程，确保了

同一级业务能力之间不会有冲突和矛盾。

再回到能力的示例中,"餐饮需求管理"按业务对象"餐饮需求"往下拆解,可分为"餐饮预测需求""餐饮预订需求"和"餐饮预订变更需求"等,因此,出现了第三级业务能力如"餐饮需求预测""餐饮预订"和"餐饮预订变更"等。这些三级业务能力正好可以对应到现有的一套管理记录,例如"餐饮预订"的结果就是"餐饮预订需求表",那就暂时不再往下分解业务能力了。在这里,就会衔接到第 7 章的业务流程设计。同时,"餐饮预订需求表"中的数据梳理和设计,将在后续的数据架构分解过程中进行。

业务能力的衡量与授权

在业务能力的定义过程中,一旦明确了谁来做(组织)、做什么(业务对象)、做成什么样(管理记录),就基本形成了完成该业务能力的基础的设计。然而,这个过程中还涉及一些更深入的问题,即要做到什么程度。从基本的梳理来说,能明确衡量标准就足够了,但由于后续还会有深入的数字化工作,数字化中非常重要的一个落地举措就是进行授权的落地,确保人、事和结果正确配对,因此,在对业务的梳理过程中必然也要涉及这一点。

什么叫作衡量呢?衡量是指评估结果的好坏,其对象是前文提到的管理记录。如果某件事情需要管控,那么就需要落实到管理记录中,能事后追溯并分析,这样的衡量是干这件事情的关键。一般来说,衡量的载体就是相应的管理记录,通过衡量管理记录来评价整个业务能力实现的好坏。

在对业务进行定义时,此处主要讨论如何设定衡量标准,而不具体讨论衡量的方法和技术。但在数字化实现过程中,衡量的方法和技术非常重要,要与具体的管理记录关联,并必须是一个有效的衡量设计。在数字化信息系统中,最终也需要用报表、数据或驾驶舱等技术手段来呈现,并明确地把结果提炼给相关的衡量者。若要实现得更好,则需要用规则模型的方式进行自动衡量和监控。

谈到衡量,首先要考虑两个方面的内容,衡量的维度和衡量的指标。基于《流程管理风暴》一书的指标要素分解方法,维度可以分为"多、快、好、省、稳"五个类别。

- 多:体现能力产出量的多少。
- 快:体现实现能力的周期长短。
- 好:体现能力的质量高低。
- 省:体现能力的成本高低。
- 稳:体现能力实现过程中的风险高低。

依据这些维度，可以定义出具体的指标，例如，

- 多：订单数量。
- 快：交货周期。
- 好：产品合格率。
- 省：制作成本费用。
- 稳：危险事件发生次数。

定义指标时需要遵守 SMART 识别原则，如图 6-6 所示。

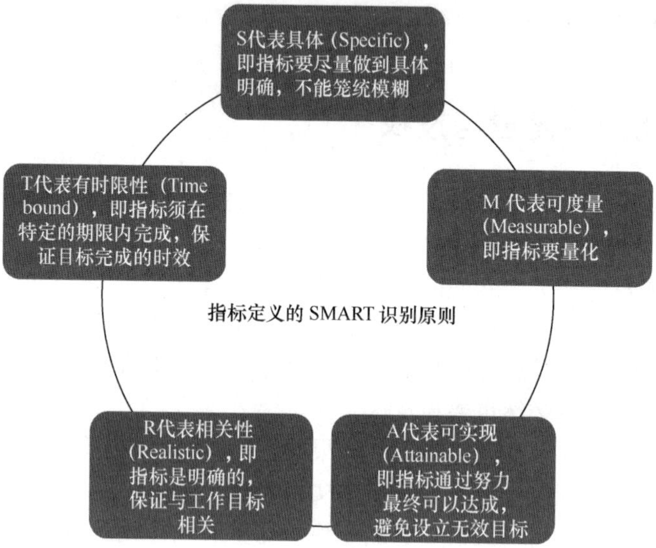

图 6-6　指标定义的 SMART 识别原则

　　用前面的例子再看一下，现在要确保每一个用户的用餐需求被准确地记录下来，形成了这个需求记录单，就要通过衡量的方式去确保这项业务能够按照所提的价值主张来完成相应的结果。可以从多个维度开展相应的衡量，例如，

- 从量的维度，有需求的多和少。
- 从快的维度，需求提出和记录完成的时间。
- 从好的维度，需求记录的准确性，是否有错误。
- 从省的维度，需求记录后对整体采购或后续制作成本的影响。
- 从稳的维度，过程中是否发生大的问题。

　　具体到指标层面，例如从好的维度出发，我们可以定义一个指标叫作"需求准确率"。目前阶段，我们并不需要实施具体的衡量活动或者改进措施，而是设计出相应的内容，确保后续能有数据支撑这些衡量活动。例如，若需了解需求记录的及时性，这意味着未来需要有关于时间的数据来支撑分析和衡量的实施。

为了更有效地推进数字化进程，可以额外开展一个授权的设计，"设备采购"业务能力的授权示例如图 6-7 所示。前面只谈到了某个人或某个部门具有完成特定业务能力的职责，并达到相应的衡量标准。然而，不同的人执行同一任务时，应被授予相应的权限。例如，记录需求时，如果城市范围很大，可能要考虑将不同区域的记录任务分配给不同的人。这就形成了不同的授权。进行此类设计是为了在后续对业务能力进行流程化时，能落实流程的执行授权和数字化信息系统的权限管理。

管控事项/授权主体		分子公司		集团总部		
		分子公司生产总监	分子公司总经理	集团采购总监	集团主管副总	集团总裁
设备采购	【设备金额】取值<10（万元）	申请权	审批权			
	【设备金额】10≤取值≤100（万元）	申请权	审批权	审批权		
	【设备金额】100<取值<500（万元）	申请权	审批权	审核权	审批权	
	【设备金额】取值≥500（万元）	申请权	审批权	审批权	审批权	审批权

图 6-7　"设备采购"业务能力的授权示例

当业务讨论至此，我们已涉及了每个业务能力对应的组织、业务对象、管理记录、衡量标准和授权。业务最核心的内容已经讨论完毕。但有一个核心内容尚未涉及，即业务能力是如何完成的，具体执行方法是什么。缺少这部分内容，将导致在将业务架构向应用架构、数据架构深入时，缺乏核心的主导落地内容。这是通过数字化实现业务能力的核心，称为流程驱动的数字化。这将是下一章的重点，即实现一个理想：全流程节点的系统在线任务转化和全流程的数据信息的数字化汇集。

第 7 章

从业务能力到流程

业务能力与流程架构

在第 6 章中，我们几乎讨论了"业务架构"中的所有要素，但没有对至关重要的"流程"进行详细解析。这是因为"流程"对数字化的重要性值得单独用一章来详细探讨。

流程是业务架构的一个组成部分。这一点从之前讨论的业务架构总体框架中可以看出。然而，流程也具备由各要素组成的特点。当讨论流程时，会涉及"谁"来做的问题，"谁"即组织中的要素；会讨论到"输出"是什么，"输出"即管理记录中的要素。因此，流程管理本身也是独立于业务架构的一个管理话题。从流程本身在企业管理中的作用来看，它既服务于业务的表达与实现，连同相关的各项要素，又归于业务架构。

那为什么会单独用一章来讲业务流程呢？这是因为需要暂时抛开业务架构的束缚，单独审视流程体系。这么做非常重要的一个原因就是，企业往往不会同时进行业务架构和流程的构建。流程可能已在企业的不同管理阶段中被反复定义和使用。例如，在实施信息系统时，可能会利用流程来确定系统建设的需求和蓝图；在制订制度时，也可能会用到流程图；或者在进行风险体系建设、业务规划时，都会产生流程。在这些流程的创建过程中，可能并没有整个业务架构的设计框架作为指导，甚至流程的创建方法也不一定遵循业务架构的设计原则，但流程已经存在并被反复使用。因此，在搭建业务架构的过程中，应尽量利用这些已有流程，并探讨业务架构与现有流程的融合关系。许多企业在数字化过程中，为了追求时髦而完全忽略现有流程，导致业务架构设计得天马行空，最后无法被业务执行者认可、承接和落地。另一个原因是，在搭建业务架构时，可能无法做到像流程那样细致。但如果在实现数字化时抛开流程，又会回到只谈需求不谈本质的老路上。企业在搭建业务架构时，由于精力和时间有限，可能会出现大量"留白"。"留白"本身是可以接受的，但必须为流程留下合适的空间和规划。在规划一个顶层设计项目时，如果定义了1~3级的业务能力，那么应将4级留给流程，且1~3级业务能力的定义方法不能阻碍流程的实现。

最推荐的方法是顺延业务架构设计（这个从业务架构顺延到流程体系设计的思路，如图7-1所示），直接细化出整个完整的流程池，将宏观承接商业模式的业务能力分解到末级的能力事项，并为每个能力事项对应一套管理记录，然后将这些能力事项从实现管理记录的过程展开并细化成一个流程。通过这种方式，可以确保流程和业务架构是完整、高效地融合在一起的。但无论怎样，企业总需要在某一个阶段设计出自己的流程，并将它们融合到业务架构的框架中来。

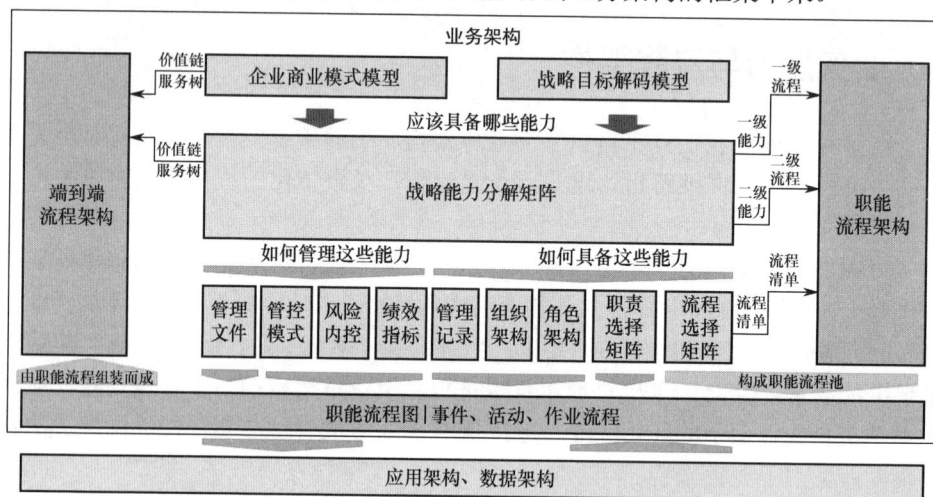

图7-1 从业务架构顺延到流程体系设计的思路

回到前文的故事。作为一家餐饮提供企业，将业务架构进行分解，从一级能力"餐饮管理"，到二级能力"餐饮需求管理"，再到三级能力"餐饮预订"，并形成了管理记录"餐饮预订需求表"。可以认定"餐饮预订"并完成"餐饮预订需求表"的过程是一个流程，从而得到一个名为"餐饮预订流程"的末级流程。同样地，有"餐饮预订变更表"，可以获得另一个流程，称为"餐饮预订变更流程"。基于每一个末级流程，我们可以展开餐饮从收到预订需求到形成结果的具体过程。在这些过程中，将各项管理要求明确地表达出来，形成一个细化的流程。这是从业务架构落实到业务流程的最有效方式。当然，如果发现企业已有一些虽然存在但不太完善的"餐饮预订""餐饮预订变更"等流程，也可以先将它们纳入业务架构的对应框架下。

本质上，业务架构和流程体系虽是相互融合的，且业务架构的内容肯定涵盖流程，但二者的目的不完全一致。企业可能在很多时候都需要用到流程，哪怕没有一个业务的规划或数字化的想法，流程也会被主动或被动地纳入管理。当企业要建立质量管理体系时，会涉及一部分流程的明确；如果企业有时需要规范一些具体业务开展过程，也会涉及一部分流程的定义。但这些流程往往只发生在局部，且很难设计得水平一致且相互关联。流程被分散在各个业务部门，它们的标准不一致，颗粒度不一致，以及它们的前后关联关系没有很好地整理过。要使流程为数字化服务，可能就要从业务架构的角度进行有效的整合和统一，形成一个完整的覆盖全业务的流程架构，而不是东拼西凑、质量参差不齐的散落的流程。

这也涉及一个重要的问题：流程本身存在的一个重要意义是什么？流程之所以被如此重要地提出，是因为流程首先服务于企业各项管理，而并不完全是服务于企业数字化的。同时，每个人在企业里做事情，不能因为质量的要求做一套风险和内控的流程，再做另外一套流程。做一项业务，必须有一个标准的开展方式，这种方式能够符合质量体系或风险内控体系等源自各管理体系的要求，而流程是一套。企业的管理体系可以有多种对流程的用法，一套流程能支撑多套管理体系，信息系统建设也应该是基于这样的流程来做。因此，在进行数字化转型之前，不能抛弃已经存在的并且满足于企业各项管理体系要求的流程，应将分散于各个业务部门的流程，或分属于各个管理体系的流程有机地整合在一起，然后再基于这些流程去开展数字化的建设工作。

从这个设计思想来看，在搭建业务架构的过程中需要对流程进行"吞并"和"留白"，然后使流程能够和业务架构融合在一起。接下来要讨论的是如何让二者有效地融合在一起，以及从流程管理自身的视角来看，它有什么样的作用，应该采取什么样的管理措施，并研究流程的主要特点和主流的分析方法。业务架构概念很庞大，甚至可以认为是一种管理概念的大集合，里面涵盖了众多的管理思想、方法和工具，其中核心目标就是一套流程架构成果，借助一套方法和工具来实现流程架构的成果。这些成果可以应用在不同的管理思想下，可在不同的时间段去开展设计，且最终还是一个完整的整体。

流程架构的全景

首先，简单讨论一下流程的定义。

尽管市面上有众多专业机构对流程提出了各种各样的定义，但综合来看，流程主要是实现"客户"所需价值的一系列的有序活动的组合。这一概念仅体现了流程的本质，并未说明如何形成一个完整且能有效运转的流程体系。因此，大多数企业在设计流程时，会采用一些设计方法来有效开展流程设计。例如，按照价值链的方式进行分解，先识别公司所提供的价值，然后将其拆解为若干个相互衔接的"下级"价值，组成实现"总价值"的价值链；再进一步分解，通过层层剖析，形成一套流程架构，即常说的一级流程、二级流程、三级流程等有层级的流程框架。

这种分析方法有时有多种不同的分解方式。在第 6 章中，本书讨论了一种业务能力的分解方法，同样可以用于此处。即按照业务对象进行分解，将大的业务对象按组合过程拆分，那么小的业务对象所对应的业务能力就是下一级业务能力。业务对象可以按形成过程或 PDCA 的管理阶段来分解。随着业务对象的分解，业务能力也被分解。如果按这种方式来分解流程架构（事实上推荐这么做），那么就不需要创建一套与业务能力架构不同的流程架构，只需借助业务能力的分解层级构建一套相同的流程架构即可。

通过层层拆解，从宏观到微观的流程架构设计结果，统称为职能流程架构。取这个名字是为了与后面要讨论的端到端流程架构区分开来。当确定到某一个级别（一般来说是第四级）不需要再拆解为更细的流程，只需要描述其过程该如何进行时，则称之为"末级流程"。从这个分解方法来看，末级流程将形成一套数量众多的末级流程，或称为末级流程池，这个"池"的名单称为"流程清单"。这是每个企业对自己的商业模式从宏观到微观的细分，是将自己的业务能力分解到具体每一件事情该如何做的过程，也是从战略意图到具体实现方式的层层分解过程。然而，如果没有这个分解过程，大量留存在企业的零散流程或许就不能构成一个整体。事实上，由于企业使用流程的目的不一样，可能所描述的细度和规范也不同。例如，如果是为了实施信息系统而去定义业务流程，那么需要有效地描述系统的应用过程；但如果只是为了体现一些基本的管理要求，可能只会描述一些主要的做法和关键的控制节点，因此二者的颗粒度往往会不一致。通过这种方式，也拉齐了流程的颗粒度。职能流程的本质是为企业整理出一套流程池，让所有业务都在同样的水平线上以流程的形式表述，特别类似于地图上的"行政区"划分过程。所有的级别只是为了方便管理而形成的笼统概念，一些级别的调整并不影响具体流程的开展过程。就如同以前上海有"静安区"和"闸北区"，后来合并为一个"静安区"，但事实上这是概念上的合并，实际的道路、楼房、交通都不需要发生变化。

还是回到之前的故事。作为一家餐饮提供企业，在将业务架构进行分解时，我们从一级能力"餐饮管理"开始，到二级能力"餐饮需求管理"，再到三级能力"餐饮预订"，并形成了管理记录"餐饮预订需求表"。流程架构同样如此，一级称为"餐饮管理"，二级称为"餐饮需求管理"，三级称为"餐饮预订"，四级则是末级流程，包括"餐饮需求预订流程"和"餐饮需求变更流程"等。

然而，这并不是流程管理的唯一需求。很多企业在流程实践中发现，除了关注每项任务如何执行外，更重要的是理解这些不同任务如何相互联系，共同为客户提供完整的价值，即所谓的端到端价值。这类流程通常被称为端到端流程。从概念上讲，无论是具体的职能流程，还是端到端流程，都符合流程的定义。但在实际应用中，这二者的目的、展现形式和分析应用方法都是不同的，且都是要关注的流程表现形式。为了与前面所述的表述每一件事情开展过程的职能流程在定义上有所区别，需要给端到端流程一个不一样的定义。端到端流程被定义为从需求发起到需求满足的流程，且这个需求必须有一个明确的"客户"。这使端到端流程和职能流程在表现形式上既有区别又可相互组成。

首先讨论的是企业面向外部客户的需求。端到端流程首先要描述的是直接为外部客户满足需求的完整过程，这些端到端流程对企业而言，本质上是核心价值的提供过程，也是核心能力的构成，是一家企业存在的原因。从这个角度来看，端到端流程与企业的价值链紧密相关。既然有对外的端到端流程，那么就有对内的端到端流程，即将企业的内部人员或管理对象视为客户，他们的需求是什么，服务于完成这些需求的就是内部的端到端流程，即面向人、财、物、信息等内部资源的端到端流程。

为什么要研究端到端流程？因为从流程管理的角度来看，业务架构虽不明确关心这个话题，但企业开展业务是端到端的。如果一项业务不能实现端到端的需求满足效果，其结果将不被客户接受，价值也就没有被创造。既然做每项任务都是为了完成一个最终目的，那业务连贯起来必然是端到端的。但具体的每项任务该如何执行，又是在每项任务开展的活动中。流程管理就是用一个个任务衔接起来，完成从客户需求发起到满足的全过程，就如同乘坐地铁，要一站一站地乘坐，有时还需要换乘，最终能顺利到达目的地。

按照这一思路，就得到了端到端流程与末级流程结合的关键点。端到端流程的需求实现过程，是由末级流程所完成的业务能力事项联合实现的过程。因此，端到端流程应被视为末级流程联合组装的全过程。而末级流程是由之前讨论的职能流程架构分解的结果，也是业务能力分解到能力事项的结果，这使企业拥有了一个末级流程体系，既有面向业务架构的职能流程架构，又有面向客户的端到端流程架构，形成了一个流程、两种架构，即"二维流程架构"，如图7-2所示。

采用这种方法有一个非常重要的好处，即可以产生末级流程的复用。有时我们发现，满足不同需求的不同端到端流程之间，也会有相同的子流程。例如，企业为了满足购买材料的需求需要支付款项；满足为员工发工资的需求也需要支付款项；还有很多其他场景也需要支付款项。假设对于财务来说，支付操作都是一样的，都是将款项打到对应的账户上，甚至在支付时也不会关心这是为了谁支付什么款项，所有这些可以用一个末级流程来表述。那么，在端到端流程中，是否应因为端到端需求的不同而有不同的付款流程？如果进行数字化转型，是否因为端到端流程需求不同就要多次实现不同的信息化系统应用、数据和基础技术架构内容？完全可以通过末级流程复用到端到端的方式，来解决这个问题，即用同样的业务能力满足不同客户需求的基本商业逻辑。从这个角度来说，如果用末级流程来组成端到端流程，将是与业务架构整合的最佳模式。

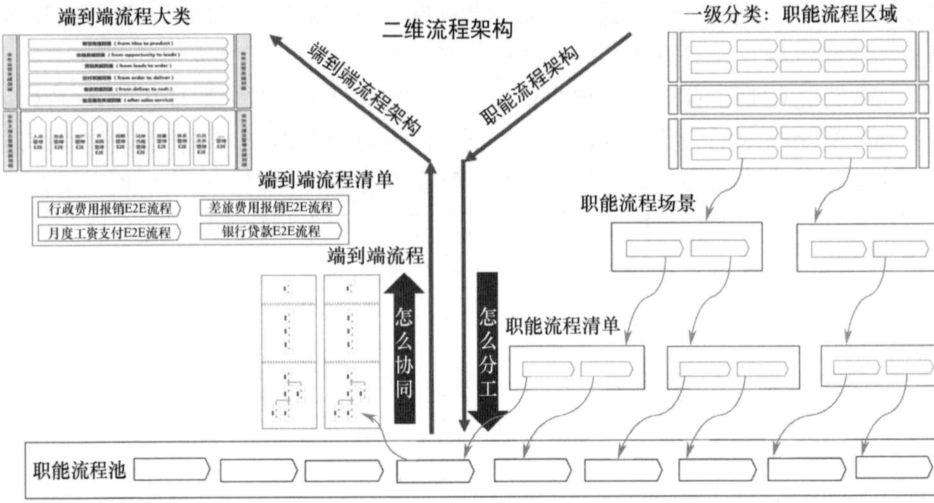

图 7-2　二维流程架构

企业的流程本质上只有一套，而观察流程的视角可以有多种设计模式，这具有很好的应用价值。总体来说，至少有两个视角：第一个是从流程提供的能力来分解的视角，或是说从流程所服务的业务对象分解的视角，把一个宏观的流程概念转变为针对具体事项的流程操作过程，这个具体事项完成的是一套可追溯、可管理的管理记录；第二个就是这些事项如何组合起来操作，以满足端到端的客户需求的视角。一个事项所对应的流程可以被应用在多种端到端流程中，但这个事项一定只属于某一个业务能力，服务于某一个业务对象，产生一套特定的管理记录。

从这个角度来说，流程的本质可以类比为常说的铁路网、公路网模式。有一段具体的可通行路段，这一段路可以是从一个站点到下一个站点。这些路段既属于某个地区、某个城市、某个省，也属于某个或多个有具体起点与终点的运输线路。如同从上海站到松江南站的铁路，既可以服务于上海到广州的线路，也可以服务于上海到昆明的线路。

实现这一架构需要遵循一定的顺序，但可从两个方向入手。如果从业务架构的角度来出发，首先需要进行分解。这样会得到职能流程架构，展现出流程的分类分级直至末级流程，体现出企业应具备的能力事项，实现的管理记录数量，以及它们之间的内在联系。有了这个基础后，当需要进行端到端设计时，例如实现用户从下单到最终收货的全过程，就可以按照这样的起点和终点，找出可能涉及的末级流程，将它们串联起来，并考虑是否满足了客户需求并为公司带来收益。

有时，可能并不是完全从业务架构开始，而是需要解决一个具体问题，形成一个特定的端到端流程，但缺乏构建完整流程体系的资源。这时，就需要从端到端流程的梳理来入手。在梳理端到端流程时，也要回归到本质，即除了描述从客户需求出发到需求满足的全过程外，还要看这个过程中实际产生了多少管理记录，这意味着背后完成了多少能力事项，将其归类为一个个末级流程。有了这个方法以后，就可先梳理端到端的起点、终点和阶段，再将端到端的流程节点归类为多个末级流程，并确保没有一个流程节点游离于末级流程之外。

总之，流程体系本质上既是一套符合业务架构设计的流程池，也是一套符合业务运行全价值贯通的链路。它是连接战略到落地的桥梁，也是数字化的源头和终点。

职能流程架构的分解

职能流程架构的结果就是获得"末级流程"清单。企业分解的方法通常有两种思路，一种是借用某个原则性的方式来进行分解，例如 EBPM®方法论，定义了末级流程颗粒度和分解过程；另一种是借用一个成熟的框架或行业经验来进行分解，例如使用 APQC®的 PCF 框架等。当然，这两种方法也可以结合使用。

如果采用原则性的方法进行分解，就需要确定一个重要的原则。一般使用流程的定义作为原则，即流程为哪些客户提供哪些价值，形成哪些结果。这个原则是流程分解的重要指导，即不按流程由谁来执行来分解，而是按流程为"谁"服务来分解。之前讨论的业务能力的分解方式就是如此，只不过业务能力明确了分解对象为"业务对象"，业务对象的载体为"管理记录"。这里可以直接借鉴这种方法和成果。

业务流程架构的构建必须从一级流程开始，这个一级流程可直接使用一级业务能力。事实上，流程和能力可以被视为同一事物的两个方面：从功能角度称为能力，从执行角度称为流程。即便不涉及管理概念，从实用性角度来看，相同的分解方法也有利于企业人员的理解和维护成果。因此，流程架构的二级可以等同于二级业务能力，流程架构的三级可以等同于三级业务能力。但关键在于，末级流程清单如何得出？这可以采用流程选择矩阵这一工具实现。

流程选择矩阵的分解方法会先考虑一个称为场景的维度，即在不同条件或情况下执行流程的具体环境,这个流程选择矩阵示意如图 7-3 所示。例如,观察"采购需求与计划管理",可能涉及原物料采购、设备采购或服务采购等场景。另一个维度是依据业务对象的细分来分解流程,将业务对象按照形成过程细分为可组合的业务对象,这与业务能力的分解方法一致。例如,"采购需求与计划"的业务对象是采购的需求与计划,可细分为年度采购计划、月度采购计划和采购需求管理这三个过程。场景与过程相结合形成一个矩阵,然后将二者相交,矩阵中心将得出一系列综合场景和过程细化后的名称,这些内容即为所讨论的末级流程。例如,上述场景与过程相结合,将产生原材料年度采购计划、设备年度采购计划、服务年度采购计划、原材料月度采购计划、设备月度采购计划、服务月度采购计划、原材料采购申请、设备采购申请、服务采购申请这九个末级流程。之后,需验证这九个末级流程是否"真实"存在,所谓"真实"存在即是否能够提供唯一的"管理记录"。例如,如果发现原材料没有对应的采购需求申请记录,实际上并不进行原材料的单次采购需求申请,则不存在原材料采购申请流程。再比如,如果发现原材料、设备、服务的月度采购计划并不是各自有一个"唯一"的"管理记录",而是一样的记录,则这三个采购计划可以合并为月度采购计划流程。

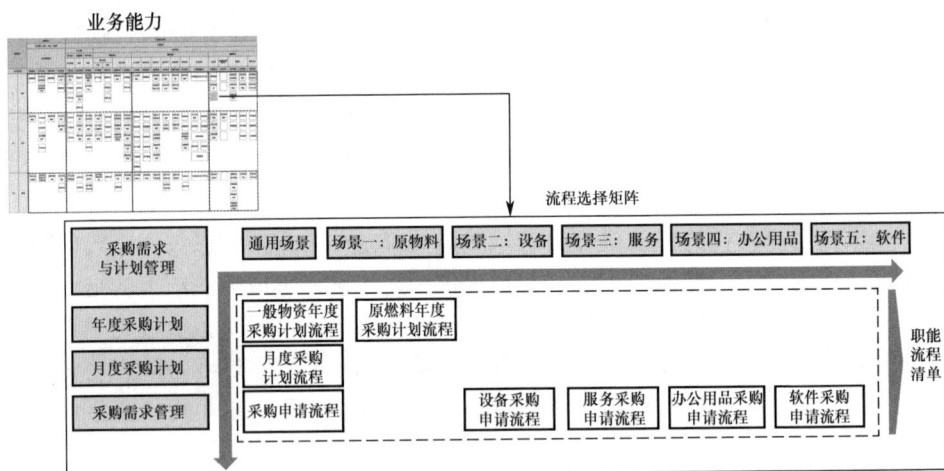

图 7-3 流程选择矩阵示意

当然,这个过程有时较为复杂,尤其是当现有的管理记录混乱,导致对应的末级流程也混乱时,其目的在于通过数字化来优化流程。这时要反过来考虑是否需要这样的末级流程。如果认为需要设备年度采购计划流程和服务年度采购计划流程,可以先行定义这两个流程,并通过流程优化和建设细化流程内容,然后推广到员工日常工作中。定义流程的本质是为设备和服务的年度采购计划定义"管理记录"，并在数字化过程中真正实现它。这再次印证了流程呈现的本质即"管理记录"的准则。

有了流程选择矩阵，就可以得到流程清单。但是，还要考虑在哪个级别的业务能力上应用流程选择矩阵来分解流程清单。如上所述，最高可以在一级业务能力上进行，最低可以在三级业务能力上进行。实际上，无论从哪个级别应用流程选择矩阵分解流程清单，结果大致相似，但难度会有所不同。可以想象，如果有一个相对具体的概念时进行分解，那么这个过程会相对容易。例如，从采购的角度使用流程选择矩阵与从采购订单的角度使用流程选择矩阵，难度是不同的。从采购的角度出发，要考虑需求、订单、到货等多个过程，同时还要考虑到完整的采购下有多少种不同的场景，实际上企业的采购场景和过程远比刚才提到的例子复杂。而仅从采购订单的角度分解时，面临的流程和场景会相对简单，因此，使用的级别越低，难度越低。但是，使用较低级别的分解可能会导致一个问题，即许多业务需要综合考虑，却因拆分过细而缺乏统一的分析路径。例如，从公司资产管理的角度来看，资产采购也是一个过程，面临着各类物资的不同场景分析。从资产管理的角度使用流程选择矩阵虽然难度较大，但可以得出一个涵盖公司物资在内的各种有形和无形资产的全面分析过程，涉及规划、采购、建设、管理等多个方面，是最能全面覆盖公司业务模式、最为宏观和统一的分解方法。相反，仅从一个低级别的业务能力，如采购订单，来使用流程选择矩阵，那个过程就不会考虑到采购订单前后业务的分解，更不会考虑到无订单的无形资产或自建资产的引入过程。虽然这些流程在各自的业务分解过程中也会被讨论，但由于不是一起分析的，容易产生末级流程颗粒度不一致的现象。根据以往经验，越倾向于现状梳理，流程选择矩阵这一工具的使用级别就可以越低；但如果更多考虑企业的未来发展或数字化后的宏观规划，那么也不应为了降低难度而忽略统一分析的重要性，而应更多地从高级别的维度展开流程选择矩阵的分析，这时会得到一整套完整的流程清单，再将这些流程清单分配到不同的流程架构框架下。

端到端流程架构的拼接

当拥有了末级流程清单后，即使不进行末级流程图的设计，也可开始端到端流程的拼接过程。将每一个末级流程都视为一个"黑框"，已知末级流程的产出，可据此考虑其前后衔接关系。但是，端到端流程最困难的部分是如何将这项工作落实到实际有效的层面。面对一个非常模糊的概念，例如常说的从订单到交付的端到端（OTD），就要先将这样一个概念细化，形成一个可以着手的端到端范畴。这个过程实际上也会分解出一个端到端的架构，只是对这个架构没有级别和颗粒度上的要求。

端到端流程的分解建议按场景进行。例如，在从订单到交付的端到端流程中，我们不应将订单到生产作为一个端到端流程，再将生产到交付作为另一个端到端流程。相反，应将场景分解出来，如面向国内市场的订单到交付和面向国外市场的订单到交付等，尽量按照场景细化到认为合适的程度。例如，在订单到交付的端到端流程中，如果一开始就知道订单是面向国内市场还是国外市场，就可分解为面向国内市场的订单到交付和面向国外市场的订单到交付。再比如，如果订单需自主运输、客户运输或第三方运输，在执行流程的一开始并不知道，需进行到一定程度后才能确定，那么就不能将这些情况分别划分为不同的端到端流程。在实际执行流程时，如果无法在一开始明确应选择哪个端到端流程，就无法有效地选择正确的流程。

当然，这可能会引发一些疑问，例如，面向国内市场的从订单到交付的端到端流程和面向国外市场的端到端流程中，很多流程是相同的，只有部分内容不同。这样描述是否会产生两个重复的流程图？实际上确实如此，但没关系，因为在后续过程中，端到端流程是通过末级流程组装的，这意味着具体流程内容属于末级流程。只要末级流程一次性描述出来，这两个端到端流程或更多端到端流程就可以引用它。这种被多次引用的末级流程称为被复用的末级流程。也就是说，在国内市场的订单到交付的端到端流程中，如果有一个生产订单下达流程，与在国外市场的订单到交付中的生产订单下达流程实际上是同一个流程，那么在展开这个流程时，是同一个流程图，且这个流程图只会描述一次。通过这种方式，端到端流程可以被描述成非常实际的执行过程。这是用末级流程来拼装端到端流程的一个非常重要的好处和意义。

那么，如何开展端到端流程的设计呢？首先，要定义场景名称下的端到端流程的起点和终点。在考虑订单到交付的过程时，什么是订单的开始？什么是交付的结束？如果将订单的开始定义为合同签订，或者合同的交接，可能会导致不同的端到端流程。同样，对于交付的定义，是产品交付到客户手中，还是客户支付款项，这也会导致流程结束的节点不同。应根据需要和能力范围尽量定义流程的起点和终点，例如，定义起点和终点为从合同签订到客户按照合同付款的全过程。在展开中间的末级流程拼接时，就有了一个明确的范围。要找出涉及这个范围的所有末级流程，无论它们属于哪个流程分类或业务能力，都要拼接过来。切记，不要因为某个端到端流程是由某个部门设计，或属于某个业务范畴，就不将其相关的流程完整地拼接进来。例如，在订单到交付的过程中，如果涉及物料采购、财务付款或人员安排等中间流程，不能因为这些部分不属于订单管理部分，就不将其纳入端到端流程，这是错误的。应采用"拔起萝卜带起泥"的方式，将所有相关的末级流程都拼接在一起,不必担心这个末级流程会因为别人的端到端流程中已经画过而重复。

端到端流程一旦被定义出来,就可以把上文"职能流程架构的分解"所整理出来的"末级流程"从职能流程架构中挑选出来,用来表述端到端流程的全过程。在描绘端到端流程图时,仅使用"末级流程"的名称,而不描述"末级流程"内部的具体开展过程。用末级职能流程拼装的端到端流程如图 7-4 所示。

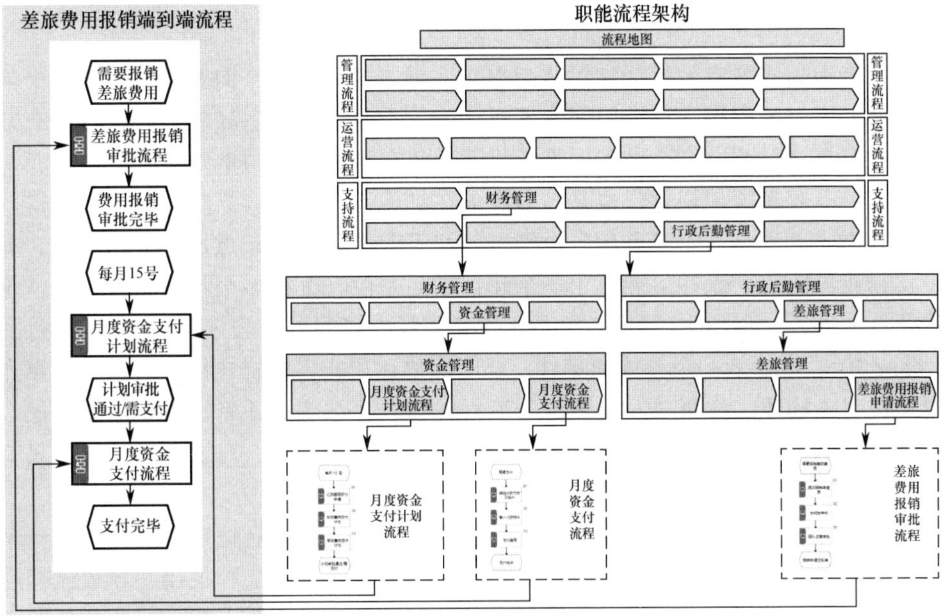

图 7-4 用末级职能流程拼装的端到端流程

我们将面向客户需求,从触发到满足的端到端流程定义为"客户预订到配送完成端到端"。根据端到端场景细化方法,我们认为存在"到店消费"和"到家消费"两种场景,因此,细化出"到店消费的客户预订到配送完成端到端"流程和"到家消费的客户预订到配送完成端到端"流程。相关的末级职能流程包括"餐饮预订流程""餐饮制作流程""原物料当日采购流程""配送到店流程""配送到家流程"和"自动结算流程"。按照以下顺序挑选并拼接上述流程,形成了"到店消费的客户预订到配送完成端到端":"餐饮预订流程""原物料当日采购流程""餐饮制作流程""配送到店流程""自动结算流程"。类似地,按照以下顺序挑选并拼接上述流程,形成了"到家消费的客户预订到配送完成端到端":"餐饮预订流程""原物料当日采购流程""餐饮制作流程""配送到家流程""自动结算流程"。这样就形成了 2 条端到端流程,由 6 条末级职能流程组成,其中 5 条职能流程是复用的。

完成端到端流程的定义后，即可进入端到端流程所属的职能流程的详细设计阶段，并进一步阐述数字化的具体要求。事实上，端到端流程除了描述业务以外，还具有流程优化的作用，对此感兴趣的读者可以参考王磊先生的《流程优化风暴》一书。

流程的要素整合

当流程架构被有效规划和拼装起来后，剩下的最后一个问题就是描述一个具体开展工作的流程图。这个问题并不难，大家有足够的业务经验就能把流程有效地描述出来，只不过这个过程中需要强调一些容易被忽略的重要问题。

首先需要考虑的问题，也是很多企业在制作流程图时容易犯的第一类错误，就是只描述流程有一个起点和一个终点，却不明确什么叫起点，什么叫终点。对于实际业务而言，流程可能不止一个起点，而是由一个或多个特殊条件触发，这些条件被称为"事件"。例如，给员工发工资是在每月的 1 日还是 30 日？每月的 1 日或 30 日这就是一个具体的事件，要明确描述出来。同样，每个流程的结束点也要被明确描述，如果对发工资这个流程仅写一个结束，或者写员工的工资已收到作为结束，那么对于信息化来说，后者明显要清晰很多。对于业务而言，只有收到工资才代表这个流程的结束，而不是其他任何环节。

流程可能包含多个起始事件和多个结束事件，这在信息化系统实施时是一个常见的误区。有时，对信息化系统而言，功能似乎就是发起和关闭，导致流程看似只有一个起点和一个终点，这是一个非常容易混淆的概念。然而，从业务的角度来看，情况并非如此。流程既可能由人发起，也可能由时间、指标或其他多种不同的情况引发。以付款为例，可能是因为员工工资需要付款，也可能是因为货款需要付款。货款和工资款来自不同的上游流程，意味着这个流程可能因需要支付货款、工资到期或者其他支付条件而发起。因此，发起点可能有很多，而对这些发起点的梳理是流程梳理的重要部分。同样，流程的结束点（终点）也可能是多个，可能是付款到账、延期支付或者承兑汇票等其他方式支付成功。有时，流程的结束并非总是成功完成，如一个规划可能被通过或因为不合格而终止。这些虽然都是流程的结束，但性质上有本质区别，不论信息系统如何实现，在业务表述上必须明确多个流程的起始事件和结束事件，因为这与打通端到端流程密切相关。

第二个问题是流程描述不仅应涉及流程本身的内容，还应包括流程与各个要素之间的关系。如果仅描述流程的每个节点做什么，就容易忽略流程和要素之间的关系。如前文所述，组织、记录、信息系统等都是要素，在流程表述过程中，要将这些要素有效组合在一起。当谈到某个流程时，回答做什么时要明确谁来做，不是简单地口述或模糊地描述是谁来做，而应从已有的组织架构中找到与流程相关的岗位或个人，将其与流程衔接在一起。同样，在回答流程会用到什么、会产生什么时，要从管理记录的要素中找到相应的表单，将其链接并组合到流程上。当回答流程在哪个信息系统中执行时，也要通过要素引用的方式从信息系统清单中找出。甚至可以更深入地考虑将制度体系文件中的各项管理要求作为要素引用到流程中，这样就会有一个既服务于信息系统建设也服务于管理体系应用的完整流程。

第三个问题，也是最关键的数字化的问题。从数字化的角度来看，仅讨论到上述程度是不够的。在数字化层面，要深入到每个流程是如何使用记录背后的数据的。这意味着首先需要有一个记录，然后分解记录对应的数据是什么，并讨论这些数据在流程运作过程中是如何被加工和使用的。例如，不是简单地要一个名为"需求计划"的记录，而是需要知道需求计划中包含哪些具体数据项，如需求提出人、需求内容、需求数量和规格等。这些内容整体上甚至属于数据架构的分解过程。应用架构也是如此，要回答这个流程节点是在哪个应用服务中完成的，属于应用架构的内容。从数字化的视角来看，绕不开这些信息，但从业务架构视角来看，又往往不涵盖这些内容。这里有一个值得借鉴的经验：流程会被反复描述和要素引用，才能逐渐达到完全数字化的要求。当第一次搭建业务架构时，可以先只设计流程的名称或流程内的结构，等数据架构及应用架构也同样分解到一定细度时，再在流程上去进行深度引用。

解决以上三个问题后，就最终回答了前文提出的问题——什么是业务。业务的本质就是借助流程表达足够落地数字化的信息，而流程又构成了企业业务运转的核心规则和协同关系，业务通过流程传递给数字化系统，如图 7-5 所示。按照前文的完整过程总结并形成流程模型时，业务就被完整地表述为业务架构及其组成部分——流程架构。在后续过程中，流程将把"路径""事件""输入""输出""角色""要求""操作"等传递到数字化系统中。从数字化的理念来说，要管理就要有通过"数据"呈现的管理痕迹，这意味着所有的流程节点和其输出都是通过"应用"和"数据"的支撑来实现的。有一些手工执行的环节，系统仅管理其结果，不管理操作过程；而系统执行的环节，管理其结果和操作过程。所有的结果都用"数据"来体现，由"流程"来传递。

这样的业务架构和流程架构就形成一个完整的、能有效支撑数字化建设的设计框架。用这套模型沙盘来推演企业的完整的管理形态，指导员工行为的开展和信息系统建设，并通过数据来呈现业务架构运转的结果，从而实现数字孪生的理念。

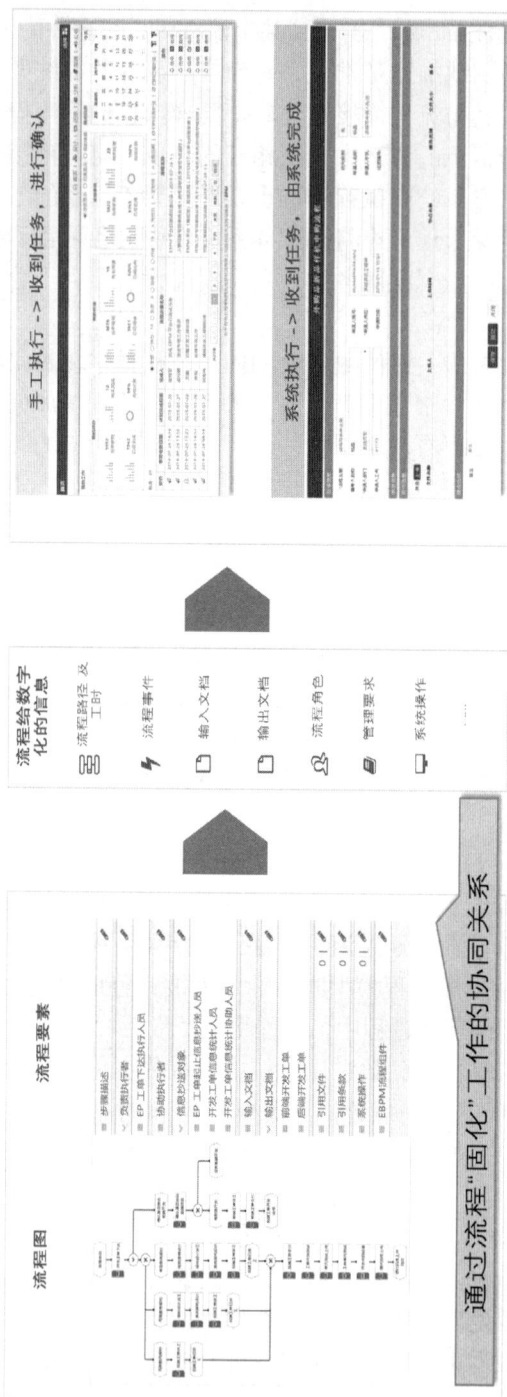

图7-5 业务通过流程传递给数字化系统

第 8 章

从业务架构到数据架构

数据架构的定义

数据架构是企业架构中的一个关键组成部分,它关注的是如何有效管理和利用企业的数据资产。数据架构描述了企业数据资产的结构和分类,包括数据的收集、存储、处理和分布。数据架构通常包括以下几个核心要素。

(1)数据资产目录。

- 定义:对企业的所有数据资产进行分类和管理的目录。
- 结构:通常分为多层结构,如主题域分组(L1)、主题域(L2)、业务对象(L3)、逻辑数据实体(L4)和属性(L5)。
- 作用:帮助企业和相关人员清晰地了解和查找数据资产。

(2)数据标准。

- 定义:企业内部共同遵守的关于数据含义、格式和业务规则的规范。
- 要素:包括业务术语、数据元、主数据等。
- 作用:统一语言,消除歧义,确保数据的一致性和准确性。

(3)数据模型。

- 分类:
  - 概念模型:用业务语言描述数据及其关系。
  - 逻辑模型:详细描述业务逻辑和数据的结构。
  - 物理模型:面向计算机物理表示的模型,涉及具体的数据库设计。
- 作用:提供数据的逻辑和物理结构,支持数据存储和处理的实现。

(4)数据分布。

- 定义:描述数据在企业内部和外部的存储、流动和使用的分布情况。
- 作用:确保数据在不同系统、部门和合作伙伴之间的有效流动和共享。

根据国际数据管理协会(DAMA)的观点,数据架构定义了与组织战略相协调的数据资产蓝图,建立了战略性数据需求及满足需求的总体设计。DAMA 数据架构如图 8-1 所示。

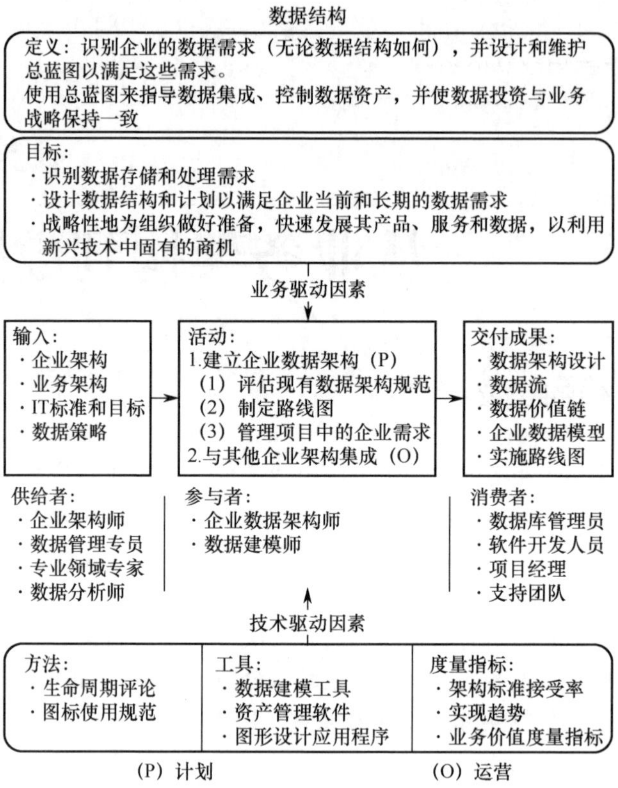

图 8-1　DAMA 数据架构

以华为公司实践为例，数据架构包含数据资产目录、数据标准、数据模型和数据分布这四项内容，如图 8-2 所示。

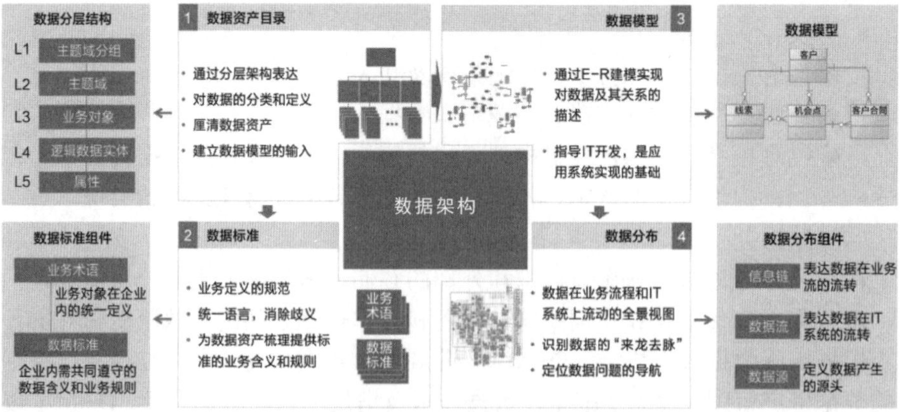

图 8-2　《华为数据之道》中的数据架构

DAMA、华为公司数据架构实践以及 TOGAF，是目前数据架构设计中普遍采用的数据参考架构与方法论。

数据架构与其他架构之间的关系

数据架构是业务架构与应用架构之间的桥梁。数据架构基于业务架构识别出业务数据需求，统一数据语言及操作手段，作为应用架构和技术架构设计和开发的依据。数据架构贯穿了业务、应用及技术架构，成为连接彼此的桥梁。企业架构中各架构之间的关系如图 8-3 所示。

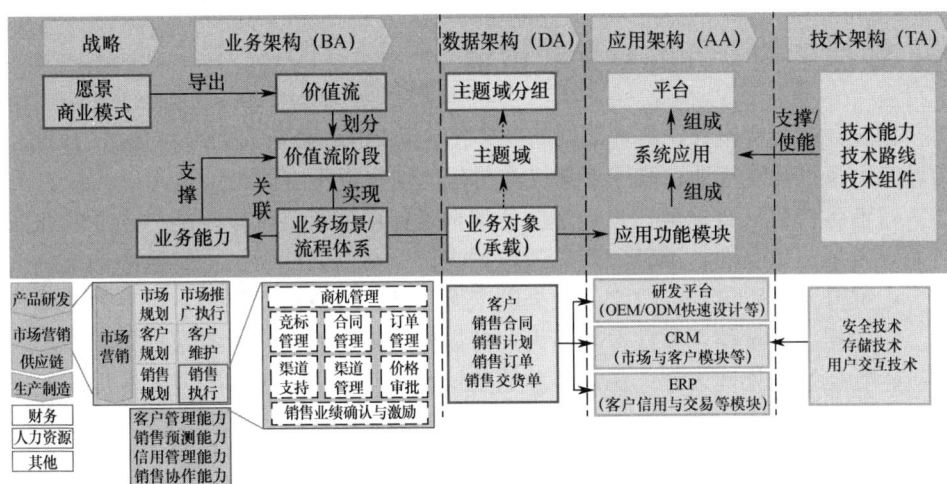

图 8-3　企业架构中各架构之间的关系

数据架构与业务架构的关系

- 业务驱动数据：业务架构根据企业的战略定义了企业的业务策略、业务能力、流程和目标，数据架构则需支持这些业务需求。数据架构的设计应以业务架构为基础，确保数据能有效支持业务运作和决策。
- 数据支撑业务：高质量的数据是业务决策的基础。数据架构通过提供准确、一致的数据，帮助业务实现高效运作和战略目标。

数据架构与应用架构

- 应用依赖数据：应用架构描述了企业中的应用系统及其相互关系，这些应用系统需要依赖数据架构提供的数据服务。数据架构的设计需考虑应用系统的数据需求。
- 数据集成与应用：数据架构通过数据集成、数据共享等方式，支持应用系统间的协同工作，打破信息孤岛，提升应用系统的效率和效果。

数据架构与技术架构的关系

- 技术支撑数据：技术架构提供了数据存储、处理和传输的基础设施和技术平台。数据架构的实现依赖技术架构的支撑，如数据库、数据仓库、大数据平台等。
- 数据需求影响技术：数据架构的需求（如数据量、数据类型、处理速度等）会直接影响技术架构的设计和选型，确保技术架构能满足数据管理的需求。

数据架构、业务架构、应用架构、技术架构共同构成了企业架构的整体，缺一不可。它们之间相互影响、相互制约，共同推动企业战略目标的实现。

数据架构设计的意义和价值

通过数据架构设计，实现数据的业务化、标准化，降低人们理解数据的门槛，指导应用系统开发落地，其主要意义和价值体现在以下方面。

- 业务价值：数据架构设计是企业架构设计中的重要阶段，能为企业的业务发展提供全面、准确、及时的数据支持，帮助企业做出更有效的决策。
- 提升数据质量：通过定义数据的来源、格式、质量标准等，可有效地提升数据的质量和可靠性，从而为业务提供更加准确、全面的数据支持。
- 优化数据处理效率：通过合理的数据存储、处理、传输等方式，提高数据处理的效率，减少数据处理的时间和成本。
- 降低数据风险：通过对数据的保护和管理，降低因数据丢失、损坏、泄露等导致的业务风险和损失。
- 驱动业务创新和发展：通过对数据分析和挖掘，发现隐藏在数据中的商业价值，优化企业的资源配置，提高企业的资源利用效率和效益，为企业的业务创新和增长提供支持。

数据架构的设计原则

数据架构设计直接影响企业的数据管理效率和业务决策质量。在数据架构设计过程中，我们要遵循一定的原则以确保设计质量。以下是一些核心原则，可以作为参考。

- 业务驱动原则：数据架构设计应紧密围绕业务需求展开，确保业务需求导向和业务一致性，确保数据架构能支持业务目标和战略，与业务流程、业务规则保持一致，避免数据孤岛。

- 标准化原则：定义统一的数据标准，包括数据格式、数据质量标准、业务术语等，以消除数据歧义；采用标准化的数据模型（如概念模型、逻辑模型、物理模型），确保数据的一致性和可维护性。
- 集成性原则：设计时应考虑不同数据源的数据集成，确保数据的完整性和一致性；数据架构应与业务架构、应用架构、技术架构相集成，形成统一的整体。
- 灵活与可扩展性原则：数据架构应具备良好的可扩展性，能适应业务增长和数据量的增加；应能适应业务变化和技术发展，具备一定的灵活性，能快速响应业务需求的变化。
- 安全性原则：确保数据的机密性、完整性和可用性，设计必要的安全措施，遵守相关法律法规，确保数据管理和使用的合规性。
- 数据治理原则：建立完善的数据治理框架，确保数据质量和数据管理，明确数据管理的责任和权限，确保数据治理的有效执行。

基于业务的数据架构设计

数据架构设计就是将数据的表达和使用进行统一和系统化的过程。从业务架构到数据架构的设计过程中，要梳理业务架构中数据产生和应用的全部范围，通常采用自顶向下分层设计的方式，数据架构设计思路如图 8-4 所示。

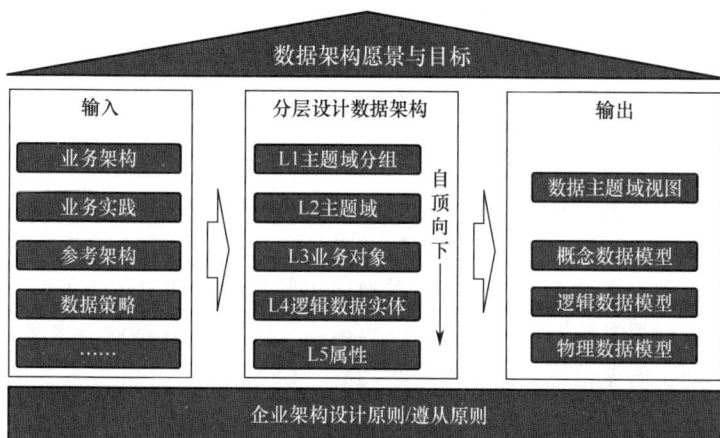

图 8-4　数据架构设计思路

企业架构中的数据架构愿景和目标通常旨在确保数据资产的有效管理、优化和利用，以支持企业的战略目标和运营需求。以某企业为例，其数据架构的愿景与目标如下。

- 愿景：构建一个统一、高效、可靠的数据架构体系，实现数据资源的全面整合和最大化利用，为企业的数字化转型和业务发展提供强有力的数据支撑。数据架构的愿景是打造一个透明、易于管理和维护的数据环境，使数据成为推动企业决策和创新的核心动力。
- 目标：
  - 数据标准化：确保企业内部数据遵循统一的标准和规范，实现数据的一致性和准确性。
  - 数据整合：整合分散的数据资源，消除信息孤岛，提升数据共享和交换的效率。
  - 数据安全：建立完善的数据安全管理体系，防止数据被未授权访问、篡改或泄露。
  - 数据质量：通过持续的数据质量管理活动，保证数据的质量和可靠性，满足业务需求。
  - 数据治理：实施有效的数据治理策略，确保数据资产的合规性和可持续性。
  - 数据分析与应用：提升数据分析和应用能力，将数据转化为有价值的业务洞察，支持企业决策。
  - 业务协同：确保数据架构能够支持业务流程的协同和优化，提升业务执行效率。
  - 持续改进：建立持续改进机制，适应企业发展的变化，确保数据架构的长期适用性。

通过实现这些目标，企业可以更好管理其数据资产，从而在激烈的市场竞争中保持优势。

在数据架构愿景与目标及企业架构设计原则/遵从原则指引下，采用自上向下的分层设计方法，通常按如下顺序进行设计：首先，构建数据架构的主题域分组与主题域，厘清数据主题域之间的逻辑关系（L1~L2）；再逐级分解，识别各主题域的业务对象，定义各个主题域下的重要逻辑数据实体和实体间关系（L3~L4）；最后，定义每个逻辑数据实体中的标准数据项（属性），包括业务含义、长度、类型、质量规则、值域范围、约束条件等内容（L5）。

数据架构设计分层方式

数据架构设计分层有多种方式，我们参考《华为数据之道》中数据架构分层实施方法（L1 主题域分组与流程架构 L1 相匹配），如图 8-5 所示。

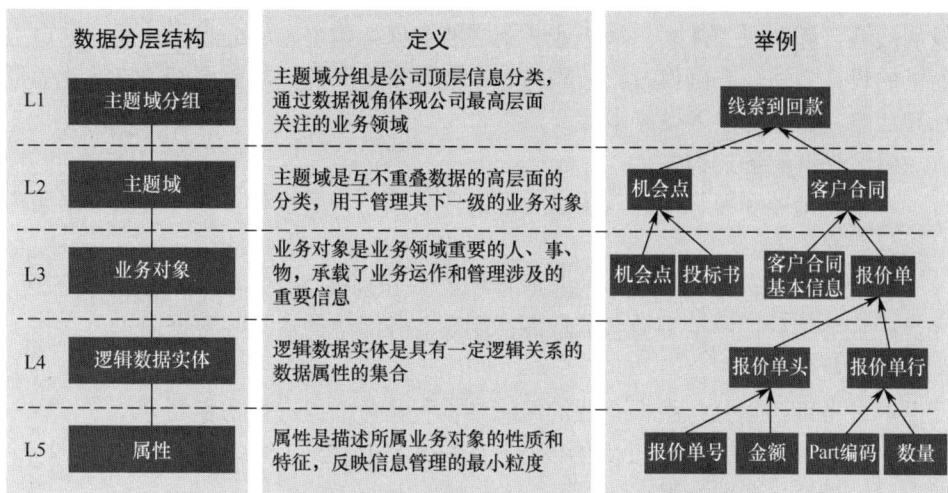

图 8-5 《华为数据之道》中数据架构分层实施方法

华为公司的数据架构分层结构如表 8-1 所示。

表 8-1 华为公司的数据架构分层结构

分层结构		详细描述
L1	主题域分组	描述公司数据管理的最高层级分类。业界通常有两种数据资产分类方式：基于数据自身特征边界进行分类和基于业务管理边界进行分类。华为公司为了强化企业内业务部门的数据管理责任，更好地推进数据资产建设、数据治理和数据消费建设，采用业务管理边界划分方式，即将 L1 主题域分组与流程架构 L1 相匹配，数据资产与华为业务 GPO（全球流程责任人）相匹配，有利于更好地推进各项数据工作
L2	主题域	互不重叠的数据分类，管辖一组密切相关的业务对象，通常同一个主题域有相同的数据 Owner（责任人）
L3	业务对象	数据架构的核心层，用于定义业务领域重要的人、事、物，架构建设和治理主要围绕业务对象开展。同时，在企业架构（EA）的范畴内，数据架构（DA）也主要通过业务对象实现与业务架构（BA）、应用架构（AA）、技术架构（TA）的架构集成
L4	逻辑数据实体	描述一个业务对象在某方面特征的一组属性集合
L5	属性	数据架构的最小颗粒，用于客观描述业务对象在某方面的性质和特征

第一步：设计 L1 主题域分组

在数据架构中，主题域分组（Topic Domain Grouping）是最高层级分类 L1，它代表了企业从数据视角对顶层业务领域的概括性划分。设计主题域分组的目标是创建一个宏观的框架，用于组织和管理企业的数据资产，确保数据能够支持企业的战略目标和业务需求。基于业务架构的数据架构主题域分组设计是一种自上而下的设计方法，它确保数据架构与业务架构紧密对齐，从而更好地支持业务目标和战略。通常有以下设计步骤。

（1）理解业务架构。

- 业务战略和目标：深入了解企业的业务战略、愿景和目标，确保数据架构与之相符。
- 业务能力模型：分析企业的业务能力模型，识别核心业务能力和关键业务流程。
- 业务流程图：绘制业务流程图，明确业务活动的流转和数据需求。

（2）业务领域划分。

- 业务部门划分：根据企业的组织结构和业务部门进行初步划分。
- 核心业务领域：识别企业的核心业务领域，如销售、市场、财务、人力资源等。

（3）设计主题域分组。

- 初步分组：依据业务架构，设计初步数据架构的主题域分组。
- 详细描述：对每个主题域进行详细的描述，明确每个主题域的定义、范围、业务意义等。
- 业务部门确认：与业务部门合作，验证主题域分组是否能满足业务需求，确保主题域分组的合理性和全面性。

【示例 8.1】某电商企业的 L1 主题域分组设计。

（1）业务架构分析。

- 业务战略：成为领先的电商平台，提供优质的购物体验。
- 核心业务领域：销售、市场、物流、客户服务、财务管理。

（2）主题域分组设计

- 客户域：涵盖客户信息、客户行为、客户反馈等。
- 产品域：包括产品信息、产品分类、库存管理等。
- 订单域：涉及订单信息、订单状态、支付信息等。
- 市场域：包括广告数据、市场调研数据、用户行为分析等。
- 物流域：涵盖库存数据、配送信息、退货记录等。
- 财务域：包括财务报表、成本数据、收入数据等。

【示例 8.2】某 A 制造企业的 L1 主题域分组。

案例说明：某 A 制造企业对标华为数据架构设计原则，将 L1 主题域分组与流程架构 L1 相匹配，同时 L1 主题域分组数据资产责任人与流程业务域 Owner（流程责任人）相匹配。L1 主题域分组示例如图 8-6 所示。

需注意的是，要确保主题域分组设计与业务架构紧密对齐，避免脱离业务实际。数据架构主题域分组并非一成不变，是一个持续改进的过程，需定期评估和调整优化。L1 主题域分组是公司顶层信息分类，通过数据视角体现公司最高层面关注的业务领域，如 DSTE、IPD、MTC 等，某个行业的主题域分组一般可以通用。

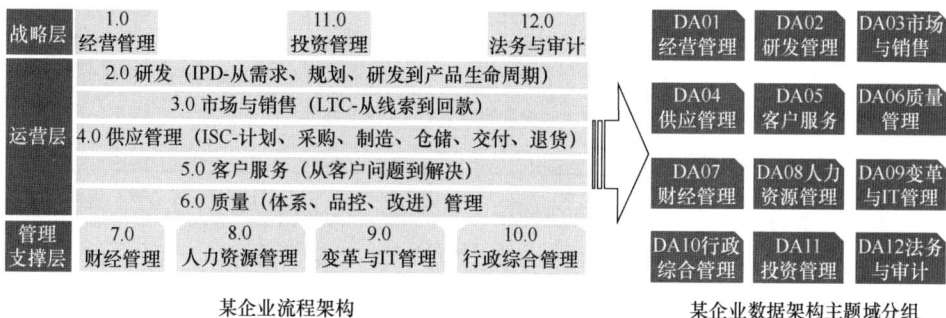

图 8-6　L1 主题域分组示例

第二步：设计 L2 主题域

数据架构中的 L2 主题域设计，涉及将数据按照业务相关性进行分类和分组，以便更好地管理和利用数据。L2 主题域的几种常见的设计方法如表 8-2 所示。

表 8-2　L2 主题域的几种常见的设计方法

	步骤	优点
业务驱动法（自上而下）	（1）业务流程分析：梳理企业的核心业务流程，识别关键业务环节。 （2）业务领域划分：根据业务流程和业务功能，划分出不同的业务领域。 （3）主题域定义：在每个业务领域内，进一步细化为具体的主题域	与业务紧密关联，易于理解和应用。 有助于数据与业务需求的对接
数据实体聚类法（自下而上）	（1）数据实体识别：识别系统中的所有数据实体。 （2）实体关系分析：分析数据实体之间的关联关系。 （3）聚类分组：根据实体之间的关联度和业务相关性，进行聚类分组，形成主题域	数据实体之间的关系清晰，便于数据整合和管理。 适用于数据量大、关系复杂的系统
需求导向法	（1）需求分析：收集和分析业务部门的数据需求。 （2）需求分类：按照需求的类型和重要性进行分类。 （3）主题域映射：将分类后的需求映射到相应的主题域	需求驱动，确保数据架构满足实际业务需求。 提高数据使用的针对性和效率
域驱动设计（Domain-driven design）法	（1）业务域识别：识别企业中的核心业务域。 （2）子域划分：在核心业务域内进一步划分出子域。 （3）主题域定义：将子域映射为数据主题域	适用于复杂系统的数据架构设计。 强调业务逻辑和数据的一致性

	步骤	优点
参考模型法	（1）选择参考模型：选择行业内的标准数据架构参考模型，如 TOGAF、DAMA 等。 （2）适配调整：根据企业实际情况，对参考模型进行适配和调整。 （3）主题域定义：在参考模型的框架下，定义具体的主题域	借鉴行业标准，降低设计风险。提供成熟的设计框架和指导

在实际设计过程中，常常综合使用多种方法，以业务驱动法为主，结合企业价值链、业务架构、业界实践、参考模型等输入，并遵循数据架构的总体设计原则，对企业关键的人、事、物、地及关系进行识别与抽象，最终通过头脑风暴的方式与业务部门广泛讨论后，完成 L2 主题域的设计。设计要点如下：

- 分析业务架构/组织架构：对所需的业务架构和组织架构进行分析，包括业务能力框架、业务流程、组织部门、部门职责等。通常将业务流程架构的 L2/L3 划分、能力组（业务能力框架的 L2）、组织架构的部门职责作为主题域的输入。
- 自上而下划分：参考业务架构、业界实践等信息，划分主题域的管理边界。
- 自下而上聚合：对按照业务对象设计方法识别的业务对象，将相关性强的业务对象归为一类，选取核心业务对象名称作为主题域。
- 验证主题域：对识别的主题域和业务架构、业务管理部门等进行验证，协同利益相关部门共同评审，并识别潜在的数据责任人。
- 文档化：详细记录设计过程和结果，并及时更新，便于后续跟踪与维护。
- 迭代优化：主题域设计不是一次性的，应随着业务发展和技术变化进行迭代优化。

【示例 8.3】某 B 制造企业的供应管理主题域设计。

（1）业务流程梳理分析。

- 业务流程梳理：详细梳理供应链管理的各个环节，包括采购、生产、库存、物流等。
- 关键业务需求识别：识别各环节的关键业务需求，如库存优化、供应链协同、风险管理等。
- 数据需求分析：分析各环节所需的数据类型和数据来源。

（2）主题域划分。

根据供应链管理的核心业务流程，定义主要主题域，包括：

- 采购管理：供应商信息、采购订单、采购价格等。

- 生产管理：生产计划、生产进度、产品质量等。
- 库存管理：库存水平、库存周转率、库存预警等。
- 物流管理：运输计划、物流跟踪、配送效率等。

【示例 8.4】某 B 制造企业数据架构 L1 主题域分组和 L2 主题域设计（见图 8-7）。

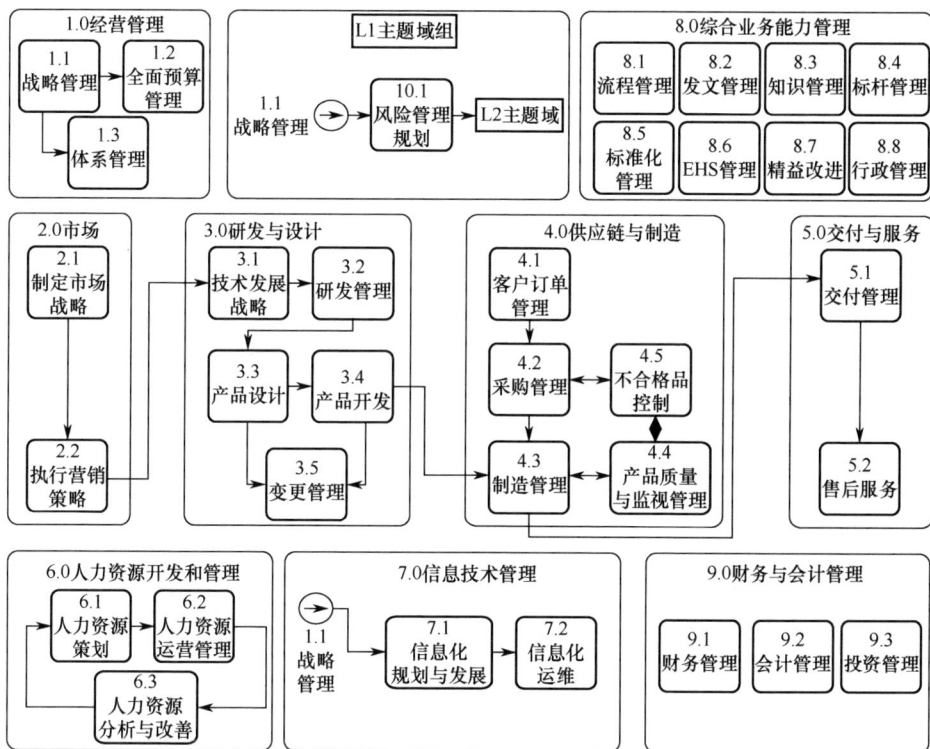

图 8-7　L1 主题域分组和 L2 主题域设计示例

L2 主题域是互不重叠数据的高层面的分类，用于管理其下级的业务对象。主题域通常是联系较为紧密的数据主题（Subject）的集合，可根据业务的关注点，将这些数据主题划分到不同的主题域。主题域下面可以有多个主题，主题还可以划分成更多的子主题。主题和主题之间可能会有交叉现象。主题域可以按系统（功能模块）、按业务流程、按部门划分。

第三步：设计 L3 业务对象

在数据架构中，L3 业务对象设计是信息架构的核心层，它处于 L2 主题域之下，L4 逻辑实体之上，是构建企业级数据模型的基础。业务对象设计的好坏直接关系到企业数据架构的完整性和业务系统的效率，它直接关系到企业信息系统的有效性和业务流程的顺畅性。

L3 业务对象（Business Object）用于定义业务领域中的重要实体，是现实世界中业务概念的抽象，可以是具体的人、事、物，也可以是业务过程中的概念，如客户、订单、产品、服务等。在数据架构中，业务对象是连接业务和技术的桥梁，将业务规则和逻辑转化为可操作的数据结构。这些对象承载了业务运作和管理涉及的重要信息，是现实世界中实物或虚拟事物在信息世界的映射。成为业务对象必须满足三个条件：一是由状态和行为组成；二是表达了来自业务域的一个人、地点、事物或概念；三是可以重用。一般有以下设计步骤。

（1）需求分析与准备。

- 分析业务架构/组织架构：对本领域所需的业务架构和组织架构进行分析，包括业务能力框架、业务流程、组织部门、部门职责等。
- 分析主要业务场景：从企业价值链出发，分析每个价值链环节客户开展工作的场景。
- 分析流程活动的输入输出：分析流程活动的输入输出信息，或软件包中体现的数据。
- 分析 IT 系统模型：对客户已有信息系统的模型进行分析，识别当前需要对哪些数据进行日常操作处理。
- 分析主流软件包模型：对业界主流软件包的功能/模型进行分析，识别软件包主要处理的数据。

（2）识别业务对象。

- 确定本领域中关键的人、事、物和地点等实体，如客户、产品、订单、供应商、库存等。
- 分析这些实体在业务流程中的作用，以及它们之间的关系。
- 分类业务对象。
  - 实体业务对象：表达了一个人、地点、事物或者概念。根据业务中的名词从业务域中提取，如客户、订单、物品等。
  - 过程业务对象：表达应用程序中业务处理过程或者工作流程任务，通常依赖于实体业务对象，是业务的动词。
  - 事件业务对象：表达应用程序中由于系统的一些操作造成或产生的一些事件。
- 识别业务对象责任人与具体责任人（数据 Owner）。

（3）定义业务对象属性。

- 为每个业务对象定义其属性。例如，对于"订单"对象，可能包括订单号、客户 ID、订单日期、金额等属性。
- 确定业务对象可以执行的操作和它们的生命周期行为。例如，一个订单对象可以经历创建、审核、发货、完成等状态变化。

- 建立业务对象关系，确定业务对象之间的关联关系（如一对一、一对多、多对多的关系），形成价值关系网络。例如，市场线索可以转化为合同，合同关联项目，项目生成订单等。

（4）验证业务对象。

- 合理性验证：从业务重要性、复杂性以及业务管理责任等方面优化业务对象。
- 完整性验证：与业务架构、 业务管理需求适配，确保涵盖所有需要的业务对象。
- 集成性验证：验证业务对象与相关领域的业务对象可对接。

（5）映射到概念数据模型。

- 利用数据建模工具（如 ERwin、PowerDesigner 等）将业务对象直接映射到概念数据模型的图形界面。
- 将每个业务对象映射为一个实体（Entity）。
- 将业务对象之间的关联关系映射为实体之间的关系（Relationships），关系可以是一对一（1:1）、一对多（1:N）或多对多（M:N）。
- 业务对象的业务规则和约束映射为实体的主键、外键、唯一约束和检查约束等。

【示例 8.5】某制造企业的采购管理主题 L3 业务对象设计，具体过程如图 8-8～图 8-12 所示。

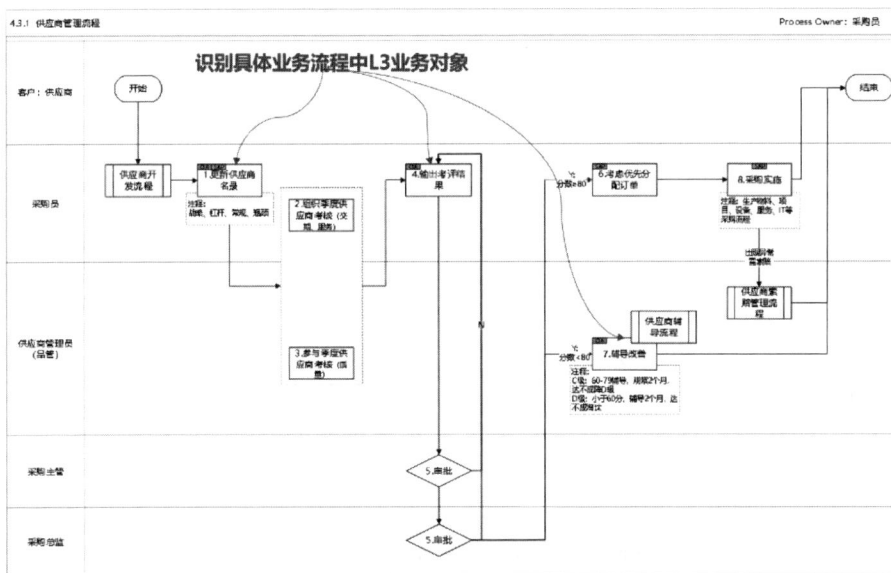

图 8-8　基于具体业务流程识别业务对象

图 8-9　基于业务场景的业务活动识别业务对象

流程名称	文件类	内部文件编号	文件名称	表单落地系统	数据Owner	是否业务对
4.3.1供应商管理流程	单据类	83	《供应商考核季报表》	SRM	供应商考核专员	Y
4.3.1.3供应商索赔管理流程	单据类	ICC-QP-09-06C	《扣款通知确认单》	SRM	供应商考核专员	Y
4.3.2采购执行流程	单据类	133	《采购申请单》	OA	采购员	Y
4.3.2采购执行流程	单据类	182	《固定资产投资效益分析表》	线下	采购员	Y
4.3.2采购执行流程	报告类	FM-IC-43-B0	《设备投资效益分析报告》	线下	采购员	Y
4.3.2采购执行流程	单据类	350	《项目立项申请表》	OA	采购员	Y
4.3.2采购执行流程	单据类	FM-IC-73-A1	《询比议价单》	SAP	采购员	Y
4.3.2采购执行流程	单据类	M-IC-751-A0	《设备买卖合同》	OA	采购员	Y
4.3.2采购执行流程	单据类	ICC-QP-03-06A	《收料报告单》	SAP	采购员	Y
4.3.1.1供应商开发流程	表格类	FM-IC-74-A2	《新供应商考核评估表》	SRM	供应商开发专员	Y
4.3.1.1供应商开发流程	表格类	FM-IC-722-A1	《应商质量保证体系审核检查项目》	线下	供应商开发专员	Y
4.3.1.1供应商开发流程	表格类	FM-IC-72-A2	《合格供应商一览表》	SRM	供应商开发专员	Y
4.3.1.1供应商开发流程	表格类	409	《供应商厂商基本资料表》	SRM	供应商开发专员	Y
4.3.2.5采购对账及结算流程	单据类	FM-IC-531-A0	《付款传票》	SAP	采购员	Y
4.3.2.5采购对账及结算流程	单据类	FM-IC-528-A0	《材料结算清单》	SAP	采购员	Y
4.3.2.5采购对账及结算流程	报告类	ICC-QP-03-06A	《收料报告单》	SAP	采购员	Y
4.3.2.5采购对账及结算流程	单据类	124	《送货单》	线下	采购员	Y
4.3.2.4采购价格账期管理流程	表格类	FM-IC-73-A1	《询比议价单》	SRM	采购员	Y

图 8-10　基于流程架构清单识别业务对象

L1主题域分组	L2主题域（一级）	主题域（二级）	L3业务对象	对应流程	应用系统	数据Owner
DA04 供应管理	采购管理	供应商	供应商基本资料表	4.3.1供应商管理流程	SRM	供应商考核专员
DA04 供应管理	采购管理	供应商	合格供应商一览表	4.3.1供应商管理流程	SRM	供应商考核专员

图 8-11　汇总业务对象清单

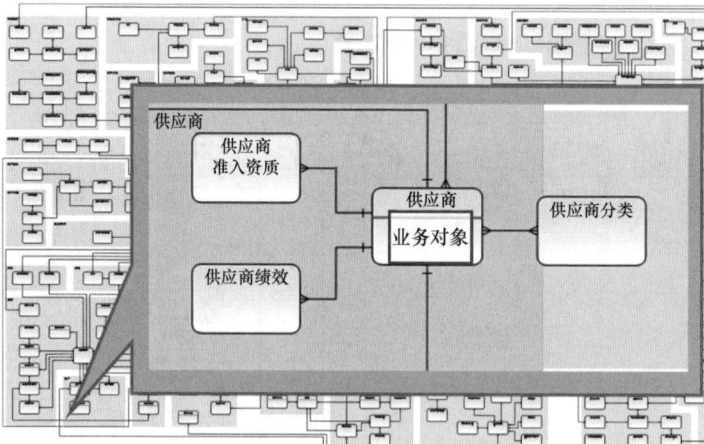

图 8-12　数据概念模型中的业务对象

第四步：设计 L4 逻辑数据实体及 L5 属性

L4 逻辑数据实体：描述业务对象的某种业务特征属性的集合（可简单地理解

为数据库中的表）。

L5 属性：描述所属业务对象的性质和特征，反映信息管理最小粒度（可以简单理解为表中的字段），也称为数据元。如果数据元较多，可增加一个"数据元分类"的层级，对数据元进行分类管理。

从业务对象到逻辑数据实体的设计是一个系统化的过程，旨在将现实世界中的业务概念转化为 IT 系统中的数据结构。一般常见的设计步骤如下。

（1）理解业务对象。

- 分析与理解业务对象：根据主题域的业务对象设计清单、数据概念模型，明确具体的业务对象是什么，代表业务领域的哪个方面，例如客户、订单、产品等，以及业务对象间的关联关系。
- 分析业务属性：识别业务对象的属性，这些属性描述了业务对象的特点，如客户姓名、订单数量、产品价格等。

（2）设计逻辑数据实体。

- 一对一映射：通常，一个业务对象对应一个逻辑数据实体。逻辑数据实体是业务对象在数据模型中的表示。
- 实体关系：确定逻辑数据实体之间的关系，如一对一、一对多、多对多等。这些关系反映了业务对象之间的关联性。

（3）设计规范遵循。

- 数据规范化：应用数据库规范化理论，确保数据的一致性和冗余最小化。常见的规范化级别包括第一范式（1NF）、第二范式（2NF）、第三范式（3NF）等。
- 实体分解：根据规范化要求，可能要将复杂的业务对象分解为多个逻辑数据实体，例如将销售订单分解为销售订单与销售订单明细。

（4）业务规则映射。

- 业务规则识别：识别与业务对象相关的业务规则，如数据校验、计算规则等。
- 规则实现：在逻辑数据实体设计中嵌入这些业务规则，确保数据模型能够反映业务逻辑。

（5）根据 L4 逻辑数据实体细化 L5 属性。

- 属性细化：进一步细化每个逻辑数据实体的属性（数据元或字段），包括数据类型、长度、约束等。
- 关系细化：明确实体之间的关系细节，如外键约束、参照完整性等。

（6）技术考虑。

- 技术约束：考虑目标数据库管理系统（DBMS）的技术约束，如支持的数据类型、索引机制等。

● **性能优化**：根据性能需求，设计合理的索引、分区等策略。

【示例 8.6】某制造企业的 L4 逻辑数据实体与 L5 属性设计，具体如图 8-13～图 8-15 所示。

图 8-13 识别现有 IT 系统的逻辑数据实体与属性示例

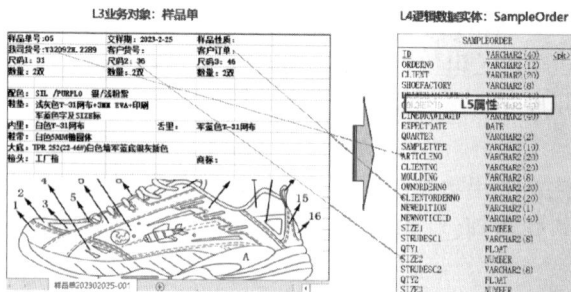

图 8-14 根据业务对象设计逻辑数据实体与属性示例

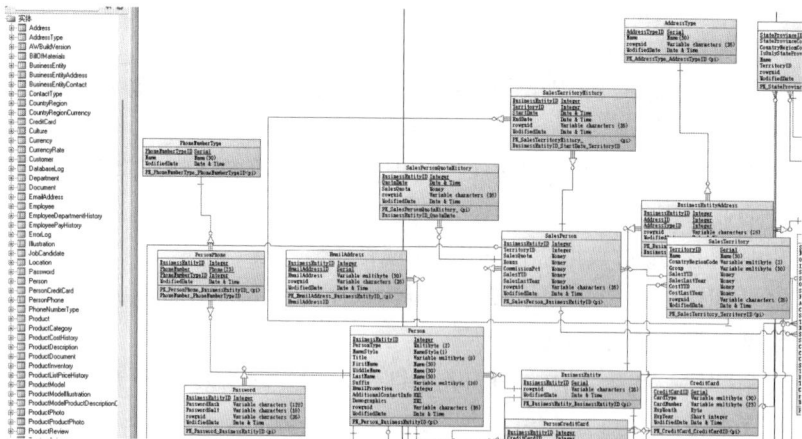

图 8-15 包含逻辑数据实体与属性架构视图示例

数据架构中的数据模型与设计

数据模型是数据架构中不可或缺的组成部分，通常在设计 L4 逻辑数据实体与 L5 属性时被开发设计。数据模型提供了一个框架，将 L3 业务对象在信息世界的具体抽象表示出来，定义和解释了数据架构中各数据元素的类型、属性、约束以及它们之间的关系。数据架构中的数据模型类型包括概念数据模型（Conceptual Data Models，CDM）、逻辑数据模型（Logical Data Models，LDM）和物理数据模型（Physical Data Models，PDM）。

- 概念数据模型：它描述了企业范围内的数据需求和业务规则，通常以"实体－关系"模型（ER 模型）的形式出现，用于概念层面的设计。
- 逻辑数据模型：它基于概念数据模型，进一步定义了数据的逻辑结构，如关系数据库的表结构、列、键等。
- 物理数据模型：它描述了数据在数据库管理系统（DBMS）中的具体实现，包括文件组织、索引策略、存储引擎等。

概念数据模型（CDM）

CDM 的核心任务是综合和概括业务领域中的各个概念实体,用一系列相关主题域的集合来描述概要数据需求。概念数据模型不仅包括给定领域和职能中基础和关键的业务实体，同时也给出实体和实体之间关系的描述。它是一种高层次的、面向业务的模型，用于描述企业核心业务对象及其之间的关系。CDM 不涉及具体的数据库技术细节，而侧重于理解和表达业务数据的本质和结构。

目的与用途

业务理解：帮助业务人员和 IT 人员共同理解企业的数据需求。

沟通工具：作为业务和 IT 之间的桥梁，促进双方的沟通和协作。

数据标准化：为后续的逻辑数据模型和物理数据模型提供基础和指导。

主要组成部分

实体（Entities）：代表业务中的关键对象，如客户、订单、产品等。

关系（Relationships）：实体之间的关联，如客户与订单之间的"购买"关系。

约束（Constraints）：对实体和关系的规则限制，如一个订单必须对应一个客户。

特点

抽象性：不涉及具体的数据库技术，侧重于业务逻辑；具有高度的抽象性，忽略了数据的具体存储方式、数据类型等细节。

简洁性：模型通常较为简洁，易于理解和沟通。

稳定性：相对于逻辑和物理模型，概念模型较稳定，不易受技术变更的影响。

业务驱动：强调业务语义，通常使用简单的图形符号（如实体—关系图）和自然语言来表达。

CDM 示例如图 8-16 所示。

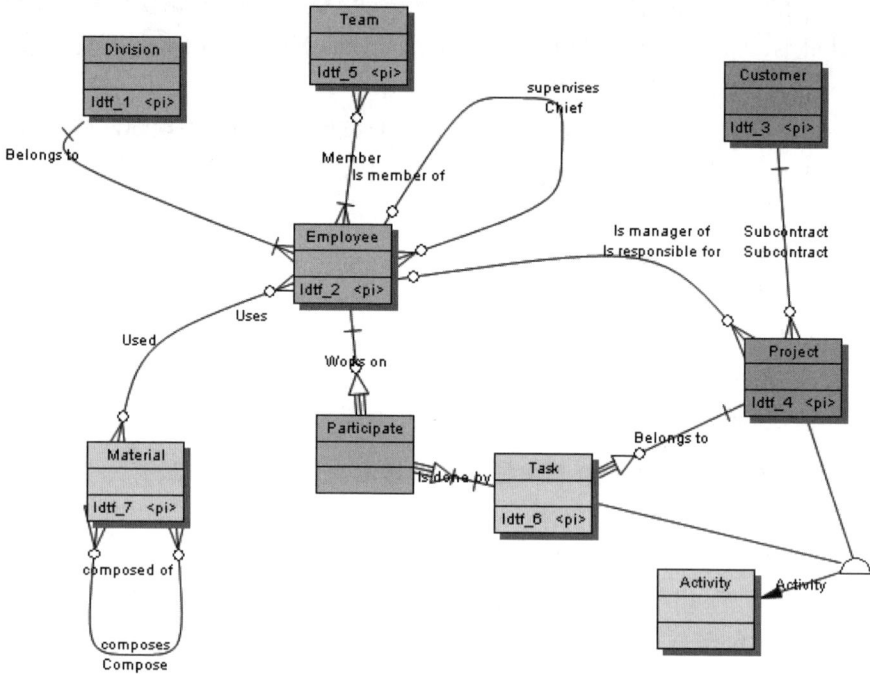

图 8-16　CDM 示例

逻辑数据模型（LDM）

LDM 介于概念数据模型和物理数据模型之间，详细描述了数据的逻辑结构和业务规则，但不涉及具体的数据库实现细节。它是概念数据模型的进一步细化，旨在明确数据实体的属性、关系和约束。根据数据标准，它明确实体的中文和英文名称、属性的数据类型和精度，定义主键、唯一索引及实体之间的关系。设计时，遵循第三范式以减少数据冗余，它是业务和技术人员沟通的工具。

目的与用途

细化数据需求：在概念数据模型的基础上，进一步细化数据需求和业务规则。

数据标准化：确保数据的一致性和标准化，支持数据集成和数据共享。

主要组成部分

数据实体（Entities）：代表业务中的具体对象，如客户、订单、产品等。

属性（Attributes）：实体的具体特征，如客户的姓名、地址、联系方式等。

关系（Relationships）：实体之间的关联，如客户与订单之间的"购买"关系。

主键和外键（Primary and Foreign Keys）：用于唯一标识实体和建立实体间的关系。

数据约束（Constraints）：对数据的规则限制，如非空约束、唯一性约束等。

业务规则（Business Rules）：描述数据在业务中的使用规则和限制。

特点

详细性：相比概念数据模型（CDM），逻辑数据模型（LDM）更加详细，包含更多的属性和关系。

技术无关性：不涉及具体的数据库技术，便于跨平台应用。

可扩展性：易于根据业务需求的变化进行调整和扩展。

LDM 示例如图 8-17 所示，是对图 8-16 的细化。

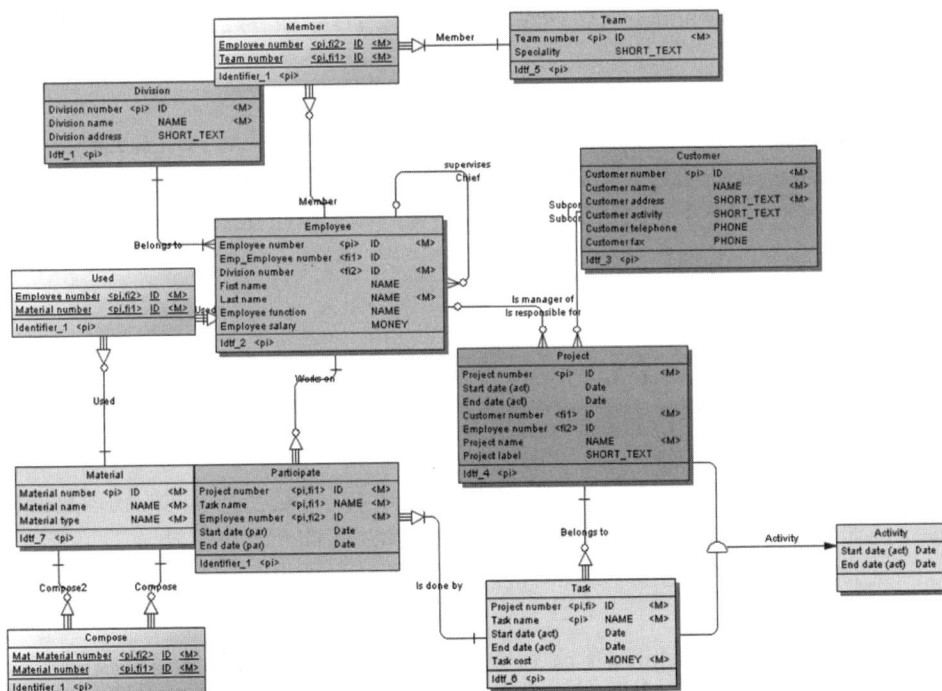

图 8-17　LDM 示例

物理数据模型（PDM）

PDM 是数据架构中建模过程的最后一个阶段，将逻辑数据模型（LDM）中的实体、属性、关系等概念转化为适用于特定数据库管理系统（DBMS）的具体设计。它代表了最初业务需求和逻辑设计的物理实现。

物理数据模型描述了数据库的结构，定义了数据在物理层面的存储、组织和访问方式。它提供了数据库模式的详细视图，指定了表、列、数据类型、关系、索引和约束等内容。因此，物理数据模型（PDM）作为一个框架，指导开发人员创建和优化实际的数据库，考虑了存储、性能改进和数据库管理系统（DBMS）的具体特性。

目的与用途

物理数据模型是面向计算机物理表示的模型，详细描述了数据在存储介质上的组织方式，包括数据的存储结构、记录顺序、访问路径等。

数据库管理员（DBA）和开发人员可以根据物理数据模型来创建数据库、表、索引等物理对象，并进行性能优化。例如，在物理数据模型中，会指定 "订单"表在数据库中的存储位置、索引的建立方式（如为订单编号建立索引），提高数据查询的效率。

主要组成部分

存储结构：定义了数据在存储介质上的具体布局，如表、列、索引等。

记录结构：描述了数据记录的内部组织，包括字段类型、长度等。

访问路径：定义了数据访问的方式和路径，如索引、视图等。

存储过程和触发器：包括数据库的存储过程、操作、触发器等，用于实现复杂的业务逻辑。

特点

包含了具体的技术细节，如数据类型（在特定数据库中的具体类型，如在 MySQL 中的 VARCHAR 长度等）、存储结构（如堆表、索引组织表）、访问方法（如哈希索引、B+树索引）。

受数据库管理系统的特性限制，不同的 DBMS 可能会有不同的物理数据模型。例如，Oracle 和 SQL Server 在物理存储和索引策略上存在差异。

主要用于数据库的实际构建和性能优化，会随着数据库技术的更新和性能要求的变化而调整。

图 8-18 所示是 PDM 的 ER 图[1]，本质上它和 LDM 的 ER 图是一致的。

从业务架构到数据架构的转化是数字化转型过程中的关键步骤，涉及将企业的业务需求和策略转化为具体的数据模型和数据库结构。在整个转换过程中，要

---

1 ER 图（实体关系图）是用于描述数据模型中实体、属性及实体间关系的可视化工具，主要用于数据库设计阶段。

求业务分析师、数据架构师和技术团队紧密合作，确保业务架构和数据架构之间的一致性，使数据架构能够有效地支撑业务架构，同时保持足够的灵活性以适应未来的变化。如图 8-19 所示，业务架构与数据架构相互映射，形成一种相互促进、相互支持的动态关系。

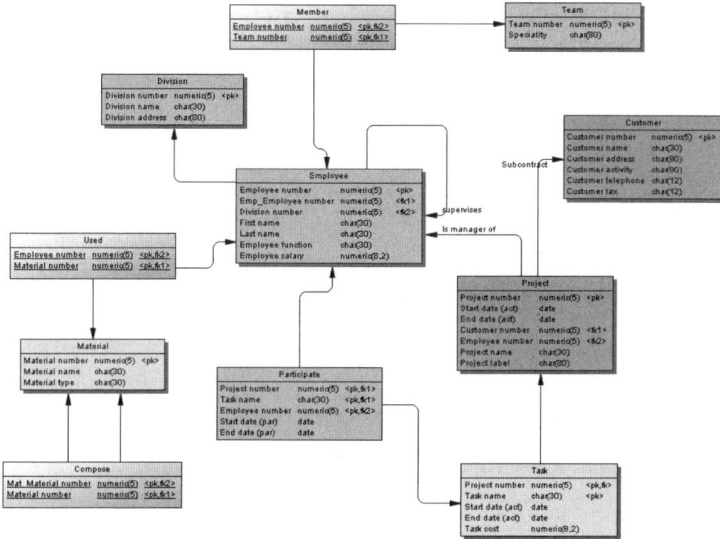

图 8-18　PDM 的 ER 图

图 8-19　业务架构与数据架构的映射关系

在数据架构设计过程中，通常根据业务架构中的各种业务场景（端到端流程）对数据流与指标点进行梳理，便于业务使用数据。采购仓储场景业务数据应用示例如图 8-20 所示。

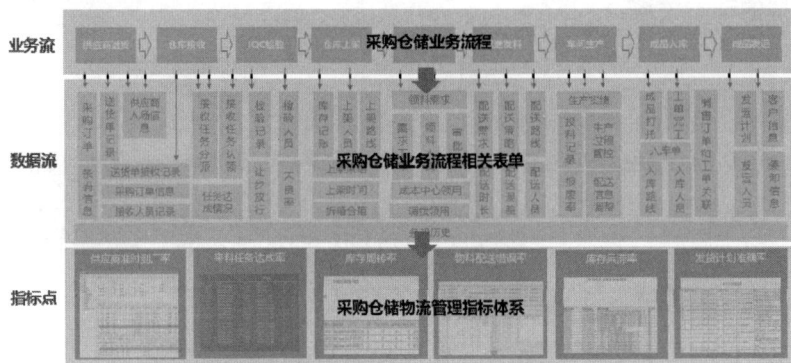

图 8-20 采购仓储场景业务数据应用示例

根据图 8-20 的逻辑关系，通过数据仓库、大数据、BI 等项目建设，实现业务透明化与辅助决策。采购报表与大屏示例如图 8-21 所示。

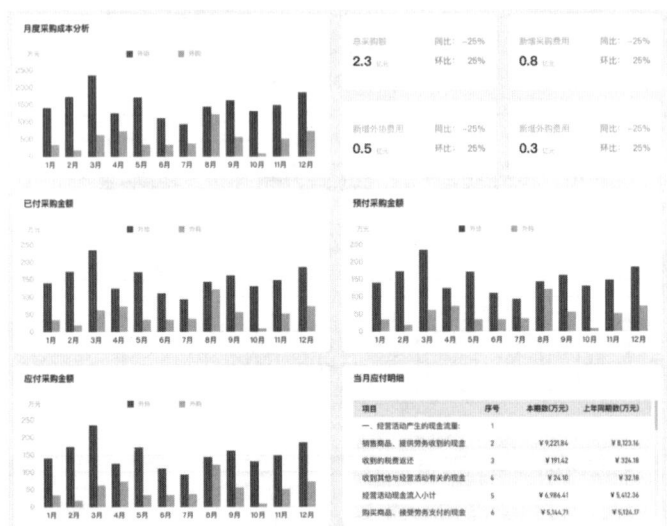

图 8-21 采购报表与大屏示例

ER 团队收集相关的数据需求，信息中心数据架构师带领团队在 PowerDesigner 中对收集到的需求进行建模，统一数据规格（中文名称、英文名称、标准长度、来源等），按业务架构的领域组织视图。对于新表单，充分参考《数据模型资源手册—卷 1》《数据模型资源手册—卷 2》《数据模型资源手册—卷 3》。

第 9 章

从业务架构到应用架构

应用架构的愿景和目标

应用架构，也称为总体系统架构，是企业应用系统建设的指导框架，在企业变革管理中扮演着极其重要的作用。企业的数字化转型最终在各个应用系统中得以体现，并影响业务效率、用户体验、稳定性和持续性。应用架构描述了业务应用的划分、应用组件的构成，业务应用与业务能力、业务流程之间的关系，以及业务应用间及内部各部分的集成关系，还包括业务应用的部署模式等。

在数字化时代，企业利用信息技术提升管理能力，打造企业管理系统。这个管理系统由各个应用系统的功能、解耦的服务，以及系统之间的连接来支撑。那如何确保构建的系统能够支持战略落地，如何确保其能够提升业务能力？这就涉及建设前期的规划和设计。可将其比作建房子：首先要了解房子的用途，作为设计房子总体框架的输入。基于此设计未来建成后房子的内部结构、外观、功能以及装修方式等。在建设过程中，各方基于这个设计来交流和施工。应用架构具有了同样的功能，为如何规划和构建企业管理系统提供设计和建设的保障。应用架构是企业管理层、业务和 IT 之间关于系统建设沟通的桥梁，是数字化转型的重要组成部分。为了更好地把握应用架构的设计，企业应从战略的角度提出功能和目标的要求，以指导规划和设计。结合企业发展的阶段和战略目标，应用架构的愿景可以从以下 10 个方面考虑。

- 支持业务战略和价值创造：应用架构设计应与组织的业务战略紧密对接，确保技术能力能支持业务目标的实现。因此，应用架构的设计具有前瞻性，着眼于打造未来的企业管理系统。
- 灵活性和可扩展性：设计的应用架构应能灵活适应市场变化，具备扩展性以支持未来的业务需求。
- 集成性和互操作性：应用架构应促进不同系统和应用之间的无缝集成，以确保数据和流程的流畅互通。

- 数据和信息管理：确保应用架构能够有效地管理企业的数据资产，支持决策和业务流程。
- 技术现代化：应用架构设计应采用现代技术，提高系统的可用性、可靠性和安全性。
- 用户体验：优化用户交互，确保应用服务提供直观、易用且响应迅速的用户体验。
- 风险管理：在设计中，应考虑潜在的风险因素，确保应用架构能够抵御外部威胁和内部故障。
- 成本效益：应用架构应以成本效益为设计原则，最大化资源利用，减少不必要的开支。
- 可持续发展：架构设计应考虑长期可维护性，确保随着时间的推移，系统能够持续地演进和改进。
- 遵守法律法规和行业标准：确保应用架构遵循相关的法律法规和行业标准，减少合规风险。

参考以上 10 方面，企业可进一步描述具体的含义。以某企业为例，其应用架构设计的愿景和目标设定如下。

以服务业务、创造价值为理念，建成功能完善、协同整合、安全可靠、架构灵活、管控集约的信息化平台，使信息技术成为企业核心竞争力的重要组成部分，引领企业的战略转型。

具体内涵包括：

- **服务业务、创造价值：** IT 从原先跟随业务、零散地提供定制化服务为主的定位，转变为以信息技术引领业务发展，支持 "大平台、高效率、低成本、广覆盖"的战略，努力为业务创造商业价值的新定位。
- **功能完善、协同整合：** 在应用系统方面，建设满足企业全价值链管理需求和业务模式创新的应用功能，不仅建成企业内部统一集成的应用平台，还实现与厂商、运营商、客户、服务商等信息的无缝对接，发挥企业资源整合的优势，提升运营效率和对市场的响应。
- **安全可靠、架构灵活：** 在基础设施方面，提供安全可靠的业务与应用运行保障；IT 整体架构应具备良好的可扩展性，灵活地适应业务模式的调整。
- **统一规划、集约管控：** 通过建立"统一规划、统一标准、统一管理、分级建设"的 IT 管控模式，保证信息化建设的效率与效益，优化 IT 资源配置，为 IT 创造价值的定位提供组织保障。

应用架构概述

应用是业务的全部或部分的镜像，主要指应用系统。应用将现实世界的流程转换成数字世界的流程，实现流程线上化，也就是对业务逻辑进行翻译，使之能在数字世界以"数字孪生"的形式发挥作用。

应用架构是对企业所有应用系统、服务及交互方式的整体描述，反映了应用系统如何支撑业务运行及未来业务发展，同时体现了应用与技术、数据之间的关系。应用架构是业务架构和技术架构之间的一种纽带，用于完成业务架构向技术架构的衔接或映射。如果用一句话来概括，应用架构就是向上创造业务活动的结构载体，向下指导技术实现的设计模式。其核心是通过建模将业务流程和服务转化成应用系统层面的应用与服务，决定了企业为客户、员工、外部合作伙伴等提供的具体应用服务功能。应用架构还描述了数据架构中所定义的各种数据进行处理的应用功能，这些应用功能用来管理在数据架构中定义的数据。

应用架构的主要内容包括：
- 描述各应用组件及其功能。
- 描述各业务组件与业务流程、数据之间的相互依赖关系。
- 确定各应用组件之间边界关系的指导方针。
- 确定各应用组件之间交互的指导方针。

作为企业 IT 架构的核心，应用架构连接业务架构中的业务能力、业务流程和业务需求；连接数据架构中的数据管理和使用，同时提出对技术架构和 IT 基础设施的要求。其价值可以通过以下几个方面进行更精练和有力的描述。
- **业务与 IT 的桥梁**：应用架构设计作为业务需求与 IT 实施之间的桥梁，确保最终的 IT 解决方案能够精准地满足业务目标，同时保持架构的一致性和连贯性。它对企业中存在的系统孤立、功能重复、灵活性不足及资源共享等难题进行有效的整合与优化。
- **统一规划与服务导向**：通过统一规划应用系统和服务的整体功能，应用架构提供了企业应用系统的全景视图。采用"以服务为中心"的设计思想，能解决企业在开发、部署、运维和集成等关键环节中遇到的挑战。
- **共享与定制的平衡**：应用架构通过分层设计，明确区分企业的共享服务与定制化需求。将通用和成熟的功能下沉为共享服务，而将个性化和特殊功能上移至业务前端，以支持功能的灵活扩展和业务的敏捷响应。
- **产品化与服务识别**：应用架构的设计和服务识别为企业的产品化提供了强有力的支持。它通过架构视角，为企业优化产品和解决方案提供了重要的参考和指导。

- **团队协作与沟通**：应用架构通过维护一个统一且易于理解的应用视图，促进了不同业务和技术团队之间的有效沟通与协作。这有利于减少部门间的重复建设，确保团队工作同步和目标一致。

从现实世界到软件应用世界，需经历一个抽象、建模的过程，即从业务架构中抽象出业务能力和业务流程，进而对系统和应用建立模型。通过不同层面的模型设计，层层抽象，最终得到用户可以使用的系统，这个过程的重要任务就是建模。应用建模是在业务建模的基础上，完成业务需求到应用系统模型之间的映射，最终设计出可供用户使用并能具体解决用户问题的系统。应用建模更强调职责、依赖、约束关系，用于指导建设的落地实现。因此，这个过程的核心是如何抽取核心概念，合理地划分这些模型层次，明确模型之间的边界以及如何控制模型之间的粒度等。应用建模可以使用不同的方法，如面向对象方法、面向数据方法、面向领域设计方法等。为了更好地理解应用架构的建模，我们也可以按照类似流程分级的方法对应用架构进行分级。

- **应用域（AD）**：是应用功能模型的最高层分组，可参考高阶的业务分组，具有清晰的用户群和业务支撑范围。
- **应用组（AG）**：从属于应用域，通常是强相关联的一级应用系统模块的集合，是应用建设预算核算、满意度考核等的管理单元。
- **一级应用系统模块（APP）**：在业务逻辑上较密切关联的一组功能集合，是应用建设、需求受理、需求实现安排、预算核算、考核、环境准备等管理颗粒的基本单元。
- **二级应用系统模块（ABB）**：为支撑特定业务需求而提供的一组紧耦合的功能模块。模块内高内聚（相同或高度相似的功能应归于同一模块），模块间低耦合（模块间的依赖最小化并通过服务接口集成）。
- **功能项/功能子项**：具备明确的业务特征，独立完整，支撑业务流程中关联较为紧密的一组步骤活动的功能聚合。

在应用架构的设计中，我们要以"战略和业务架构对准，业务架构和 IT 架构对准"为指导原则，充分认识到业务架构的桥梁连通作用。通过业务架构推动业务与技术的深度融合，以保证业务架构和应用架构、数据架构的上下贯通，从逻辑上确保业务架构到应用架构和数据架构的技术路径正确性。为了便于理解和操作，应用架构的分层可与业务架构的分层进行对应，具体可参考图 9-1。

应用架构的输入是业务架构，输出是对业务的支持与服务。基于"以终为始"和"客户思维"的观点，应用架构的设计必须有业务部门的参与。应用系统的建设和规划不仅是 IT 部门的事情，更是业务部门的责任，需要业务部门和 IT 部门共同参与设计和规划。在此过程中，业务部门基于业务功能需求和应用场景提出对应用系统的功能性需求，并与 IT 部门沟通，确保 IT 团队全面了解业务需求和需求的级别，包括对用户体验、功能和性能的期望等。IT 部门负责设计应用架构，选择合适的技术栈和工具，以支持应用的功能需求和业务目标，同时负责将不同的系统和组件整合到统一的应用架构中，确保它们之间能够无缝协作和交互，并提供应用的性能优化、安全防护、故障恢复和可用性保障，确保应用能够稳定可靠地运行。实际上，除了业务和 IT 部门，一般也要引进外部架构师的资源来领导应用架构的设计，通过架构师的丰富经验，组织内部的业务和 IT 人员充分讨论，设计出符合目标和愿景的应用架构。

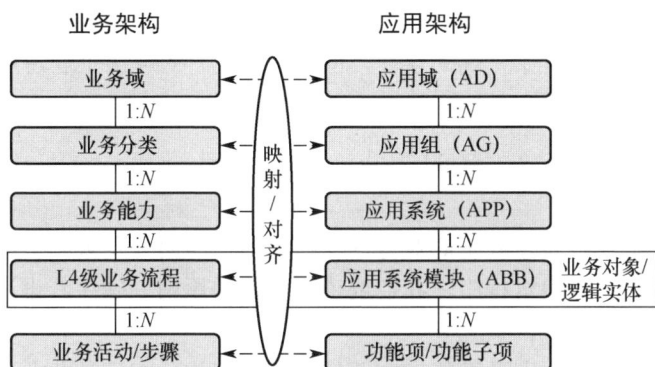

图 9-1 业务架构与应用架构的对应关系

应用架构是 IT 与业务对接过程中的重要环节，然而，很多公司在架构实践中往往对应用架构设计存在以下误区。

（1）跳过业务架构直接进行应用架构的设计。

应用架构设计的目标是，通过搭建逻辑上的应用关系及逻辑链路，实现应用对业务的支撑和覆盖，确保业务与 IT 之间的衔接和对准。在应用架构设计开始之前，业务架构应该先行，这是必要的前提条件，因为业务架构从企业战略出发，按照企业战略设计业务及业务过程，而业务过程需要业务能力支撑。从战略到业务再到对业务能力的需求，就形成了支持战略实现的能力布局，这个布局就是业务架构，是企业为客户创造价值的设计过程，是一切架构设计的前提。如果不从业务架构出发，甚至组织的业务架构都没有建立，应用架构的设计原则和面向未来的应用架构就无从谈起。更多可能是基于业务或者应用系统现状，基于问题导向的设计，而并非基于未来业务的发展方向和能力建设需求。其结果往往对业务转型的支持价值较低，得不到业务部门的认同，也很难得到企业管理层支持。基于这样的架构来设计未来的应用系统，不会成功。

（2）把应用架构等同于应用软件架构或软件功能的罗列。

应用架构和软件架构是两个密切相关但又有所区别的概念，它们在软件开发和系统设计中扮演着不同的角色。应用架构关注企业或组织内所有应用系统的高层结构，包括应用之间的交互、数据流，以及它们如何支持业务目标。而软件架构则专注于单个软件系统或产品的结构设计，包括组件、它们之间的关系、环境以及设计决策。通过应用架构的设计，我们应先了解业务需要的应用系统功能和模块，再去评估软件适用性，这是逻辑分析的过程，保证我们做正确的事情。

某些公司在开发应用架构时，从当前的 IT 系统出发，基于更先进的替代软件，来设计面向未来的 IT 系统迁移路径。这种方法只在技术层面考虑问题，没有从根本上解决组织应用的整体架构设计问题，更谈不上任何与业务架构的对准。最终的结果可能是配置了一堆的软件，但还是不能有效解决企业发展的问题。

应用架构的设计原则

应用架构的建设直接决定对业务的支撑力度、应用开发效率、应用建设成本和维护成本等，在建设过程中，我们要遵循一定的原则以确保其设计的合理性。以下原则可以作为参考。

原则一：向上支撑业务架构，向下依托技术架构，在满足业务功能需求的前提下，简化技术实现难度，但需具备一定的前瞻性。

原则二：清晰明确应用间的边界及依赖关系，建立应用间的交互模式和协议契约，避免能力分散或重叠等边界不清的现象。

原则三：力争实现企业级应用架构设计的一致性，并随着业务规模的扩张或业务规则的变化，驱动架构持续性动态调整。

原则四：体验驱动，围绕用户体验，构建一站式连接平台，提升用户的工作和沟通效率。

原则五：分层解耦，通过服务化构建轻量级、分层解耦的应用能力。信息系统分为前台、中台和后台，相互之间通过服务进行交互。

原则六：在保证应用可用性及可维护性的基础上，逐步提升应用的共享复用能力，从而提高研发效率并降低运维成本。

这些原则的作用是帮助企业构建一个强大、标准、灵活且可维护的应用系统组合，支持企业的业务战略，提高运营效率，降低风险，并最终实现业务目标。通过遵循这些原则，企业可确保其应用架构设计能够适应不断变化的技术和业务环境。

基于业务的应用架构设计

从业务架构到应用架构的设计是一个逐步深化的过程。它始于业务架构和业务流程中应用功能的识别，进而基于应用功能及更细化的 IT 功能需求来设计应用功能架构，最终分解为应用功能清单，并考虑如何用 IT 系统的功能模块来承载，以实现对业务的支撑。应用架构规划设计思路可参见图 9-2。

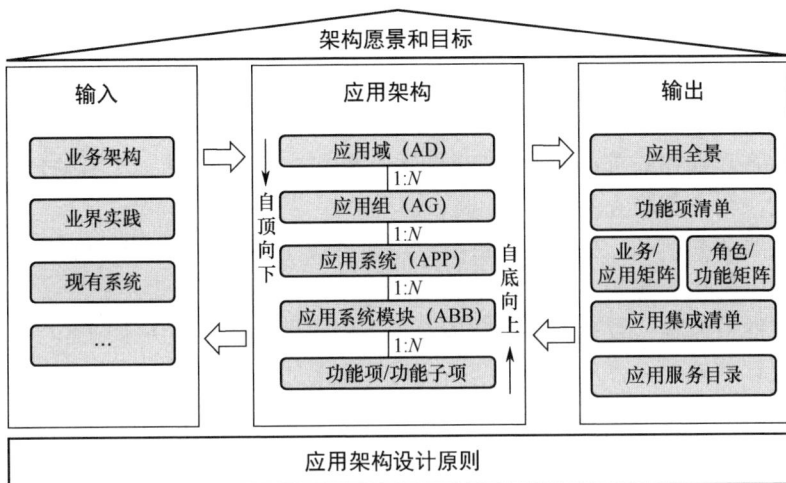

图 9-2　应用架构设计思路

在应用架构的规划和设计中，一般采用自顶向下与自底向上相结合的设计方式。所谓"自顶向下"，就是根据应用架构的层级，先做应用域的分类，再做应用组的分类，再识别应用系统、应用系统模块，然后再识别功能项及功能子项。所谓"自底向上"，则是以功能项/功能子项的识别为切入口，以业务流程和逻辑数据实体的维度识别出相应的应用功能，再将类似的业务操作进行组合，提炼为同一个功能子项，再在功能项/功能子项的基础上自下而上进行聚合，依次得到应用系统模块、应用系统、应用组和应用域。

在应用架构规划设计时，还需借鉴行业业务实践，参考行业通用应用架构，并考虑现有应用系统的功能及划分。例如，制造型企业常见应用域包括研发、生产、营销、供应链、质量、人力资源、财务、IT 等领域，这些可作为应用架构规划设计的参考。此外，企业还需考虑现有的应用系统，充分利用现有系统进行迁移和演进，减少重新建设的成本。因此，现有应用系统的功能及其划分也是应用架构规划设计时的重要考虑因素。

第一步：分析和识别应用域

应用域（Application Domain，AD）是应用功能模型的最高分组。在企业应用架构设计中，应用域是指将企业的应用系统按照功能或业务领域进行划分和组织的一种方式。它具有清晰的客户群体和业务支撑范围。我们可以参考以下方法来划分业务域。

基于客户群体划分

按照客户群体来划分应用域，意味着将企业的应用系统和业务流程按照服务的客户类型进行分类。这种方法有利于企业更精准地满足不同客户群体的需求，提供定制化的服务和产品。具体步骤包括：

识别客户群体：首先，企业需要识别和定义其服务的主要客户群体。这可能包括个人消费者、企业客户、政府机构、非营利组织等。

分析客户群体需求：对每个客户群体的需求进行深入分析，了解他们的特点、偏好、购买行为和服务期望。

定义服务和产品：根据客户需求，定义为每个客户群体提供的服务和产品。可能包括定制化的解决方案、特定的产品功能或专门的服务渠道。

设计业务流程：设计或优化业务流程，确保能高效地服务不同客户群体。这可能涉及订单处理、客户服务、产品交付等方面的流程。

划分应用域：根据客户群体和服务需求，将应用系统和业务功能划分为不同的应用域。每个应用域都专注于服务特定的客户群体。

假设一家综合性银行，其客户群体包括个人客户、企业客户和政府机构。银行的应用域可划分为：

（1）个人业务域。

- 业务类别：提供储蓄账户、个人贷款、信用卡、投资理财产品等。
- 应用系统：网上银行、手机银行、ATM网络、个人贷款管理系统等。

（2）企业业务域。

- 业务类别：提供企业贷款、贸易融资、现金管理、企业投资服务等。
- 应用系统：企业网银、企业贷款管理系统、贸易融资平台、现金管理系统等。

（3）政府业务域。

- 业务类别：提供政府项目融资、国库管理、公共资金管理等服务。
- 应用系统：政府项目融资平台、国库管理系统、公共资金监控系统等。

通过这种划分，银行能确保每个客户群体都能获得专门设计的应用和服务，从而提高客户体验和满意度。同时，银行也能够更有效地管理资源，优化运营效率。

基于服务类型划分

按服务类型划分应用域是一种企业架构设计方法，它侧重于将企业的业务和 IT 系统按照提供的不同服务类型进行分类。这种方法有利于企业集中管理和优化各自的服务线，提高服务质量和效率。设计步骤包括：

服务分类：首先，企业需要对其提供的服务进行分类。这通常基于服务的性质、功能或市场定位。

服务定义：明确定义每个服务类别的范围、目标、核心功能和性能标准。

需求分析：对每个服务类别的用户需求进行深入分析，确定必要的业务流程和系统功能。

服务映射：将业务流程和 IT 系统映射到相应的服务类别，确保每个服务类别都有明确的业务和技术支持。

架构设计：设计企业架构，确保每个服务类别都有适当的应用域，以及它们之间的交互和集成方式。

例如，一家综合性保险公司提供多种保险产品和相关服务。其应用域可以分为：

（1）人寿保险服务域。

- 核心服务：提供个人和团体人寿保险、退休金计划、健康保险等。
- 应用系统：人寿保险管理系统、健康保险管理系统、风险评估工具、客户关系管理系统等。

（2）财产保险服务域。

- 核心服务：提供汽车保险、家庭保险、商业财产保险等。
- 应用系统：财产保险管理系统、索赔处理系统、防损管理系统、资产评估工具等。

（3）投资和理财服务域。

- 核心服务：提供投资咨询服务、退休规划、财务产品等。
- 应用系统：投资组合管理系统、财务规划工具、市场分析平台、客户资产管理系统等。

（4）客户服务域。

- 核心服务：提供客户支持、理赔服务、政策更新、客户教育等。
- 应用系统：客户服务中心、在线自助服务平台、理赔管理系统、客户反馈分析系统等。

通过这种划分，保险公司能针对不同服务类别优化其业务流程和 IT 系统，提高服务效率和客户满意度。同时，这种结构也便于企业监控和管理各条服务线的表现，及时调整策略以应对市场变化。

基于业务功能划分

按业务功能划分应用域是一种常见的企业架构设计方法，它基于企业的业务活动和功能来组织和分类应用系统。每个业务功能又对应相应的组织，这样也便于独立管理和维护自己的应用系统。其相应的步骤包括：

业务功能识别：首先，企业需识别其核心业务活动和功能。这通常涉及对企业的业务流程、服务和产品进行详细分析。

功能分类：将识别出的业务功能进行分类，形成逻辑上相关的功能组。每个功能组代表一个潜在的应用域。其实业务功能和分类在业务架构设计时应该已经完成，我们可以直接参考。

定义应用域：为每个功能组定义清晰的边界和职责，确保它们能独立运作并与其他应用域协同工作。

选择哪种分类方式或企业适合哪种分类方式往往在业务架构中已经呈现。无须重新开始思考与定义，只要保持跟业务架构相同的分类方法即可。在分类完成后再参考行业标杆实践，分析两者的差异和原因，根据实际情况做出一定的调整。

在完成以上步骤后，我们就可以得到应用域初步的架构图。比如，一个制造企业的应用域视图可以包括以下几个主要的应用域。

- 战略规划域：涉及战略规划及其落地到运营的业务活动。
- 研发管理域：专注于产品或服务的开发过程，从概念化到产品化。
- 供应链管理域：主要关注产品从原材料采购到最终交付给客户的整个流程。有些公司将供应链管理归入资产管理域，这只是分类角度不同。
- 生产管理域：涉及制造和生产的业务活动。
- 质量管理域：涉及质量体系建设和质量控制的业务活动。
- 销售管理域：涉及与客户和销售相关的业务活动。
- 财务管理域：涉及财务和会计的业务活动。
- 人力资源管理域：涉及与员工管理相关的业务活动。
- 信息技术管理域：涉及与 IT 资源投入和管理相关的业务活动。

应用域划分参考如图 9-3 所示。

需要注意的是，应用域的定义并不是一成不变的，随着企业的业务发展和技术进步，应用域的划分可能需要进行调整和优化。因此，在进行应用架构设计时，应保持灵活性和可调整性，以适应未来的变化和发展。

第二步：划分应用组

应用组（Application Group，AG）从属于应用域，通常是强相关联的一级应用系统模块的集合，是应用建设预算核算、满意度考核等的管理单元。应用组是应用域内下一级别的功能单元，在企业应用架构设计中，定义应用组是一个重要的步骤，它有利于将相关联的应用程序组织在一起，以便于管理、部署和维护。

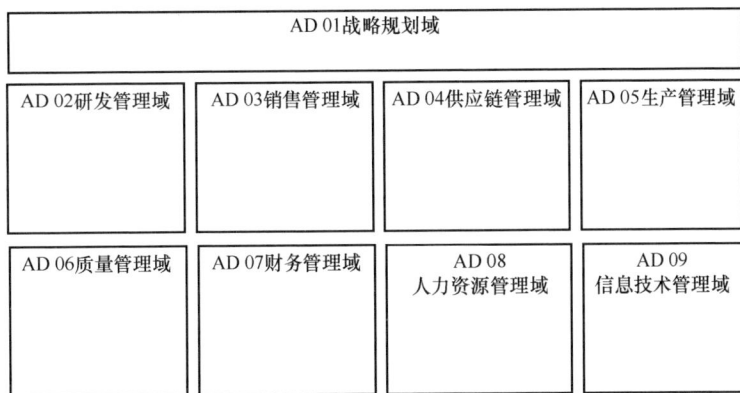

图 9-3　应用域划分参考

　　应用组的划分可借鉴流程架构中流程组划分的方法，要求其覆盖该业务域中需要系统支持的全部业务模块。其常见的划分方法包括：

- 按功能模块划分：根据应用的功能特性，将具有相似或相关功能的应用程序归为一组。例如，在电子商务平台中，可将商品管理、订单处理、支付系统、用户管理等功能模块作为不同的应用组。
- 按技术栈或平台划分：如果企业使用多种技术栈或需要支持多个平台（如Web、移动、后台服务等），可按照技术或平台特性来划分应用组，便于相同技术背景的团队进行维护和开发。
- 按业务流程或价值链：根据企业的业务流程或价值链条，将支撑同一流程或环节的应用整合为一组，如采购至付款或订单至现金流程中的应用。

在应用组的划分过程中，我们可以考虑以下几点：

- 避免过度细分：虽然细分有助于管理，但过度细分可能导致管理成本增加，团队间协调复杂度上升。应寻找合适的平衡点，保持应用组的合理规模。
- 考虑跨域集成：在划分应用组时，要预见到不同应用组间的交互需求，设计合理的接口和通信机制，确保跨域集成的顺畅。
- 灵活性和可扩展性：划分方案应具有一定的灵活性，以便随着业务和技术的发展，能轻松调整应用组结构，添加或移除应用。
- 安全隔离：确保应用组之间有足够的安全隔离措施，防止潜在的安全漏洞扩散，特别是在处理敏感信息的应用之间。
- 团队结构匹配：应用组的划分应尽量与团队的组织结构相匹配，以促进团队间的高效沟通和责任明确，提高开发和运维效率。

- 文档化和沟通：清晰地记录应用组的划分原则、每组包含的应用及它们之间的依赖关系，同时与所有相关人员充分沟通，确保大家都理解并遵守划分规则。

在行业的相同业务模式下，其业务能力的需求大体上是一致的，因此，应用组也大致类似，当我们初步划分好企业的应用组后，可以对比和分析行业标杆，找出差距，进一步调整分类。

以典型的制造业为例，应用组的划分可以包括：

- 战略规划：包括战略制定、战略解码、投资管理等。
- 研发管理：包括需求管理、产品规划、项目管理等。
- 供应链管理：包括供应链规划、计划管理、采购管理、交付管理、逆向物流管理、绩效评估等。
- 生产管理：包括生产计划、生产调度、工艺管理、设备管理等。
- 质量管理：包括质量计划、质量控制、质量检测、客户投诉、不良品管理等。
- 销售管理：包括客户关系管理、市场营销管理、渠道管理、订单管理等。
- 财务管理：包括预算管理、财务核算、成本管理、应收应付管理、资产管理等。
- 人力资源管理：包括人力资源规划、薪酬管理、绩效管理、考勤管理等。
- 信息技术管理：包括需求管理、项目管理、服务管理等。

应用组划分参考如图 9-4 所示。

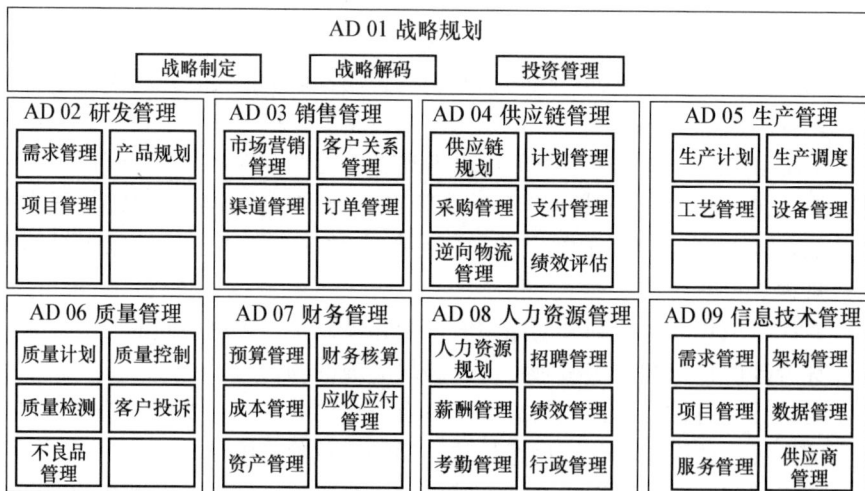

图 9-4　应用组划分参考

第三步：定义一级应用系统模块

一级应用系统模块（Application，App）是在业务逻辑上较密切关联的一组功能集合，是应用建设、需求受理、需求实现安排、预算核算、考核、环境准备等管理颗粒的基本单元。一级应用系统模块是应用组的具体实现，负责实现一组相关的业务功能。定义一级应用系统模块是构建复杂应用系统的关键步骤之一，它涉及将系统分解为更小的、可管理的模块，以便更好地组织、开发和维护系统。需要定义每个应用系统模块的功能、接口、技术栈和数据需求。例如，在销售管理应用组中，可以有客户关系管理、销售订单管理和销售分析等一级应用系统模块。在这个过程中，我们可以参考以下原则。

- 业务关联性：一级应用系统模块应根据业务功能或业务流程的关联性进行划分，确保同一模块内的应用系统具有相关性和协同性。
- 数据一致性：一级应用系统模块内的应用系统应该共享数据，并且数据的一致性和完整性应该得到保障，避免出现"数据孤岛"和数据冗余现象。
- 技术一致性：一级应用系统模块内的应用系统应采用相似的技术架构和开发标准，以便统一管理和维护。
- 可扩展性：一级应用系统模块的划分应该考虑未来业务发展和系统扩展的需求，确保模块结构具有一定的灵活性和可扩展性。

在一级应用模块的定义中，具体的方法包括：

- 业务流程分析：通过对企业业务场景和业务流程的分析，识别出不同的业务功能模块，并将相关的业务功能模块划分到同一个一级应用系统模块中。
- 数据关联分析：分析企业数据的关联性和共享需求，将需共享数据的应用系统划分到同一个一级应用系统模块中，确保数据的一致性和完整性。
- 技术架构评估：评估企业现有的技术架构和开发标准，根据技术的一致性将相似的应用系统划分到同一个一级应用系统模块中。

例如，一个制造业企业的采购管理包括的业务模块可以分为供应商管理、品类管理、招投标管理、采购订单执行、非生产物料管理、供应商评估等，如图 9-5 所示。

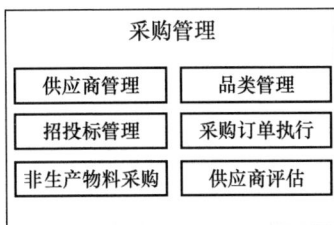

图 9-5 一级应用系统模块划分参考

当我们看到以上划分后，可能会觉得其与业务架构中的业务模块划分很类似，但实际两者有明显的区别，其主要区别有两点。

（1）从业务到应用的映射颗粒度不同。例如，在业务架构中，我们可能只有一个产品生命周期管理模块。但在应用架构设计中，会进一步细分出产品信息管理系统（PIM）、主数据管理系统（MDG）、档案（文档图纸）管理系统（DMS）等。当然，也可能在业务架构梳理时，梳理的是采购管理、物流管理、合同管理等，但在应用架构中，将多个业务域的一些功能合并成一个大的供应链系统。这表明从业务到应用系统之间的映射颗粒度出现了变化。

（2）多个应用系统支撑一个应用模块。在企业的发展过程中，信息化建设通常是从 ERP 系统开始的。ERP 系统是一个大而全的系统，涵盖了计划、采购、研发、生产、人力资源管理、市场营销等多个业务功能模块。在企业规模小、业务复杂度不高的情况下，ERP 系统尚能满足业务管理的需求。但随着企业的发展，其业务复杂度和管理精细度会越来越高，这就要在 ERP 系统外围建设更专业的业务系统来支持运营管理，如 APS 系统、财务共享系统、MES 系统等。这些系统与 ERP 系统一起完成该部分的业务管理需求。此时我们会发现，要实现业务架构中的一个核心能力，如财务管理，不仅包括 ERP 系统的财务管理应收、应付、总账等模块，还包括应用架构中的其他系统，如财务费控系统、财务预算系统、财务资金系统等。这使得我们实际看到的业务架构和应用架构之间的匹配和映射存在较大的变化点。在对每个业务域进行应用架构设计时，我们可以看到这些差异。

第四步：定义二级应用系统模块

二级应用系统模块是为满足特定业务需求而构建的高内聚的功能单元。模块内高内聚（相同或高度相似的功能应归于同一模块），模块间低耦合（模块间的依赖最小化并通过服务接口集成）。二级应用系统模块是一级应用系统模块的更细分部分。这一阶段需进一步细化每个一级应用系统模块的内部结构，定义二级应用系统模块。每个模块应明确其职责、数据输入和输出，以及与其他模块的交互。例如，在客户关系管理系统中，可能包含客户信息管理、销售机会管理和客户交互记录等二级应用系统模块。

定义二级应用系统模块是系统设计中的重要步骤，它进一步将一级模块细化为更小的、更具体的子模块，以实现更精细化的功能分解和模块化设计。在定义二级模块时，我们需考虑多种方法、标准和注意事项，以确保系统设计的合理性、可扩展性和可维护性。二级应用系统模块的定义方法大概有以下 4 种。

- 业务功能细分：首先，通过对业务功能的深入分析，将一级应用系统模块内的业务功能进一步细分，识别出具体的业务子功能，然后将相关的业务子功能划分到同一个二级应用系统模块中。这种方法将系统的功能划分为更具体的子功能，有利于实现模块的高内聚、低耦合。

- 对象分解法：如果系统采用面向对象的设计方法，可将一级模块中的对象进一步分解为更小的对象或类。通过识别系统中的对象，并将其分解为更小的子模件（或组件），可实现系统的精细化设计和模块化实现。
- 数据分解法：将系统中的数据结构进一步分解为更小的数据单元或数据类型。通过对数据的分解和抽象，可实现数据的模块化设计和重用。
- 事件驱动法：根据系统中的事件或动作，将系统进一步分解为事件驱动的模块。每个模块都负责处理特定的事件或动作，从而实现系统的模块化和事件驱动。

在分解的过程中，我们需要关注以下4点。

- 明确定义模块功能：在定义二级模块时，要确保每个模块的功能和职责都明确定义，避免功能重叠和冲突。
- 模块之间的接口设计：对于每个二级模块，要设计清晰的接口来定义其与其他模块之间的通信和交互方式，确保模块之间的接口简洁清晰、易于理解和使用。
- 灵活性和可扩展性：考虑系统未来的变化和扩展需求，在设计二级模块时要尽量保持灵活性和可扩展性，确保系统能够适应未来的需求变化。
- 模块内部的设计和实现：在设计和实现二级模块时，要遵循良好的编程实践，确保模块内部的代码结构清晰、可维护性强，同时要注意模块的性能和安全性。

以制造业的供应商管理为例，二级应用系统模块可以包括：

- 供应商选择；
- 战略供应商；
- 供应商评估；
- 供应商退出。

二级应用系统模块划分参考如图9-6所示。

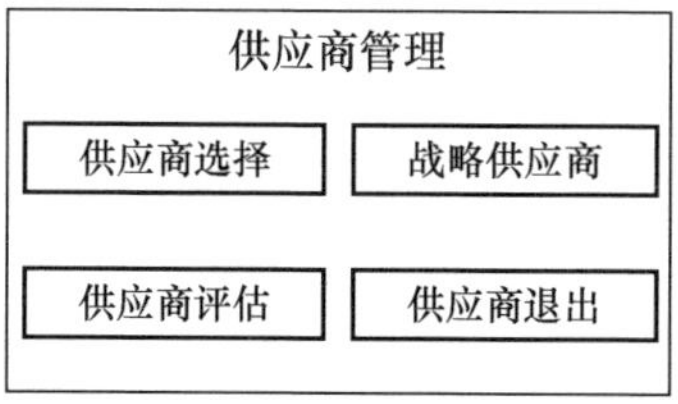

图9-6 二级应用系统模块划分参考

第五步：功能项/功能子项

功能项具备明确的业务特征，独立完整，支撑业务流程中关联较为紧密的一组步骤活动的功能聚合。功能项是应用系统模块的基本功能单元。

功能子项是更细致的功能元素。在设计过程中，我们要将类似的业务操作进行组合，提炼为同一个功能子项，即该功能子项支撑了这些业务操作步骤。将识别出来的功能子项进行分析，并与功能项的功能进行匹配验证，确保功能子项的组合可完整实现功能项的功能定位。

常见的功能项/功能子项识别方法如下。

- 业务流程分析：在业务架构中，企业已定义了某个业务域、子域中的业务能力及其对应的全部业务流程。在功能项识别中，我们可对业务流程的每一个活动节点进行分析，了解其是否需要系统支持以及需要系统如何支持。这包括分析其业务处理单元和过程数据，把其作为功能项的逻辑。例如，对于电子商务网站的下单流程，需分析客户浏览商品、加入购物车、填写订单信息、支付等流程，以及各个功能之间的数据传递和状态转换。

- 业务对象分析：也可以基于业务对象的 CRUD（创建、读取、更新、删除）进行分析，列出所需的功能项，再把这些功能分配到对应的应用模块。

- 需求分析：这涉及通过客户访谈、问卷调查、竞品分析等方式获取需求信息。例如，在设计一个电子商务网站时，功能项可能包括客户注册、商品浏览、购物车管理等，而功能子项可能包括客户登录、商品搜索、下单流程等。

- 技术可行性分析：在确定功能项或功能子项后，要进行技术可行性及成本分析，评估各项功能是否能够在当前的技术架构下实现，并确定所需的技术方案和资源投入。例如，对于电子商务网站的支付功能，要评估不同的支付接口和安全机制，以及与现有系统的集成方式，这是从技术角度评估可行性。再比如，在项目型业务的企业中，如果需系统自动核算项目利润，可能涉及多个系统的集成，包括 CRM 系统中项目的报备和已批准的成本费用、ERP 中项目的总收入、差旅系统中人员的出差报销费用、订制品开发管理费用、测试验证费用、客户样品费用等。在这种情况下，需要评估投入产出比。

总之，在应用架构设计中，分析功能项或功能子项是一个系统工程，需综合考虑客户需求、业务流程和技术可行性，以确保设计出合理、可行的架构方案。在应用架构设计中，通常不会一次性将每个系统的功能项和功能子项都分析清楚。常见的做法是，在应用系统建设规划期间对需要建设的系统功能进行梳理。

例如，我们需建立仓库管理系统，其中涉及原材料入库这个业务流程，所包括的功能项和功能子项可分为：

- 到货通知与接收：其对应的业务对象为到货通知单和采购订单。仓库人员需根据到货通知单检查采购订单号、物品、数量和交期等。如果供应商协同做得比较好，供应商在送货前已经把数字化的送货单传输到公司的系统。仓库操作员可以基于系统的送货单与实物进行比对，检查货品类别、数量是否正确。确定签收后，在系统内做初步签收的动作，例如在 SAP 中会用 103 的移动类型将货物暂时收到待检库位。这里所涉及的功能子项包括：系统接收交货通知单；如果纸质送货单上有二维码，还有扫描自动比对货品和数量的能力；识别 IQC 检验要求（如是否免检）；根据是否需要检验收货到不同库位的能力；自动通知下一工序的能力（如 IQC 检验）。
- 到货检验：其对应的业务对象或逻辑实体为到货通知单、采购订单、收货记录等。当 IQC 检验人员收到需要检验的通知后执行该操作。其对应的功能子项包括：待验货物的检验通知及处理完成时间（一般企业都会对该项作业设计完成时效，例如 8 小时），可以通过看板大屏或 App 的形式呈现给操作人员；打印 IQC 检验报告，其中包括该批货品的检验原则（如抽检、全检）；记录检验的结果和处理建议（如良品、不良品等）；通知下一工序的能力（如退货或接收）。
- 异常处理：其对应的业务对象为 IQC 检验报告和采购订单。其对应的功能子项可以包括：异常货品和采购订单通知采购员和计划员；异常货品自动通知仓库移库；异常货品自动通知供应商等。
- 入库登记：基于 IQC 检验报告和入库登记表。其对应的功能子项可以包括检验结果和处理意见、发起货物入库申请等。
- 入库审批：基于入库单、采购订单。其对应的功能子项可以包括：确认入库审批；移库通知（如在 SAP 中会用 105 的移动类型将货物收到原材料仓）；审批未通过处理等。

原材料入库功能项与功能子项如表 9-1 所示。

表 9-1　原材料入库功能项与功能子项

二级功能模块	功能项	功能子项	业务对象/逻辑实体
原材料入库	到货通知与接收	交货通知单	采购订单、交货通知单
		送货单识别与比对	
		IQC 检验识别	
		库位移动建议	
		通知 IQC 检验	

二级功能模块	功能项	功能子项	业务对象/逻辑实体
原材料入库	到货检验	打印 IQC 检验报告	采购订单、交货通知单、IQC 检验报告
		检验结果记录	
		不良品处理建议	
		通知下一工序	
	异常处理	异常通知采购和计划	IQC 检验报告，采购订单
		异常货品通知供应商	
		异常货品移库	
	入库登记	核对检验结果	IQC 检验报告，入库登记表
		发起货物入库申请	
	入库审批	确认入库审批	采购订单、入库单
		移库通知	
		审批未通过处理	

第六步：应用功能与业务关系描述

当完成了以上步骤之后，我们可以得到应用功能与业务的对应关系。图 9-7 所示为集成供应链的业务与应用功能分布图示例，也可称为流程系统覆盖图。

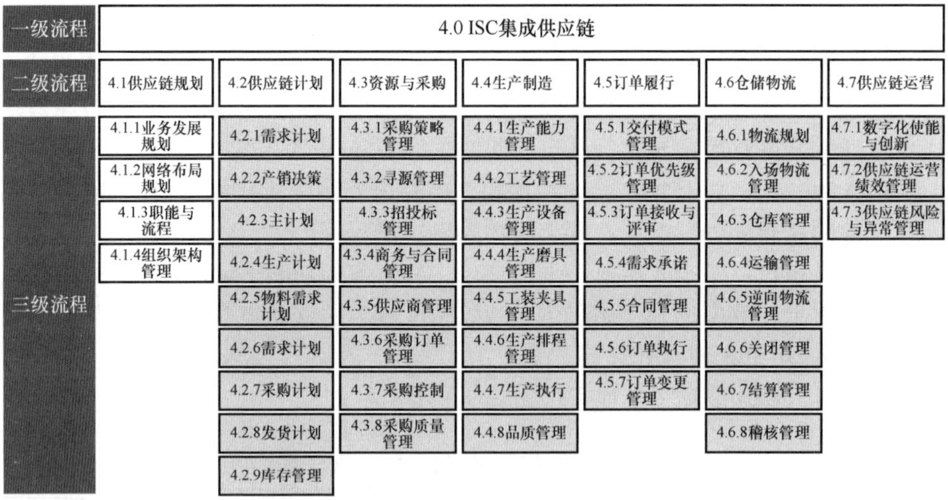

图 9-7　流程系统覆盖图

描述业务与应用关系包括功能清单、业务与应用功能清单、业务角色与应用功能清单等。

功能清单：列出系统中所有的功能模块，并描述每个功能模块的功能项及其描述、所属应用系统、所属微服务等信息，具体如表 9-2 所示。

表 9-2　功能清单

功能项	功能项描述	所属应用系统编号	所属应用系统名称	所属微服务编号（如有）	所属微服务名称（如有）

业务与应用功能清单：列明业务分类与应用功能的对应关系，具体如表 9-3 所示。

表 9-3　业务与应用功能清单

业务域	一级业务分类	二级业务分类	业务能力	业务活动	业务步骤编号	业务步骤	应用域	应用	一级应用模块	二级应用模块	功能项

业务角色与应用功能清单：列明应用功能项对应的业务角色，具体如表 9-4 所示。

表 9-4　业务角色与应用功能清单

角色名称	建议申请用户	可申请用户级别	应用域	应用	一级应用模块	二级应用模块	功能项

第七步：增加非业务性应用架构

应用架构除了包括业务功能性需求所涉及的应用系统之外，通常还包括其他管理和支持型应用系统。这些应用系统一般是公司级别的管理系统，例如：

- 公司门户，数字化办公平台，知识管理平台，BI 决策支持系统等。
- PaaS 架构（如流程平台），集成平台（如 EBS、API 管理系统），大数据平台等。

第八步：应用系统集成

应用架构本身既包括应用功能架构，又包括应用集成架构，应用集成是应用架构中的另一个关键要素。那么，应用集成架构是如何形成的呢？在梳理业务端到端流程时，实际上就提出了对应用系统之间集成的要求，没有集成的应用是无法支持端到端数字化落地的。企业往往拥有多个应用系统，而一个端到端的流程一般会跨几个应用系统。这些系统之间需进行有效的数据交换和业务流程协同来完成对客户需求的交付。应用集成通过设计合理的接口、进行数据格式转换及实现消息传递等方式，确保了不同系统之间的无缝对接和高效协同。在考虑应用系统集成时，可从以下几个方面考虑。

（1）通盘考虑业务的端到端流程，理清业务的输入输出、业务步骤、业务规则、异常分支等。

（2）根据端到端流程中各个业务步骤，识别各个步骤由哪些应用系统或服务支持。

（3）明确服务间的调用关系，通过服务编排将分散的服务连接成完整的端到端流程。分析调用间的数据需求、转换规则等，为接口落地建立提供参考。

例如，在一个 Order to Cash 的流程中，订单可能是由客户在 CRM 系统中下达的，然后自动传到 ERP 系统。如果库存充足，ERP 系统会下达交货指令，创建交货单，并将交货需求传递到 WMS 系统，当拣货完成后，会将交货状态发送至 ERP 和 TMS 系统，最后回到 ERP 系统创建发票以实现销售收入。在此过程中，订单状态会不断同步到 CRM 系统中，以便客户可以查看订单的进度。因此，涉及的系统集成包括 CRM 与 ERP 集成、ERP 与 WMS 集成、ERP 与 TMS 集成、WMS 与 TMS 集成等。

基于每一个端到端流程的分析，得出企业应用系统集成的总体需求，并形成应用系统集成清单（见表 9-5）。

表 9-5　应用系统集成清单

输入应用域	输入应用	输入应用模块	输入二级应用模块	输入功能项	输出应用域	输出应用	输出应用模块	输出二级应用模块	输出功能项	应用模块写作描述	是否跨业务领域

当我们完成了以上应用系统架构的分析与设计之后，可得企业总体应用框架图。该图宏观地描述了企业的整体应用架构，一般分层展示。

最底层：PaaS 架构，如流程平台、集成平台、大数据平台等。

业务层：各个业务系统。

集成层：ESB、API 应用系统。

展示层：公司门户、员工门户、合作伙伴门户、BI 决策层。

企业总体应用架构如图 9-8 所示。

展示层	公司门户		各类电商平台	小程序		门店	数字化办公平台		BI决策支撑系统
管理支撑层	预算管理系统		BPM流程管理		人力资源管理系统				
	合并报表系统		企业架构管理		招聘管理	人才发展	薪酬管理		绩效管理
	企业资源计划系统（ERP）								
	销售管理	采购管理	库存管理	生产计划	生产执行		质量管理	财务管理	项目管理
业务经营层	CRM	SRM	WMS	APS	MES	CRM	PLM		PPM
	线索管理	寻源	货架管理	需求预测	生产排程	测试管理	新产品开发		项目申请
	商机管理	报价	入库		生产准备及验证	检具量具管理	文档管理		项目计划
	方案管理	采购合同	出库	产销协同		标准样件管理			项目执行
	合同管理	采购申请	货物移动		过程监控		产品更改		项目预算
	报价管理	供应商支付	盘点	排产	现场管理	实验室管理	过程更改		项目核算
技术支撑层	PaaS管理平台				集成管理平台				

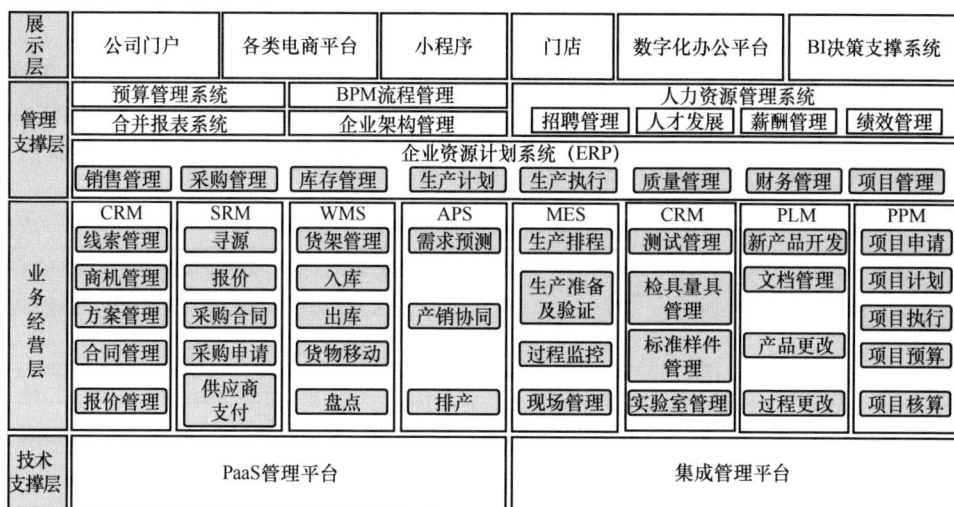

图 9-8　企业总体应用架构

第九步：应用服务设计

在应用架构设计中，将应用功能转化为应用服务是一种常见的做法，可以提高系统的灵活性、可维护性和可扩展性。常见的方法和步骤如下。

- 识别应用功能：首先要对应用的功能进行识别和分类，找出可以独立提供服务的功能模块。这些功能模块可以是用户界面、业务逻辑、数据访问等方面的功能。
- 定义服务边界：确定每个功能模块的服务边界，即确定每个功能模块可以提供的服务范围和接口。这有助于明确各个服务之间的依赖关系和交互方式。
- 设计服务接口：为每个功能模块设计清晰的服务接口，包括输入参数、输出结果、错误处理等。这些接口应该是独立的、可重用的，且符合统一的标准。
- 实现服务逻辑：针对每个功能模块，实现相应的服务逻辑，确保服务的功能完整、可靠、高效。
- 解耦服务：在设计服务时，要尽量避免服务之间的紧耦合，采用松耦合的设计原则，以便能够独立部署、扩展和替换各个服务。
- 部署和管理服务：将设计好的服务部署到相应的运行环境中，并进行服务的监控、管理和维护。

举例说明：假设我们有一个电子商务应用，其中包括用户管理、商品管理和订单管理等功能。我们可以将这些功能转化为以下的应用服务。

- 用户管理服务：包括用户注册、登录、个人信息管理等功能。
- 商品管理服务：包括商品展示、搜索、购买等功能。

● 订单管理服务：包括订单创建、支付、配送等功能。

每个服务都有清晰的服务边界和接口定义，可独立开发、部署和扩展，同时也可以被其他系统或应用所复用。这样的架构设计能够提高系统的灵活性和可维护性，同时也有利于团队的协作和提升开发效率。应用服务清单如表 9-6 所示。

表 9-6　应用服务清单

一级服务分类	二级服务分类	服务名称	服务描述	服务接口	服务功能	服务负责人	服务版本	服务性能指标	服务安全要求	服务可用性要求

💡 中台战略与架构

中台的起源

中台战略源于互联网企业，是企业适应数字业务快速发展和外部竞争环境变化的产物。随着企业规模不断扩大，业务走向多元化发展道路，2015 年 12 月，阿里巴巴启动了为期三年（2015—2018 年）的中台战略，旨在通过整合和沉淀数据及技术资源，提高企业运营效率。阿里巴巴中台战略的核心在于构建一个统一的平台，将不同业务线共享的数据和技术资源进行整合。通过成立专门的中台部门，统一支持前台业务需求，从而避免重复功能建设和维护带来的资源浪费。在阿里巴巴的中台战略实施过程中，形成了"大中台，小前台"的模式，这一模式不仅解决了前台业务创新和开发效率低下的问题，还为数据和业务中台的双中台结构建立奠定了基础。

中台的形成使得企业可以不用重新设计、开发来自不同部门的新业务需求，从而避免了重复功能建设和维护带来的资源浪费，也极大地解决了前台"烟囱林立"、新业务创新和开发效率低下的问题。以强大的中台来支持众多业务线，阿里巴巴称其为"大中台，小前台"的中台战略，这成为之后数据和业务中台双中台结构的基础。烟囱式建设与中台建设对比如图 9-9 所示。

中台战略通过整合数据和业务流程，打破了传统 IT 架构的局限，使企业能更高效地管理和利用数据，形成强大的数据能力，支持业务创新和快速响应市场变化。阿里巴巴中台战略的成功实施，不仅提升了企业内部的运营效率，还为整个行业提供了数字化转型的范例。随着数字化转型的不断深入，越来越多的企业开始探索中台建设，推动企业在激烈的市场竞争中保持领先地位。

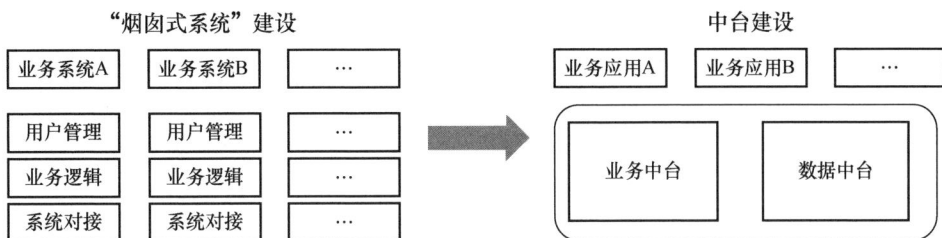

图 9-9　"烟囱式系统"建设与中台建设对比

中台战略

在数字化转型的浪潮中，中台战略以独特的数据技术为核心，以提升客户价值为目标，正引领着企业架构的革新。与传统的信息技术不同，中台战略通过共享服务单元和多层次架构设计（包括业务中台、数据中台和技术中台），彻底颠覆了企业传统的 IT 架构以及组织和业务的纵向架构模式。

与旧有的 IT 架构相比，数字化中台的构建需要更为先进的方法论和工具的支撑。它不仅要求对业务有深刻的理解，还涉及管理的全面协同。中台战略的核心目标是服务规模化创新，以更好地响应客户需求，并通过中台建设，实现前台系统的快速响应能力和后台系统的灵活度提升。

中台建设的实现路径主要有两条：一是通过通用业务能力的"沉降"来增强前台的快速响应；二是将后台系统中频繁变化或前台直接需要使用的业务能力"提取"到中台层，从而降低变更成本，提高业务灵活性。中台建设不单是技术上的革新，还涉及人员管理、工作流程管理、信息管理等全方位的变革。

中台建设的目标是，提高企业资源的利用效率，打破信息孤岛，实现数据共享，提升企业的竞争力和市场响应能力。中台战略首先体现的是一种企业级的能力，它提供了一套企业级的整体解决方案，解决从小至企业、集团，大至生态圈的能力共享、业务联通和融合问题，支持业务和商业模式的创新。

在中台建设的具体实施中，业务中台和数据中台的建设是关键。业务中台主要支持在线业务的运行，而数据中台则提供基础的数据处理能力和丰富的数据产品，供所有业务方使用。这种由业务中台和数据中台共同构成的支撑体系，能为上层业务提供强有力的支持，并通过平台联通、业务和数据的融合，为用户提供一致的体验，更敏捷地支撑前台一线业务的运行。

构建中台架构

中台战略，源自平台概念，却超越了传统平台的界限，成为一种深刻的理念革新。它的核心在于三项关键能力：

- **快速响应前台业务的能力**：中台能迅速适应并响应前台业务需求，确保企业能够灵活应对市场变化。
- **企业级的复用能力**：中台通过整合和优化资源，实现企业级资源的高效复用，提升运营效率。
- **无缝衔接和融合能力**：中台能实现从前台到中台再到后台的流畅设计和研发，确保业务流程的连贯性。

对跨行业经营的超大型企业而言，这些能力是其核心竞争力的重要组成部分。

与传统企业相比，拥有流量入口的超大型互联网企业是互联网生态圈的创造者和主导者。而传统企业则要在生态圈中找到自己的定位，不仅要维持传统的业务渠道，还要积极融入互联网生态，其商业模式、个体能力以及与其他个体的共生能力是其发展潜力的关键。

传统企业在渠道应用上更为多样化，包括面向内部人员的门店类应用、面向外部用户的互联网电商以及移动 App 类应用。尽管这些应用面向的用户和场景各异，但功能与产品同质化现象严重，它们基本覆盖了企业的核心业务能力。此外，传统企业也倾向于将部分核心应用的页面或 API 服务能力开放给生态圈内的第三方，以实现业务优势互补，促进共同发展。

为适应不同业务和渠道的发展，许多企业过去采取了开发多个独立应用或 App 的做法。然而，由于缺乏企业级的整体规划，这些平台之间难以有效融合，影响了用户体验。用户并不希望安装过多的 App，为了提升用户体验并实现统一运营，许多企业开始减少 App 的数量，转而在单一 App 中集成企业内的所有能力，实现前台核心业务链路的联通。

虽然传统企业的商业模式和 IT 系统建设历程与互联网企业存在差异，导致中台建设策略与阿里巴巴的中台战略有所不同，但两者在中台建设上的基本策略上仍有共通之处。传统企业在中台建设上同样需要从业务中台和数据中台的双中台模式（见图 9-10）出发，以实现资源的共享和业务流程的高效整合。

中台战略的实施是企业数字化转型的关键步骤，其落地建设通常采取以下三种方案。

（1）方案一：统一规划，新建中台。

中台作为一种创新的技术架构，与传统系统存在显著差异。面对无法适应新架构的现有系统，可能需要进行彻底的重构。这一过程往往伴随着较大的投入，但也为企业提供了一个全面升级技术架构、提升运营效率的机会。

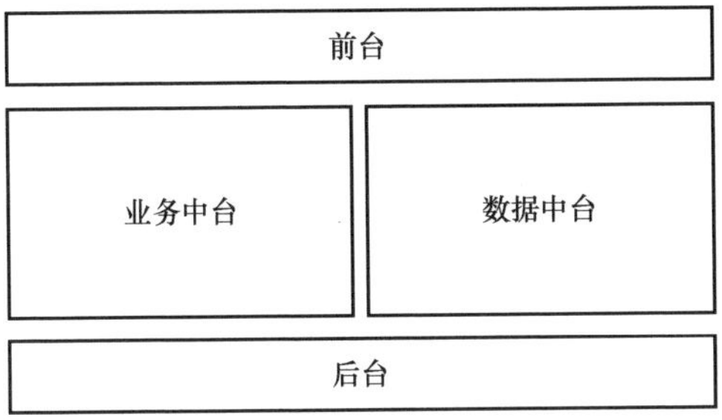

图 9-10　双中台模式

（2）方案二：改造现有系统。

以企业内部的多个系统为例，如人力资源（HR）、企业资源规划（ERP）、办公自动化（OA）等，它们各自拥有独立的用户登录管理体系。一种常见的解决方案是通过统一的单点登录（SSO）来简化用户认证流程。然而，这种方法实际上增加了一个额外的系统层，用于处理共性问题。按照中台的建设理念，更彻底的做法是将登录功能从各个系统中剥离出来，改造并整合成一个共享的中台系统。这可能涉及用户中心和认证中心的重构，从而根本性地解决登录问题。通过这样的改造，新开发的系统和应用可以直接调用用户中心和认证中心的服务，实现快速的业务响应和验证。

（3）方案三：先搭建中台，逐步集成。

在这一方案中，企业首先识别并列出共性模块，然后逐步构建中台的核心能力。一旦这些基础模块建立起来，企业将逐步将业务迁移到中台，实现与中台战略的融合。例如，首先建立用户中心，将所有系统的用户数据迁移至中台，其次逐步将商品、交易等业务功能集成进来。这种方法遵循敏捷开发的原则，通过小步快跑的方式，最小化对现有业务的影响，同时确保了中台建设的灵活性和可扩展性。

这三种方案各有优势，企业应根据自身的业务需求、技术基础和战略目标，选择最合适的中台建设路径，实现数字化转型的成功。

业务中台建设

在中台的建设中，业务中台是最先需要考虑的。企业需进行深入的需求分析，确定中台建设的关键需求。应该建设哪些中心，各个中心微服务的颗粒度如何把控？各个中心应该提供哪些 API 功能接口，以及 API 接口的功能颗粒度和可复用性。

例如，营销中台是以交易为核心的业务中台，是一个集成了多个关键组件和服务的平台，旨在优化交易流程、提升用户体验、增强数据驱动决策能力，并支持快速创新和市场响应。以下是一个典型的业务中台架构及其组成部分。

（1）**用户中心**。服务于用户的消费全生命周期，为用户提供特定的权益和服务，企业可通过用户中心与用户进行互动，培养用户忠诚度。其主要功能和作用包括：

- 用户运营管理：包括注册、个人信息维护、会员注销、会员卡办理等相关能力。
- 会员体系管理：包括会员体系的创建、积分规则、成长值规则、等级、权益等相关能力。
- 客户服务管理：包括客户的新增、导入、查询等相关能力。
- 积分交易管理：包括积分获取、核销、清零、冻结、兑换等相关能力。

（2）**商品中心**。统一管理商品信息，包括产品详情、分类和属性等，以支持商品快速上架和下架。其主要功能和作用有：

- 商品信息管理：维护产品基本信息，如名称、描述、规格、型号等；管理产品的分类和属性；构建和管理产品目录；定义和管理产品属性模板。
- 商品生命周期管理：跟踪产品从设计、开发到退市的整个生命周期。管理产品的版本和迭代，确保产品信息的准确性。
- 商品定价与成本管理：设置和管理产品的价格策略，包括定价、折扣和促销等。
- 商品搜索与推荐：提供强大的产品搜索功能，支持关键字、分类、属性等多种搜索方式。实现个性化推荐，提升用户体验和购买转化率。
- 商品数据分析：收集和分析产品相关的数据，如销量、用户反馈、市场趋势等。提供数据报告和洞察，支持决策制定。

（3）**营销中心**。商家营销活动全链路管理。提供促销活动、优惠券、满减买赠和会员营销等功能。其主要功能和作用包括：

- 营销策略制定：制定整体营销计划和策略。确定目标市场、客户群体和营销目标。
- 客户细分与定位：通过数据分析对客户进行细分。根据客户特征和行为进行精准定位。
- 营销活动管理：规划和执行各种营销活动，如促销、广告、公关等。跟踪和管理活动预算和资源。
- 促销活动设计：设计优惠券、折扣、满减、秒杀等促销活动。设置促销规则和条件。
- 内容营销：制定内容营销计划，包括博客、视频、社交媒体等。管理内容创作、发布和优化。
- 个性化推荐：根据用户行为和偏好提供个性化推荐。利用机器学习算法优化推荐效果。

- 营销效果分析：收集和分析营销活动数据。评估营销 ROI 和效果。

（4）**订单中心**。负责企业业务交易订单的整体生命周期管理，包括加入购物车、订单生成、合并分拆、支付、发货、退换货等。所有电商业务的核心系统都是围绕交易订单进行构建的。其主要功能和作用包括：

- 订单促销与折扣管理：支持促销活动和折扣策略的实施。管理优惠券、满减活动等促销工具。
- 购物车管理：包括购物车商品添加、编辑、查询、校验等相关能力。
- 交易管理：包括订单生成、发起支付、商品发货管理等相关能力。
- 订单数据管理：包括订单状态、支付记录、发货记录、换货记录、退款记录等数据管理能力。
- 客户服务支持：支持客户服务流程，包括订单咨询、投诉处理和售后服务。管理客户反馈，提升客户满意度。

（5）**库存中心**。提供仓库、库存、货品、单据（入库单/出库单/盘点单/盘点盈亏单）、审核（调拨/盘点）、包裹、货品运费、物流运输以及接入第三方物流公司的服务能力。其主要功能和作用包括：

- 仓库管理：包括服务区、仓库、仓位及其关联管理等相关能力。
- 货品管理：包括货品进货入库、销售出库、调拨入库、调拨出库、调拨审核等相关能力。
- 货品盘点：包括盘点单生成、审核、查询等相关能力。
- 履约管理：包括库存检查、发货单创建及查询、包裹物流查询、运费管理、物流状态跟踪等相关能力。

（6）**支付中心**。负责处理与支付相关的所有事务，确保交易的安全性、便捷性和合规性。其主要功能和作用包括：

- 支付能力：创建支付订单、管理支付认证和授权过程，确保交易合法性、支付结果通知等基本支付能力。
- 支付路由：包括支付渠道管理、支付方式管理、支付商户和应用开通管理等相关能力。
- 资金账户：包括资金账户管理、充值维护、提现等相关能力。

（7）**客户服务中心**。负责提供支持和解决客户问题，增强客户满意度和忠诚度。其主要功能和作用包括：

- 客户咨询响应：提供快速响应客户咨询的服务，包括产品信息、服务流程等。
- 订单处理支持：协助客户查询订单状态，处理与订单相关的咨询和问题。

- 投诉处理：接收并处理客户的投诉，确保问题得到及时和有效的解决。

当企业建立了这些中心之后，就形成了企业的业务中台，其架构如图 9-11 所示。对于新的业务往往只需接入即可使用。这既满足了快速响应新业务的需求，又节省了系统建设和运营成本，为企业快速响应市场提供了有力保障。

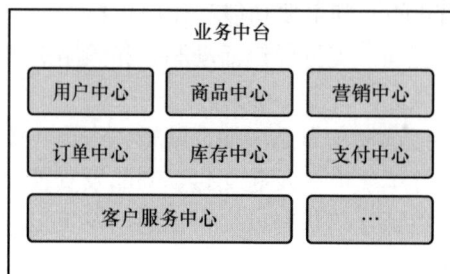

图 9-11　业务中台架构

数据中台建设

数据中台需要实现数据的分层与水平解耦，并具备沉淀公共数据的能力。数据中台可分为三层：数据模型、数据服务与数据开发。通过数据建模实现跨域数据整合和知识沉淀，通过数据服务实现对数据的封装和开发，快速灵活地满足上层应用的需求，通过数据开发工具满足个性化数据和应用的需要。综上所述，数据中台（其架构见图 9-12）应具备以下几项能力。

- 数据整合能力：需要建立一套标准的数据采集和集成体系，将企业内部各个部门和业务线的数据进行整合，建立统一的数据标准和数据接口，实现数据的共享和流通。
- 数据服务能力：将数据模型按应用要求进行服务封装，提供数据服务能力。
- 数据开发计算能力：包括数据的基本处理和加工、数据的开发、数据的分析计算等。
- 在数据中台的架构设计中，我们可将其分为三层：数据资产层、数据服务层、数据应用层。
- 数据资产层：包括数据治理（如元数据、数据标准、数据质量、数据安全等），以及数据湖建设（包括数据采集、清洗、建模等）。
- 数据服务层：包括主数据、数据分析、数据共享、数据标签、算法能力等。
- 数据应用层：基于场景的应用，如千人千面、商品推荐、智能折扣、销售预测等。

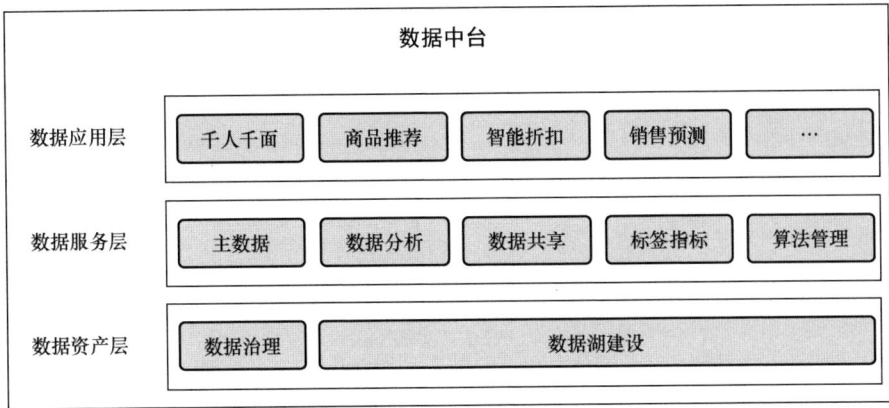

图 9-12　数据中台架构

随着企业数字化转型的不断深入和技术的持续发展，中台也在不断地演进。从最初的业务中台、数据中台，逐步演化到 AI 中台、技术中台、研发中台等。另一方面，一个中台范围内的共享能力也在扩展，从用户中心、交易中心、营销中心等扩展到内容中心、工单中心、成长中心等。当中台团队发现某一前台业务模式很好时，会将其沉淀为共享服务，从而提供更多的业务，这也是建设和加强中台的过程。由于中台作为中枢点同时支撑多个前台业务，因此，中台成为打通前台业务的最好着力点，让不同的前台业务可以互相借力和引流，互相促进发展。

第三篇

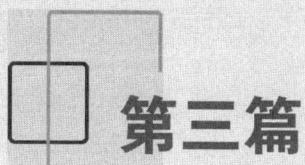

数字化实践案例

第 10 章

战略领域数字化实践

战略，通俗地讲，就是选择做什么、不做什么。大到一个企业，小到个人，都会面临各种各样的战略选择。选对了战略方向，通过不断的努力，可能会走向成功，并通过持续的创新和修正，获得持续的成功。但如果选错了战略，做了错误的选择，南辕北辙，尽管也付出了极大的努力，除了撞大运碰巧取得了暂时的成果之外，结果注定不会理想，不会取得持续的成功。企业的战略管理流程 DSTE 及其数字化，同样遵循战略选择这个大前提。

本章内容基于《华为战略管理法：DSTE 实战体系》相关资料整理而成，同时参考了读者和写作爱好者的总结，并结合了编者的具体实践案例。

战略管理流程概述

DSTE 即"从战略到执行"（Develop Strategy To Execution）的流程，是 W 公司提出的一种端到端的战略管理流程体系。它涵盖了从战略规划到执行监控的整个过程，旨在确保企业战略的有效实施和达成。DSTE 流程主要包括战略制定（战略规划）、战略分解（战略解码）、战略执行与监控、战略运营与评估这四个核心环节，如图 10-1 所示。

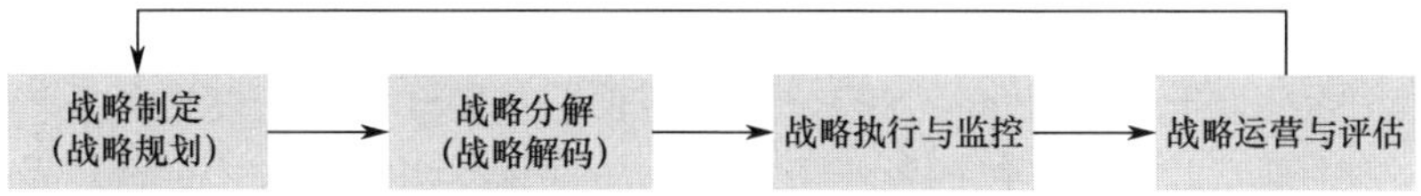

图 10-1　DSTE 流程

- 战略制定：明确企业的使命、愿景、核心价值观和中长期战略目标。
- 战略分解：将战略目标分解为具体的业务计划、关键绩效指标（KPI），确保各部门和团队明确自己的目标和责任。
- 战略执行与监控：通过项目管理、资源配置、风险管理等手段，确保战略计划的有效实施，并通过监控机制对执行过程进行持续跟踪和调整。

- 战略运营与评估：定期评估战略执行效果，总结经验教训，优化战略和流程，确保企业的持续改进和发展。

DSTE 战略架构和流程框架如图 10-2 所示。

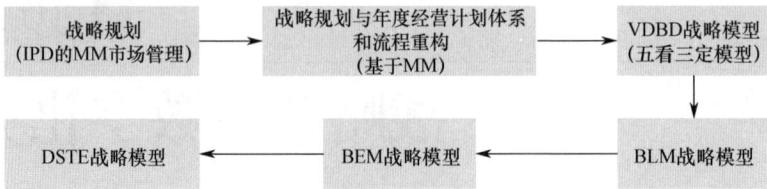

图 10-2　DSTE 架构和流程框架

DSTE 流程战略分解如图 10-3 所示。

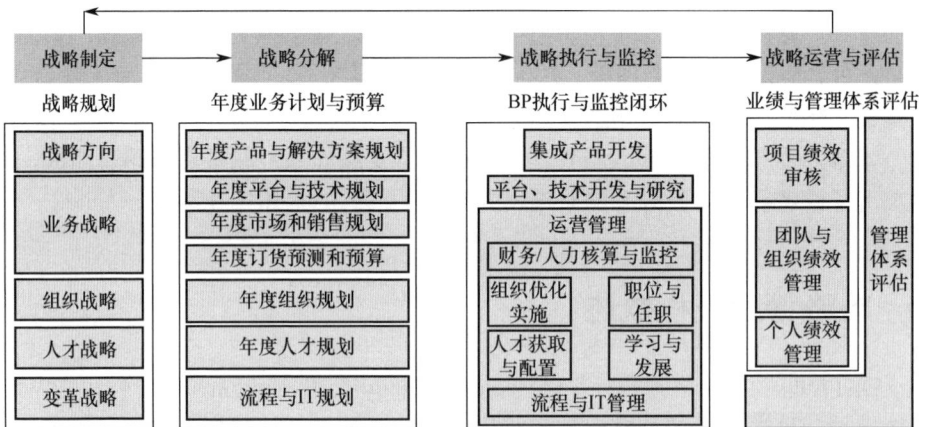

战略与规划不只是业务的战略与规划，还包括组织、人才、流程及管理体系的变革战略与规划

图 10-3　DSTE 流程战略分解

战略规划子流程

战略规划（Strategy Plan，SP），又称中长期发展计划，跨度为从下一年度开始的 5 年时间。主要内容包括各业务的战略与规划、组织、人才、流程及管理体系的战略与规划，围绕中长期的工作方向和资源分配重点进行。

制定战略规划的目的如下。

- 根据公司的愿景，把各部门的战略正式化，其中包括长期的战略目标和资源分配。
- 公司高层和各业务部门就部门目标、业务发展方向进行正式交流，使各部门管理团队与公司管理层就部门发展战略达成一致，上下对齐，避免战略偏差、理解错误和无法承接。

- 通过战略规划制定过程中的协商和沟通，可保证公司各部门的战略能够协调一致，左右对齐。
- 是各部门重大行动和决策的依据，是年度业务计划的基础。

例如，W 公司的战略规划简称为"五看三定"。"五看"是指看趋势、看市场/客户、看竞争、看自己、看机会，主要输出未来 3～5 年的战略机会点及机会窗。"三定"是指定目标、定策略、定战略控制点，从而确定未来的核心竞争力所在。

战略规划的主要输出如下。

- 输出机会点业务设计：客户选择、价值定位、利润模式、业务范围、战略控制点、组织架构。
- 输出中长期战略规划：三年战略方向、三年财务预测、客户和市场战略、解决方案战略、技术与平台战略、质量策略、成本策略、交付策略等。

公司的各产品线、事业群、业务线、分子公司、大供应链等部门每年四月必须开展战略规划的制定，要用"望远镜"来审视未来三到五年的战略规划，并于年中通过管理层团队的评审。

战略解码子流程

战略解码是战略规划落地的主要抓手与关键环节，战略解码质量决定战略执行质量。DSTE 体系至少包括三次战略解码：第一次战略解码是战略规划阶段的战略解码；第二次战略解码是将战略规划解码为年度业务计划；第三次战略解码是部门层面的战略解码和岗位的绩效计划制定，通过解码将组织的战略规划和解码内容向其所属的下级组织和基层岗位进行解码并制定相应 PBC（个人绩效承诺）的过程。

战略解码工具以 BEM（Business Execution Model，BEM）为主，通过对战略逐层逻辑解码，导出可衡量和管理战略的 KPI 及可执行的重点工作和改进项目，并采用系统有效的运营管理方法，确保战略目标达成。BEM 的解码流程如图 10-4所示。

BEM 解码主要包括以下两个阶段。

（1）战略导出 CSF & KPI 阶段。明确战略方向及其运营定义、导出中长期关键战略举措（即 CSF）、导出战略衡量指标（即战略 KPI）；

（2）战略解码并执行闭环阶段。确定年度业务关键措施&目标、分解年度业务关键措施&目标、确定年度重点工作。战略解码主要包括 6 个步骤，简称"六步法"，如图 10-5 所示。

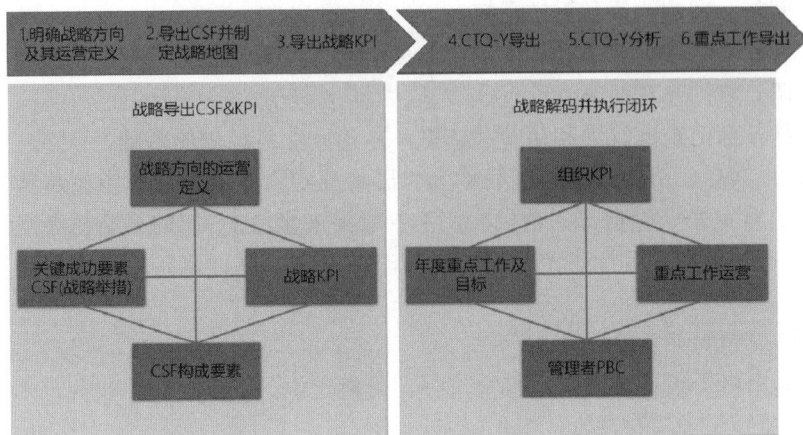

图 10-4　BEM 的解码流程

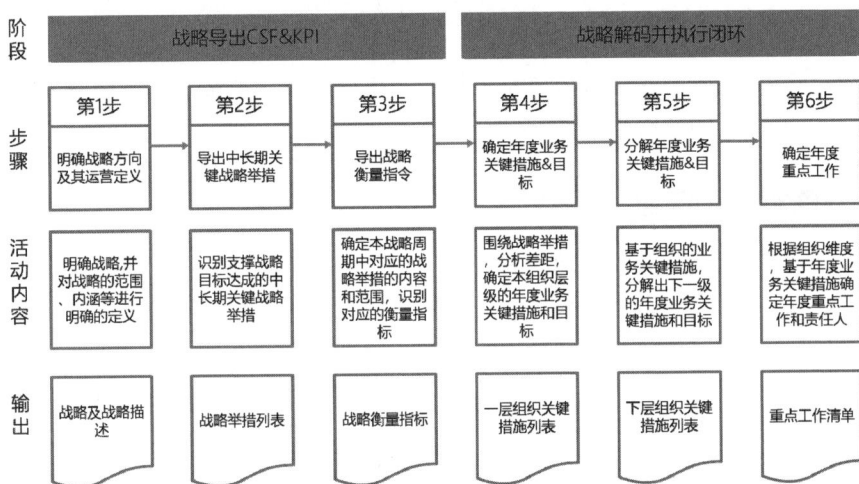

图 10-5　战略解码"六步法"

年度业务计划与预算通常在前一年的 10 月份启动，一直持续到次年 3 月底才基本完成。例如，2021 年 4 月至 9 月进行的是 2022 年至 2026 年的五年战略滚动规划，2021 年 9 月至 2022 年 3 月进行的是 2022 年的年度业务计划与预算，以此类推。

部门绩效承诺在 3 月份同步完成，A 公司通常会组织部门绩效签约仪式，明确可量化的部门年度绩效目标、关键 KPI、奖惩机制。之后由人力资源部门每季度对部门绩效进行评价，评价结果与部门评优评先人数、人效优化人数等指标挂钩。

　　个人 KPI 绩效签订是在人力资源绩效系统中完成的。个人目标由部门绩效目标分解而来，目标围绕降本、增效、提质、降耗等方面确定可量化的指标，每季度评价一次。例如，其中比较重要的年度业务计划与预算子流程的示例如下。

　　年度业务计划（Annual Business Plan，ABP）通常简称为业务计划（BP），是战略解码的一部分，时间跨度为下一个财政年度。制定业务计划是各产品线/部门的年度重点工作之一。通过业务计划的制定，各个相关部门的资源利用效率得到提高，产品的目标更加明确，年度预算更加清晰。

　　制定业务计划的目的如下。

- 在公司总体预算的框架下，通过与周边部门的协调沟通，结合战略规划的战略安排，落实来年的资金预算和人力部署。同时，对具体的重大市场机会进行详细分析并推动落实，保证行动和策略的一致性。
- 业务计划的制定也是一次全面、系统的分析活动，通过多个部门的交互，深入挖掘各部门来年的机会和威胁，有利于各部门捕捉市场机遇和降低运营风险，保障战略计划的顺利实施。
- 业务计划是各部门未来一年 KPI（Key Performance Indicator，关键绩效指标）、PBC（Personal Business Commitment，个人绩效承诺）等制定的主要依据，将逐步成为指引各部门的日常运作的行动纲领。

业务计划的主要输出内容如下。

- 体系的目标、策略、行动计划；
- 机会点到订货目标的实现；
- 关键财务指标、预算、组织 KPI。

为了使业务计划能够承前启后、上下对标，战略规划需输入以下六个方面的内容到业务计划中。

- 战略规划市场空间/机会，输入包含从机会点到订货目标；
- 战略优先级指导投资组合；
- 战略举措导出年度重点工作；
- 战略目标落入年度 KPI 与 PBC；
- 战略规划人力规划导入业务计划人力预算；
- 战略规划预算导入业务计划全面预算。

战略规划（SP）与业务计划（BP）的关系如图 10-6 所示。

业务计划是对战略规划之后的具体落地：从机会点到订货目标、对应的策略和行动计划、关键财务指标、财务预算和人力预算、组织 KPI 和个人 PBC。这些环节要互相支撑、层层相扣，否则不会具有可执行性。SP 和 BP 的关键节点如图 10-7 所示。

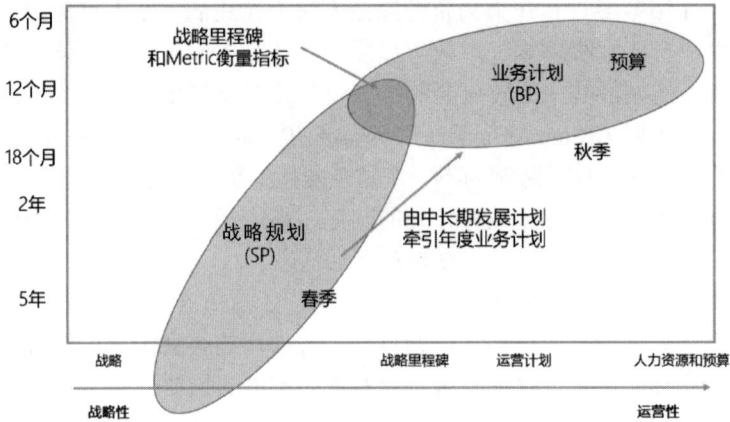

SP也叫春季计划，是未来3~5年的规划
BP也叫秋季计划，是接下来1年的规划，主要是业务计划和预算

图 10-6　战略规划（SP）与业务计划（BP）的关系

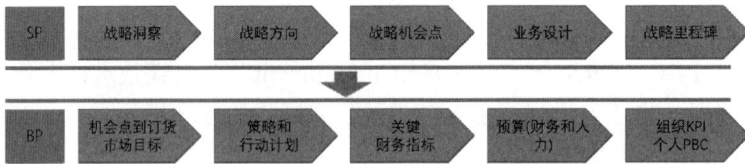

图 10-7　SP 和 BP 的关键节点

以某产品线为例，SP 向 BP 输出以下必要内容。

- 市场规模预估：包括产品线的市场空间、公司可以参与的机会点及市场份额。
- 战略优先级细分：在产品线中，按照战略优先级进行细分，明确哪些子产品是价值产品，哪些区域是价值区域，哪些客户是价值客户。所谓价值，是指有利于合同额、订货额和利润的导向，旨在构建公司长远的核心竞争力。
- 预算的预估：包含收入、利润等关键产品指标，投入预计及经营策略方向、人力预算等。
- 关键任务以及子任务：包括关键举措、任务清单、业务目标及关键业务策略。

BP 根据以上输入，输出自己执行层面的具体内容，并形成以下汇报内容。

- 机会点到订货目标（W 公司的订货目标指的是合同额）的落地分解；
- 产品的投资组合及全面预算；

- 人力预算；
- 年度重点工作；
- KPI/PBC。

战略执行与监控子流程

战略执行与监控是例行化的工作，通过经营分析会、BP 与预算季度审视（或半年审核）进行 SP 和 BP 的跟踪与闭环。需要做好以下五大管理工作。

（1）管理 IBP。主要包括管理各项业务滚动计划（含销售、研发等）、管理财务预算和管理人力预算。通过计划预算来牵引，通过核算对计划预算执行情况进行评估和监控。通过计划预算核算实行闭环管理，实现对经营单元的有效管理。

（2）管理重点工作。统一管理和监控支撑战略规划和年度业务计划目标达成的关键性工作，如新产品和解决方案的开发、关键领域的变革项目、市场突破等。

（3）管理 KPI。管理组织绩效 KPI 指标，确保战略目标纳入组织绩效目标及高管 PBC。

（4）管理运营绩效。通过运营仪表盘，掌握 SP/BP 落地情况，并进行闭环管理。

（5）管理战略专题。管理未来的关键战略课题，需将关键战略课题提出来并做深度研究，弄清楚未来的趋势、对公司的影响以及公司怎样应对。

管理执行与监控是例行化的工作，通过经营分析会、BP 与预算季度审视（或半年审核）进行 SP 和 BP 的跟踪与闭环，其中包括高管 PBC 绩效辅导和绩效评价等工作。通过绩效的闭环管理（既包括组织绩效的闭环，又包括管理者个人绩效的闭环），最终将对 SP 和 BP 的执行结果体现于各级组织、管理者的绩效结果评定、奖金分配、薪酬评定和个人晋升等方面，形成从战略到执行的闭环。

经营分析会：企业运营管理中的重要会议，顾名思义，按照一定的周期（如双周、月度、季度等），对经营状况进行分析，围绕目标，发现差距，分析问题和解决问题。通过 PDCA 的闭环管理，使年初制定的战略和目标能够有效达成。

BP 与预算季度审视：在每个季度的财务指标统计出来后，由各部门管理团队对部门上季度的主要运营指标进行回顾检查的行为。季度审视一般来讲是较为短期的活动，W 公司总部没有统一安排进行各部门间的沟通。各部门如认为有必要进行跨部门协商，可自行安排。

各部门的季度审视主要目的如下。

- 分析上季度各部门各项指标的完成情况，对市场形势、目前面临的问题进行深入地研究，制定出相应的措施，包括竞争策略、季度预算、人员安排等，以保证完成各部门的年度任务。

- 通过季度回顾，发现新的市场机会，并通过对各部门的资源调配来把握市场机会。
- 通过季度回顾，反思 SP、BP 活动中的一些预见和假设的合理性和客观性，改进工具和方法论，搜集深入研究的课题。

要注意的是，不同时间维度的规划和审视关注问题的角度和方法会有不同，不能简单看待。特别是季度审视和年度刷新中对一些预测的偏差，不应简单否定。这可能与时间长短、偶发事件等因素有关，需要仔细辨识。

战略运营与评估子流程

战略运营与评估，也就是很多人经常提到的绩效管理，主要是评估组织和个人绩效达成战略目标的情况，并执行奖惩的过程。

在战略运营与评估环节，审视最终的市场结果、最终的市场产出、最终的客户评价，是否与我们前期的差距分析保持一致，所有的一切都以结果为导向。

如果市场的结果与前期的差距并没有完全匹配，就要通过战略复盘来进行纠偏；即便是匹配的，也要通过复盘来进行不断的迭代，以支撑长期的发展。

战略管理数字化的背景

背景一：A 公司是新能源产业链上的高科技研发制造企业，在复杂多变的市场环境下，公司战略层面临如何保持战略方向的正确性，实时监控与管控风险，以及根据市场动态灵活调整战略方向，以确保战略目标达成的核心挑战。

A 公司所处的市场环境如下。

- 动力电池市场集中度提高：2024 年 1-6 月，国内动力电池市场总装机量约 200GW·h，前 10 名企业动力电池总装机量占比达 96%，前 5 名企业总装机量占比达 86%，市场越来越向行业头部企业集中。
- 材料体系市场份额：2024 年 1-6 月，磷酸铁锂系列约占 65%，三元系列约占 35%。材料体系选择关系到客户群体、研发技术、制造工艺等。
- 市场需求波动：新能源汽车销量、储能项目周期性需求，会影响电池的需求量。市场需求的不确定性要求企业能灵活调整产能，快速做出应对。公司有标准产品线和客制化产品线，当市场整体需求减少或客户某款特定车型销量变更时，将面临换线、改线的风险。
- 原材料价格波动：新能源制造依赖于锂、钴、镍等关键金属，其价格受到全球供需关系、地缘政治、开采成本、环境保护政策等多种因素影响，价格大幅波动，增加了企业盈利预测的不确定性。2024 年上半年，碳酸锂价格整体下降了 60%，产品销售价格面临下行的巨大压力，公司必须产销更多的优质产品，才能实现 2024 年的整体销售目标。

- 技术革新与竞争：动力电池市场是一个高质量产品竞争的市场，0PPM 的不良率是每个制造企业追求的质量目标。这就要求企业持续不断地投入资金，研发新技术，寻求制造工艺更新，在大规模制造下保持产品 100% 的良率。
- 政策与法规变化：不同国家和地区对新能源汽车、储能系统、光伏等新能源的政策支持和补贴政策存在差异，政策变化直接影响新能源需求量和企业发展策略。
- 环保与可持续性：全球环保意识不断提高，电池回收和循环利用、碳排放、碳护照等成为行业关注的重点。欧盟要求电池制造商负责回收和处理他们出售的电池，这增加了出口到欧盟市场的电池成本和复杂性，而对于碳排放和碳护照，电池企业除了可能要支付额外的碳费用，还会增加合规成本。

在这样复杂多变的市场环境中，A 公司需要具备高度的市场洞察力、灵活的战略调整能力，以及强大的风险管理机制，才能在保证产品质量的同时，控制成本，实现可持续发展。DSTE 框架通过动态的战略规划和执行监控，帮助企业保持战略方向的正确性和适时调整。

背景二： B 公司是一家智能家居公司，在过去几年里，其产品开发经常遭遇延误，产品推出市场时经常落后于竞争对手，而且客户反馈产品的用户体验不好。

内部检讨发现：

- 市场与研发脱节：市场团队调研发现，消费者越来越注重智能设备的个性化功能，但研发团队在设计智能插座时没有考虑到这一点，导致产品功能与市场需求不符。
- 信息传递失真：当市场团队将消费者反馈传达给研发部门时，信息在层层传递中失真，反馈未得到足够重视，大家对市场需求理解出现偏差。
- 开发周期过长：产品设计、原型制作、测试和修改等环节时间太长，大大延长了产品开发时间。

解决方案：

- 组建跨部门团队：成立一个由市场、研发、制造、采购和财务等部门组成的跨部门团队，共同负责产品开发的全过程。
- 并行开发：在产品设计阶段，团队同时考虑制造、成本和市场等因素，确保产品设计既满足用户需求又易于生产。
- 结构化流程与决策评审：引入明确的开发流程和决策评审点，确保项目在每个关键阶段都能得到充分讨论和决策，避免了不必要的返工。

- 市场驱动：市场与研发部门紧密合作，确保产品设计初期能充分考虑用户需求，产品更加贴合市场趋势，促使产品研发取得市场成功。

后续成果：

在搭建并采用 IPD 体系和系统后，B 公司在开发新一代智能插座时，市场部门及时提供了消费者偏好分析，包括对个性化功能的需求。研发部门在设计初期就将这些需求融入产品，制造部门评估生产成本和可行性，确保产品既能创新又能批量生产。由于采用并行开发，产品设计、原型制作和测试等环节同时进行，大幅缩短了开发周期。最终，新一代智能插座在预定的时间内顺利上市，产品凭借其创新的个性化功能和优秀的用户体验赢得了市场好评，B 公司也因此在竞争中占据了有利地位。

背景三： C 公司专注于生产高精度工业机床，其市场团队调研发现，汽车和航空航天行业对高精度机床的需求显著增加，他们了解到这些行业对于机床的精度、耐用性和定制化服务有着特殊要求。

产品定位： 基于上述市场洞察，C 公司决定将其资源聚焦于汽车和航空航天行业所需的高精度机床产品线上，并为产品注册了专用商标，强调其卓越的精度控制、长寿命和定制化选项。

营销策略： 为了激发目标市场的需求，C 公司参与了多种营销活动。公司参加了行业领先的贸易展会，现场展示了高精度机床。此外，制作并分发了产品宣传册，详细介绍产品的技术优势和成功案例。C 公司还开展了在线网络研讨会，邀请行业专家讨论精密加工的趋势和技术，并介绍自家产品如何解决行业高精度问题等。

线索培育： C 公司建立了一个自动化营销系统 CRM，用于跟踪潜在客户的行为，评估其购买意向并适时跟进。

销售机会： 通过上述营销活动，C 公司收集到了大量潜在客户的联系信息和兴趣点。销售团队利用这些信息主动接触潜在客户，提供定制化的解决方案和报价，将营销活动产生的线索转化为销售机会。

结果： C 公司在工业机床领域的销售额显著增长，特别是在汽车和航空航天行业。

从以上背景可以看出，战略管理数字化的核心是首先要找准问题点、核心价值和机会，借助数字化的技术工具来实现战略目标的达成。

战略管理与数字化面临的主要挑战与问题

在当前复杂多变、快速发展的市场环境中，传统手动流程效率低下，容易出错，无法快速响应市场和技术的变化，更不能迅速调整战略或推出新产品和服务，决策质量、客户体验、运营成本等都无法得到有效保障。

战略管理数字化是 DSTE 落地的唯一有效途径。自动化的流程减少了错误并提高业务流程效率；通过数据驱动决策，增强了决策的准确性、及时性，也增强了战略规划、监控、调整能力；通过大量、长期的数据积累和分析，可探索新的收入来源和商业模式。

然而，战略管理数字化也面临着挑战，包括如何设计新的组织结构以适应数字化的需求，确保部门间的高效合作；如何保证数据安全和隐私；如何合理分配有限的资源，保障资源高效利用；如何持续创新，以维持竞争优势等。

（1）DSTE 实现从战略规划到落地实施的一体化打通。DSTE 是集成战略规划、年度业务计划与预算、BP 执行与监控评估的统一流程框架和管理体系。它打通了公司及各业务单元的中长期战略目标与年度计划资源预算和滚动计划，确保各业务单元协调一致，解决企业在战略规划、年度业务计划和企业经营管理等方面"两张皮"的问题。

（2）DSTE 工具及方法对实施者认知要求较高。DSTE 从战略到执行的各个流程步骤沉淀了较多结构化、精细化的专业工具方法，整个管理体系及各步骤工具方法的使用具有较强的逻辑性，其使用前提假设、输入输出关系对实施者均有较高的认知要求。例如，BLM 模型以"业务领先"为假设前提，业务实现主要通过3B（BUY、BORROW、BUILD）构建资源能力为导向，而非传统规划思维——现有资源约束条件下的规划。DSTE 管理体系适用于超大规模公司的资源能力和精细专业分工发展，对大多数公司来说，体系相对厚重。

（3）DSTE 落地对组织协同性要求较高。W 公司的 DSTE 体系性运营周期将近一年，横向上其贯穿于应用组织的业务部门与职能部门之间，纵向上其贯穿于BG、BU 至组织负责人及员工。W 公司较为成熟的流程体系建设方能保障管理体系的有效落地，但对大多数公司而言，流程建设的规范性、成熟度较低，DSTE将对组织本身横向、纵向的协同度提出更高的要求。

战略管理数字化面临的主要挑战与问题

随着数字化、智能化技术的不断进步，传统的线下编制战略、集中开会、零散 IT 开发支撑企业战略落地的模式已不能满足现代企业战略管理需求。打造从战略规划到执行的全过程战略管理 IT 平台，进行多系统、多模块应用管理，成为企业战略管理数字化转型亟须解决的首要问题。

战略逻辑循环如图 10-8 所示。

图 10-8　战略逻辑循环

从战略到执行的整体系统框架如图 10-9 所示。

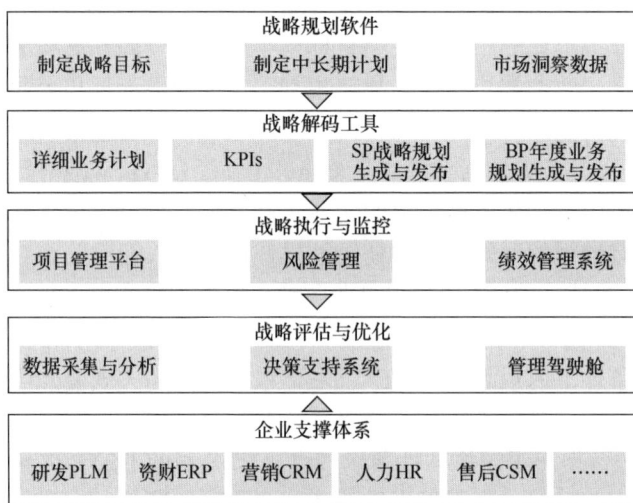

图 10-9　从战略到执行的整体系统框架

战略规划通常是从上往下分解，高层设定目标和方向，然后向下分解到各个层级，确保每个人都清楚自己的职责。战略执行则是从下往上收集反馈和成果，执行层负责实施具体行动，并将执行情况反馈给上级，以便及时调整策略。战略执行数字化要建设各业务域的垂直业务数字化系统，确保各业务域流程拉通、数据共享，避免信息孤岛是关键。

🔔 战略管理数字化的关键举措

战略管理数字化即 DSTE（从战略到执行）落地过程中的 IT 支撑，主要体现在集成化的 IT 系统上。该系统能全面支撑 DSTE 全过程的集成化运行，解决企业在战略执行过程中可能遇到的信息分散、系统孤立等问题。以下是对战略管理数字化的具体分析和归纳：DSTE 需要一个能够打通从战略到执行全过程的 IT 平台，这种平台能实现战略规划、战略解码、战略执行与监控、战略运营与评估等四个阶段的无缝衔接。战略管理数字化的关键举措如下。

- 集成化的战略解码与执行 IT 系统：DSTE 强调战略解码的精细化和执行的高效性。通过 IT 系统，企业可以运用 BEM、BLM、MM 等战略方法论，将中长期战略目标解码为可操作的短期行动计划，并实时监控执行情况。
- 各 IT 系统的数据集成与共享：IT 系统能够建立战略与运营的数据架构，实现数据的集成与共享。这有利于打破信息孤岛，确保各部门之间的数据互通，提高战略执行的协同性。
- 使战略管理与绩效管理相结合：IT 系统可以连接战略管理与绩效管理，通过 KPI 等绩效指标将战略目标与员工的日常工作紧密结合，确保战略的落地执行。
- 重点工作管理用 IT 系统进行有效管理：有效的 IT 支撑能为企业提供一个全面的重点工作管理系统，确保每项重点工作任务都能得到跟进、检查、审核与评价，提高战略执行的效率和质量。

战略管理数字化的成果

经营预算的数字化成果

经营预算在从战略到执行的过程中，是连接企业战略规划和实际运营活动的重要桥梁。它不仅是战略规划的量化表达，还是确保战略目标得以实现的关键工具。

经营预算概述

经营预算是企业为了实现其战略目标，在特定时期内对其经营活动的财务和非财务资源进行规划、分配和控制的过程。通过经营预算，企业能够将战略目标分解为具体、可执行的财务和非财务指标，确保企业各部门的工作都围绕着这些目标展开。战略与经营预算的关系如下。

- 战略目标是预算的核心内容：战略目标是企业在一定时期内希望实现的整体规划和方向，而经营预算则是将战略目标具体化为财务和非财务的数字指标，为战略的落地提供量化支持。
- 预算是战略规划的量化工具：经营预算通过预测和规划企业未来的经营活动，将战略目标分解为具体的行动计划，为战略的落地提供实施路径和衡量标准。

经营预算编制流程

制定经营预算的步骤通常可以归纳为以下几个关键阶段。

- 确定预算期间：需明确预算的时间范围，通常是一年，但也可以是其他时间段，如季度或半年度。
- 收集基础数据：收集过去一段时间的财务数据和业务数据，包括销售额、成本、费用、利润等。这些数据是制定预算的基础，需确保数据的准确性和完整性。
- 分析预算需求：深入分析企业的战略目标和经营计划，明确预算的实质目的和资金分配需求。
- 制定销售预算：根据市场需求、竞争情况和公司的销售目标，制定销售预算。这包括确定销售量、销售价格和销售额，并考虑市场趋势和季节性因素。
- 制定生产预算：根据销售预算和生产能力，制定生产预算。这包括确定产品数量、生产成本和生产周期，确保生产活动与销售需求相匹配。
- 制定成本预算：根据生产预算和其他成本信息，制定成本预算。这包括确定直接材料成本、直接人工成本、制造费用和间接费用等，并考虑成本控制和节约的可能性。
- 制定费用预算：根据公司的运营需求和管理目标，制定费用预算。这包括确定销售费用、行政费用、研发费用和财务费用等，并考虑费用的合理性和效益性。
- 整合预算：将销售预算、生产预算、成本预算和费用预算整合成一个综合预算。确保各项预算之间的协调性和一致性，避免出现预算冲突或重复。
- 预算审核和调整：对综合预算进行审核，确保其合理性和可行性。与各部门进行沟通，听取意见和建议，做好预算方案的修改和完善。
- 确定预算结构：按照预算需求和预算系统规定，确定预算的类别、项目、科目等内容，使预算结构更加清晰和易于管理。
- 制定预算管理制度：确定预算的实施权限、财务会计管理等制度，确保预算的有效执行和监控。
- 拟定预算执行计划：确定预算执行的时间节点和关键任务，确保预算按照计划进行。
- 进行预算审批：将拟定完成的预算报告提交至相关责任人进行审查，经批准后正式生效。
- 执行和控制预算：根据预算进行实际的经营活动，并进行预算执行和控制。及时监控预算执行情况，发现偏差并采取相应的措施进行调整。

- 定期报告和评估：定期向管理层汇报预算执行情况，并进行预算评估。分析偏差原因，评估预算的有效性和可改进之处，为下一期的预算编制提供参考。

这些步骤构成了一个完整的经营预算编制流程，企业可根据自身的特点和需求进行调整和优化，为企业的战略执行提供有力支持。

经营预算在战略执行中的作用

经营预算在战略执行中的作用如下。

- 战略目标的量化与明确：经营预算是将企业战略目标转化为具体、可执行的财务和非财务指标的过程，它确保了战略目标的明确性和可执行性。
- 优化资源配置：经营预算通过对企业各项经营活动的预算安排，实现资源的合理配置，确保资源的高效利用，为企业创造更大的价值。
- 提供管控标准：经营预算为企业的日常经营活动提供了明确的管控标准，帮助企业监控和评估各项活动的执行情况，确保活动按计划进行，避免资源的浪费和损失。
- 促进部门间协作：经营预算的制定和执行需要企业各个部门的参与和协作，通过预算的制定和协调，可促进部门之间的沟通和协作，形成合力，共同推动战略目标的实现。
- 提供决策支持：经营预算为企业的决策提供了重要的数据支持。通过预算与实际执行情况的对比分析，企业能及时发现问题并调整策略，确保决策的科学性和有效性。
- 监控战略执行与风险管理：经营预算的执行情况是衡量企业战略执行情况的重要指标。通过对预算的实时监控和评估，企业能了解战略执行的进度和效果，及时发现并解决问题。同时，经营预算还有助于企业识别和管理潜在的风险，确保企业在实现战略目标的过程中能够稳健运营。

经营预算的 IT 支撑

企业 IT 支撑系统通过技术手段和流程管理，为经营预算的制定、执行、监控和调整提供全面支持。具体包括：

- 数据收集与整合：IT 支撑系统通过自动化手段收集企业内部的财务、业务、市场等各方面的数据，并进行整合，为经营预算的制定提供全面、准确的数据支持。
- 预算编制与模拟：利用 IT 支撑系统，企业可以建立经营预算模型，进行预算编制和模拟分析。系统支持多种预算编制方法，如增量预算、零基预算等，可根据不同的假设条件进行模拟分析，为管理层提供决策支持。

- 预算执行与监控：IT支撑系统可以实时监控经营预算的执行情况，包括预算收入、预算支出、预算完成率等指标，及时发现预算偏差，并提醒管理层采取相应措施进行调整。系统还支持预算审批流程的电子化，提高审批效率，确保预算的合规性和准确性。
- 预算分析与报告：IT支撑系统可对经营预算的执行结果进行深入分析，包括预算差异分析、趋势分析等，帮助企业找出预算偏差的原因，为下一期的预算编制提供参考。系统还可自动生成预算报告，为管理层提供直观的预算执行情况展示，便于管理层快速了解预算执行情况。
- 风险管理与预警：IT支撑系统可以建立风险预警机制，对潜在的经营风险进行识别和预警，帮助企业及时采取应对措施，降低风险损失。
- 持续学习与优化：IT支撑系统支持持续学习和优化功能，可根据企业的实际运营情况和市场环境的变化，不断调整和优化经营预算模型和方法，提高预算的准确性和有效性。

经营预算在从战略到执行的过程中发挥着至关重要的作用。通过制定和执行经营预算，企业可将战略目标具体化为可操作的行动计划和财务数字指标，为战略的落地提供量化支持和实施路径。

IT支撑系统在数据收集与整合、预算编制与模拟、预算执行与监控、预算分析与报告、风险管理与预警以及持续学习与优化等方面发挥着重要作用。通过利用先进的IT技术和系统工具，企业可以更加高效、准确地制定和执行经营预算，为企业的战略执行和持续发展提供有力支持。

经营分析会的数字化成果

经营分析会的主要目的是帮助企业更好地了解自身的经营状况，找出经营中存在的问题和不足，制定改进措施，提高经营管理水平和经济效益。具体来说，它服务于以下战略执行目标。

- 监控战略执行进度：通过定期的经营分析会，企业可以实时了解战略目标的执行情况，确保各项战略措施按计划进行。
- 发现并解决问题：经营分析会能够揭示经营过程中的问题，如销售下滑、成本上升等问题，并制定相应的改进措施，确保战略执行的顺利进行。
- 优化资源配置：根据经营分析的结果，企业可调整资源配置，确保关键领域得到足够的支持，提高资源利用效率。
- 促进部门间协作：经营分析会需要各部门的参与和协作，通过讨论和决策，可促进部门之间的沟通和协作，形成合力，共同推动战略目标的实现。

经营分析会的内容

经营分析会的内容通常包括以下几个方面。

- 汇报各部门业绩报告：各部门负责人需向会议汇报本部门的业绩报告，包括收入、成本、利润、客户满意度等方面的数据和情况。这有助于了解各部门的经营状况，为战略执行提供数据支持。
- 分析市场和竞争情况：市场和竞争情况是影响企业业绩的重要因素之一。经营分析会需要分析市场趋势、客户需求、竞争对手情况等信息，以便制定更有针对性的经营策略，确保战略与市场保持一致。
- 分析关键绩效指标（KPI）：关键绩效指标是企业绩效评价的重要标准之一，包括收入增长率、成本降低率、客户满意度等。经营分析会需要分析各项 KPI 的完成情况，找出问题，提出改进措施，确保战略目标的实现。

经营分析会的流程

经营分析会的流程通常包括以下几个步骤。

- 准备阶段：收集各部门的业绩报告、市场数据和竞争信息，整理关键绩效指标（KPI）的完成情况。
- 汇报阶段：各部门负责人向会议汇报业绩报告和 KPI 完成情况，分析存在的问题和不足。
- 讨论阶段：与会人员就汇报内容展开讨论，分析原因，提出改进措施。
- 决策阶段：根据讨论结果，制定改进措施和行动计划，明确责任人和完成时间。
- 跟踪阶段：会议结束后，跟踪改进措施的执行情况，定期评估实施效果，及时调整和改进。

经营分析会的 IT 支撑

企业 IT 部门为经营分析会提供强大的工具和技术支持，以确保经营分析会的顺利进行和高效决策。其 IT 支撑如下。

- 数据收集与整合：IT 系统能够自动收集和整合来自不同部门和业务线的数据，包括销售数据、财务数据、市场数据等，为经营分析会提供全面、准确的数据支持。
- 数据处理与分析：利用先进的数据分析工具和技术，IT 支撑能够对收集到的数据进行深度处理和分析，发现数据中的规律、趋势和问题，为经营分析会提供有价值的洞察。
- 报告生成与展示：通过 IT 系统，可自动生成经营分析报告，以图形、表格等形式直观地展示数据和分析结果，帮助与会者更好地理解经营状况和趋势。

- 决策支持：IT 支撑通过提供实时数据、预测模型和决策分析工具，帮助管理层在经营分析会上做出更加明智和精准的决策。

IT 支撑的关键技术如下。

- 数据仓库与数据挖掘技术：数据仓库用于存储和管理海量数据，数据挖掘技术则用于从数据中提取有价值的信息和模式。
- 数据分析工具：如 Excel、BI 等，这些工具能帮助用户快速分析数据并生成报告。
- 云计算技术：云计算技术为经营分析会提供了强大的计算和存储能力，确保数据处理的实时性和高效性。
- 人工智能与机器学习：通过 AI 和机器学习技术，IT 支撑能自动识别数据中的异常和趋势，提供预测和建议。

IT 支撑的实践应用如下。

- 自动化报告生成：通过预设的报告模板和数据源，IT 系统能够自动生成经营分析报告，减少人工操作和数据错误。
- 实时数据监控：利用 IT 系统，管理层可实时监控关键业务指标和市场动态，确保及时响应市场变化。
- 预测模型与分析：借助 AI 和机器学习技术，IT 支撑可以构建预测模型，对未来经营情况进行预测和分析，为决策提供有力支持。
- 跨部门协作与信息共享：IT 系统支持跨部门的数据共享和协作，确保经营分析会上的信息畅通和高效决策。

经营分析会是确保企业战略得以有效实施和监控的关键环节。通过定期召开经营分析会，企业可实时了解战略目标的执行情况，发现和解决问题，优化资源配置，促进部门间协作，为战略目标的实现提供有力保障。

IT 支撑通过提供强大的数据收集、处理、分析和报告功能，为经营分析会提供全面、准确和高效的信息支持，帮助管理层做出更加明智和精准的决策。

第 11 章

集成产品开发（IPD）业务数字化实践

产品创新、研发和管理是企业获取竞争优势，实现可持续增长的关键，也是企业经营的主要对象。面向市场和客户需求，持续研发出高质量、高价值、性价比高且竞争力强的产品，是企业生存和发展的基础。不仅适用于 ICT 和装备行业，服装、美妆、服务业、通信等领域同样需要进行产品研发和管理。可以说，产品研发管理水平的高低，直接决定了企业竞争力的高低。

然而，产品研发长期以来存在几个问题：（1）研发受限于个人能力，存在极大的不确定性，个人能力强时，研发效果较好，但难以持续推出有竞争力、高质量、市场商业化较成功的产品。（2）许多企业将研发视为研发部门的职责，没有从企业增长、战略和投资回报的角度去看待研发，也缺乏各部门协同和为新产品共同负责的机制及端到端的流程，这导致很多产品都是研发部门闭门造车，缺乏创新的协同性和有效性。（3）研发成本和效果不成比例。企业研发投入巨大，但效果常常不如人意，缺乏从战略层面去对准客户需求和市场需求的研发和考核。技术部门也不需要对新产品的市场贡献负责，只是完成技术开发就算完成任务，缺乏市场导向的考核已成为制约企业研发效果的重要因素。

因此，仿效标杆企业，构建具有企业竞争力的产品研发管理体系，建立市场导向的产品创新考核机制，组建项目制的集成产品研发团队，实行端到端负责制，并采用数字化平台去落地这个集成产品研发管理体系，提升企业的产品研发能力，成为重中之重。

📍 IPD 管理体系概述

IPD（Integrated Product Development）管理流程框架是一种综合性的产品开发流程方法，旨在提高产品质量、缩短开发周期、降低开发成本，并最终满足客户需求。

IPD 还包含了价值创造流程和战略到执行流程（BLM 模型），价值创造流程聚焦从客户要求到客户满意，而 BLM 模型则有效拉通了战略到执行，并实现了闭环管理。IPD 流程注重协同合作、信息共享、风险共担和效率优化，以确保项目目标的一致性并提高项目的成功率。

IPD 管理体系的要点

将产品研发视为战略投资： 产品研发就是一种投资，将产品研发和创新视作一种承接战略的投资行为，通过产品投资组合为企业创造未来的增长点。

跨部门协作：IPD 强调跨部门、跨系统的协同工作，组建包括市场、研发、生产、销售等多个部门的跨部门产品开发团队。通过有效的沟通、协调和决策，确保产品设计与开发的高效进行。

结构化流程：IPD 采用结构化的产品开发流程，将产品设计与开发过程划分为明确的阶段，如概念设计、详细设计、原型制作、测试验证等。明确各阶段的目标、输出和责任人，确保产品开发的有序进行。

异步开发模式：IPD 倡导异步开发模式（并行工程），通过严密的计划和准确的接口设计，将原本串行进行的活动提前进行，缩短产品上市时间。

公共开发库可重用性：IPD 强调重用性，采用公用构建模块提高产品开发的效率和质量。通过重用已有的设计、组件和测试方法等，减少重复劳动和降低开发成本。

IPD 管理体系的组织架构

企业的产品创新和研发是企业创新的重要组成部分，肩负着为企业创造新产品、进行产品规划和产品管理的职能。产品管理和规划是企业竞争力的来源，能构建完善的产品组合战略、产品管理和开发的集成组织、产品管理和研发流程、产品线和产品平台、产品管理数字化系统，是产品研发领域的重点工作。

投资评审委员会（IRB）：IRB 负责评估和决策关于产品开发的投资项目，确保公司的资源得到有效利用，IRB 由公司的决策层和高层组成，完成投资评审等相关职责，IRB 负责产品开发投资预算和动态预算管理及审批。

产品管理团队（PMT）：代表公司的决策层，负责制定公司的发展规划，对产品开发项目进行决策，以及完善市场管理和开发流程，任用合适的人选等。IPMT 是 IPD 的核心组织之一，负责确保产品的战略方向与公司整体战略保持一致。

产品开发团队（PDT）：负责具体的流程和数字化规划建设落地工作。PDT 是具体的产品开发执行组织，由市场、销售、产品、研发、生产、采购、交付、服务等部门组成。PDT 作为一个产品线实体组织，在产品全生命周期中，对产品的需求、设计、开发结果、产品竞争力、产品的商业成功端到端负责。

需求管理团队（RMT）：RMT 负责公司层面的需求推动，管理公司级重大项目及跨产品线的需求，向 PMT 的产品组合路标提交需求，进行跨产品线需求的协调、重要需求争议的仲裁，为公司级 MM 流程提供相关输入材料。负责制定主动需求收集计划，通过地区市场管理组织（MTKG）等渠道开展需求收集活动，定期审视需求收集进展。

IPD 管理体系的流程框架（样例）

参考华为 IPD 管理体系的整体流程框架，如图 11-1 所示。

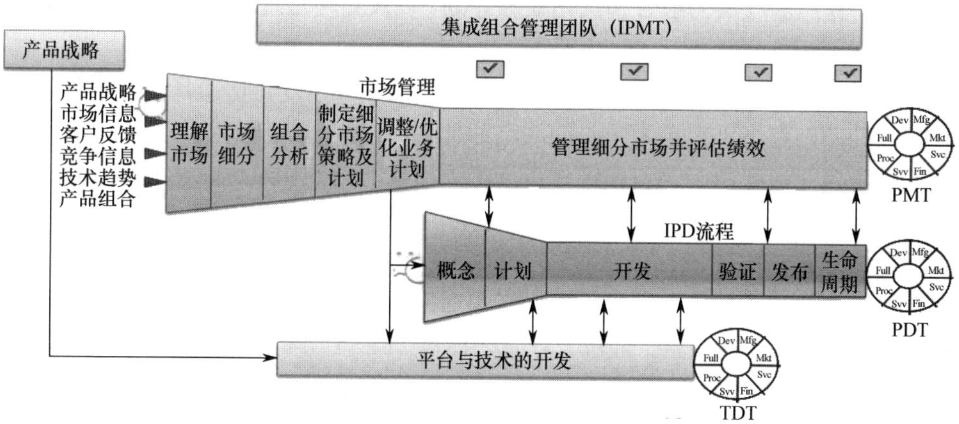

图 11-1　华为 IPD 管理体系的整体流程框架

我们可以看到，对一个新产品来说，它的生命周期包括以下几个阶段。

（1）项目立项阶段。确定项目目标和范围，明确产品的市场需求和背景，制定项目计划和时间表，并制定项目管理方法。

（2）前期概念设计阶段。对产品进行概念设计，明确产品的功能、性能、特性等要求，确定产品的整体方案和技术路线，制定前期设计评审和验证计划。

（3）详细设计阶段。基于前期概念设计结果，进行详细设计和制造流程规划，明确产品的结构和工艺要求，制订设计评审和验证计划。

（4）工艺试验和验证阶段。对产品进行工艺试验和验证，包括材料选用、工艺流程排布、工装制作等工作，制订工序质量控制计划。

（5）工厂生产阶段。进行实际生产，并进行过程控制和质量监控，确保产品符合设计要求，并进行工艺改进和优化。

（6）产品测试和验证阶段。对生产的产品进行验收测试和验证，确保产品质量满足设计标准和用户需求，制定产品测试计划和验证标准。

（7）市场推广和销售阶段。进行市场推广和销售工作，收集用户反馈和问题反馈，及时处理产品质量问题，进行售后服务和质量改进。

（8）持续改进阶段。根据市场反馈和用户需求，进行持续改进和创新，进行研发和技术升级，提高产品质量和市场竞争力。

市场管理（Marketing Management，MM）流程

市场管理的学习和实战经验提炼，主要内容包括市场管理的定义、六个关键步骤、业务计划的类型与要素、市场管理与其他流程（如 IPD）的关系、组织架构中不同团队的角色和职责，以及市场分析的方法和工具。详细介绍了市场细分、组合分析、业务战略和计划的制定，以及如何管理和评估业务计划的绩效。本章探讨如何在产品线层面融合和优化业务计划，以及如何通过项目任务书（Charter）来引导产品开发团队（PDT）的工作。

市场管理是一套系统化的方法论，旨在帮助企业从广泛的市场机会中做出选择和收缩，制订出以市场为中心的战略和计划，以实现最佳的业务成果。市场管理流程是企业内部用于管理和优化市场相关活动的结构化过程，它包括以下几个关键阶段。

（1）理解市场（Understand the Market）：这个阶段的目的是获得对市场的全面认识，包括市场趋势、客户需求、竞争对手分析等。活动包括明确业务使命，定义目标市场，分析政治、经济、社会、技术（PEST 分析）对市场的影响，以及进行全面的市场 SWOT 分析。

（2）市场细分（Market Segmentation）：在这个阶段，企业将市场按照不同的维度划分为更小的细分市场，以识别和理解不同客户群体的具体需求。活动包括审视市场细分的可能性、运用"发现利润区"的概念，以及确定最具吸引力的潜在细分市场。

（3）组合分析（Portfolio Analysis）：这个阶段涉及评估不同市场细分的吸引力和企业的相对竞争地位，以确定投资优先级。使用的工具包括 SPAN 分析（评估市场吸引力和竞争地位）和 FAN 分析（财务分析）。

（4）制定业务战略和计划（Develop Business Strategy and Plan）：在此阶段，企业基于前面的分析结果，制定具体的业务战略和计划。包括战略目标、价值定位，以及制定详细的业务计划。

（5）融合和优化业务计划（Integrate and Optimize the Business Plan）：这个阶段的目的是确保业务计划在不同产品线和整个组织中保持一致性和协同效应。活动包括使用组合决策标准（PDC）对项目进行排序和优先级设置。

（6）管理业务计划并评估绩效（Manage and Evaluate the Business Plan）：最后

一个阶段涉及执行业务计划，并定期评估其绩效，确保计划的实施与企业目标相符。包括监控关键绩效指标（KPI）、根据市场反馈调整计划，以及必要时进行更新。

每个阶段都有其特定的活动、工具和输出，确保企业能够系统地分析市场、制定战略，并有效地管理业务计划。通过这些阶段，企业可以更好地对市场机会进行优先排序，优化资源分配，并提高市场竞争力。

需求管理流程

在 IPD 体系下，产品投资组合管理的例行活动首先表现在对客户需求的快速响应上。这包括需求的收集、分析与决策、研发实现等端到端的业务流。需求管理本质上是一条"从客户中来到客户中去"的业务流。为了高效地协同各个部门，更好地管理客户需求被满足的全过程，华为建立了需求管理流程。

IPD 需求管理流程由收集、分析、分发、实现、验证 5 个步骤构成，如图 11-2 所示。

基于IPD的产品需求开发与管理

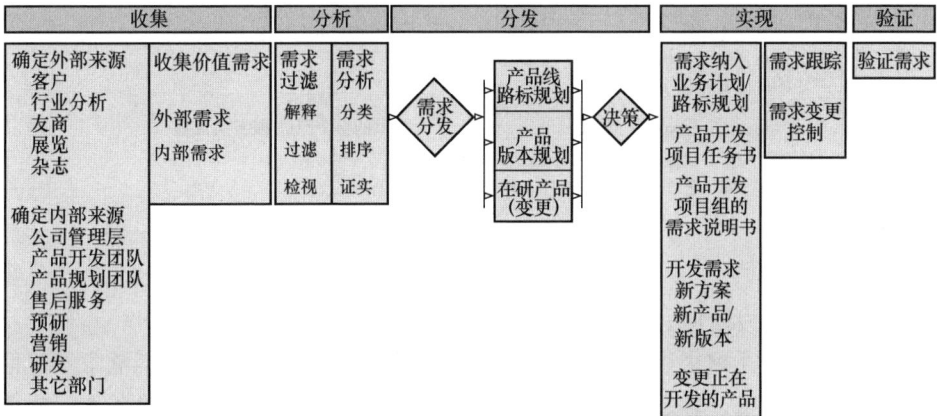

收集	分析	分发	实现	验证
确定外部来源 客户 行业分析 友商 展览 杂志 确定内部来源 公司管理层 产品开发团队 产品规划团队 售后服务 预研 营销 研发 其它部门 收集价值需求 外部需求 内部需求	需求过滤 解释 过滤 检视 需求分析 分类 排序 证实	需求分发 产品线路标规划 产品版本规划 在研产品（变更） 决策	需求纳入业务计划/路标规划 产品开发项目任务书 产品开发项目组的需求说明书 开发需求 新方案 新产品/新版本 变更正在开发的产品 需求跟踪 需求变更控制	验证需求

图 11-2　IPD 需求管理流程

（1）需求收集阶段。

在需求管理流程中，需求收集阶段是一个喇叭口式的开放性活动，目的是更广泛地了解客户需求。这是在 RMT（需求管理团队）组织下，通过相关需求收集方法，有计划地主动收集客户需求信息，确定并生成可能的产品包需求，为后续的分析、筛选和执行做准备。

收集客户需求的方法和途径多种多样，包括客户拜访、协议标准、法律法规、入网认证、第三方报告、标书分析、技术演进等。通过这种喇叭口式的收集，所获得的需求称为原始需求，反映客户的痛点和期望。

所有通过主动、被动渠道收集的客户需求都必须录入需求管理数据库，以便统一分析和按优先级排序。各部门原则上不考虑未经统一平台录入的需求信息。PDT 对 TDT 提出的内部需求也必须统一提交到该平台，按照既定流程进行处理。

（2）需求分析阶段。

在需求分析阶段，必须遵循和使用规范的过程、分析工具、方法；需求信息具备必要的要素，可对其进行分析、解释、排序和进一步细化。该阶段目的在于确保后续的子流程中可以有效分发、执行并验证分析过的需求，分析活动包括解释、过滤、分类、排序等。

常用的需求分析工具包括$APPEALS 方法，该方法有助于改进和完善产品概念，很好地覆盖了产品包需求的各个方面，有效运用该方法能够大大提高 PDT 交付产品的市场竞争力。此外，还有 SWOT 等分析方法也常被应用于需求分析中。

客户需求的评估方法如图 11-3 所示。

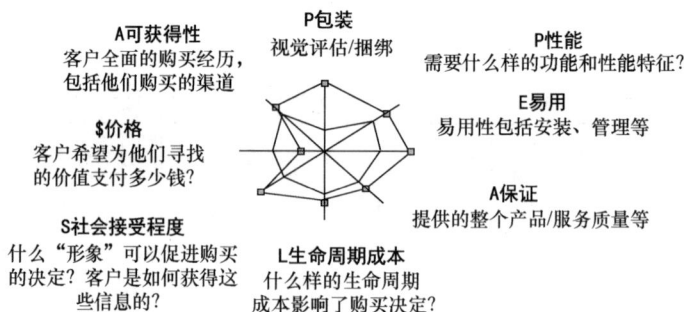

A可获得性
客户全面的购买经历，包括他们购买的渠道

P包装
视觉评估/捆绑

P性能
需要什么样的功能和性能特征？

$价格
客户希望为他们寻找的价值支付多少钱？

E易用
易用性包括安装、管理等

S社会接受程度
什么"形象"可以促进购买的决定？客户是如何获得这些信息的？

A保证
提供的整个产品/服务质量等

L生命周期成本
什么样的生命周期成本影响了购买决定？

图 11-3　客户需求的评估方法

（3）需求分发阶段。

需求决策后，需求进入等待开发的阶段。接纳后的需求分为紧急需求、短期需求、中长期需求。紧急需求以变更管理的方式进入正在开发的产品版本，短期需求纳入产品规划，中长期需求作为路标的输入进行跟踪管理。

客户需求呈金字塔型分布，具有不同的颗粒大小。该阶段的主要目标是确保需求被恰当地分配到最合适的组织或子流程，并由相应部门决策：该需求应当被接纳实施，还是拒绝，或推迟。

（4）需求实现阶段。

需求被分发到产品版本中之后，就进入实现阶段。在该阶段，将客户需求转化为产品，满足所确定的客户需求。该阶段和"产品开发流程"及"技术开发流程"密切相关。需求转变为规格、设计和最终产品，在此过程中由产品开发流程或技术开发流程控制需求的每次转变。

需求实现过程中存在以下两类风险：一是因客户/市场变化导致的需求变更，可能影响 PDT 的开发活动；二是因 PDT 的资源等原因导致需求交付的延迟，可能影响客户的应用计划。

（5）需求验证阶段。

需求验证包括需求的确认和需求的验证两种方式。验证活动贯穿于整个需求管理流程，在分析阶段需要对需求进行"客户早期验证"；在实现过程中，需求也需要在 IPD 的计划阶段和验证阶段获得客户确认。

在验证阶段，PDT 通过交付版本，结束需求管理团队分发的任务；需求管理团队对 PDT 的交付进行内部验证，确认任务完成，同时对需求提交人发布实现结论，提交人等待版本上线后根据客户的反馈意见提交验证结论，确保满足客户需求。

总之，IPD 的产品投资组合管理流程是一个端到端的业务流，从客户需求的收集到需求的验证，每个步骤都有规范的过程、分析工具和方法。这个流程的目的是高效地协同各个部门，更好地管理客户需求被满足的全过程。通过这个流程，华为能够快速响应客户需求，提高产品的市场竞争力，满足客户的需求。

产品立项 Charter 流程

Charter 的定义：任务书（Charter）是产品和解决方案概要的初始商业计划书，是产品规划过程的最终交付，是对产品开发的投资评审决策依据。任务书开发流程（Charter Development Process，CDP）定义了任务书开发过程和交付要求，保障任务书高质量交付。

Charter 为什么重要？ 在华为引进 IPD 体系之初，研发合格产品的过程被划分为两个关键阶段：确保开发团队投入正确的方向和采用正确的方法。其中，把握正确方向的核心在于确保产品精准满足客户需求并创造商业价值。这要求在产品规划和研发阶段伊始，就明确定义出具有市场竞争力的产品。在华为，这一阶段通过 Charter 来实现。

Charter，或称为任务书、商业计划书，标志着产品规划过程的成果，为产品开发的投资评审提供决策基础。其价值体现在引导研发团队聚焦正确的目标上，核心在于评估产品的投入价值及如何打造出有竞争力的产品。每份 Charter 都明确了产品的定义、性质和竞争力，即解答了产品定位、行业选择和目标实现的方向性问题。

Charter 的质量直接影响产品的终极品质。优质的 Charter 能明确项目目标、合理配置资源、控制风险，进而增加产品开发的成功概率并提高最终产品品质。

Charter 的制订是一个动态优化的过程，项目团队需根据项目发展和外部环境的变化，持续地对 Charter 进行修正与完善。这一过程类似于螺旋上升，确保项目目标与公司战略紧密相连，最终实现投资的最大化回报。

开发 Charter 的过程应采用敏捷方式，以实现连续规划和迅速迭代。这种方法让项目团队能够灵活地应对变化，调整战略以保证项目目标达成。

回答 Charter 问题可以采用 4W+2H（Why/What/When/Who+How/How much）的方法。

CDP 如何保证 Charter 的质量？ 华为将 Charter 的开发视为与产品开发同等重要的任务，强调以产品开发的严谨性来对待 Charter 的制定。这种态度体现了对 Charter 重要性的深刻认识，即它不仅是项目成功的关键前提，还是确保资源有效配置、项目目标明确、风险可控的重要工具。为了开发出真正高质量的 Charter，华为建立了一套完善的管理体系，包括专职的团队、详尽的管理流程和严格的质量控制，这些都是高效开发 Charter 的关键要素。

在华为，Charter 的制定工作由专门的 Charter 开发团队（Charter Development Team，CDT）承担，这个团队不仅负责 Charter 的编写，还要确保整个开发过程的质量和效率。这种团队化、专职化的操作模式，确保了 Charter 开发工作能得到足够的重视和资源支持，同时也保障了开发工作的专业性和深入性。

CDP 是华为管理 Charter 开发工作的核心流程，它将 Charter 的制定工作细分为五个阶段：CDT 立项准备、市场分析、产品定义、执行策略和 Charter 移交。每个阶段都有明确的目标、任务和质量标准，确保了 Charter 能够全面、准确地反映项目的关键信息，包括市场机会、产品定位、竞争策略、资源需求等。

通过 CDP，华为实现了 Charter 开发的全流程控制，从立项到移交的每个环节都受到严格监管，每一步都必须满足既定的质量要求。这种流程化、标准化的操作确保了 Charter 的质量，使其成为引导项目成功的可靠文件。

（1）CDT 立项准备阶段：跨领域团队的重要性。

在华为，开发高质量的 Charter 始于一个关键阶段——CDT 立项准备。这一阶段由产品管理部的专家牵头，基于产品的初步构想，撰写并提交 CDT 立项申请报告和 CDT 组织建议。这份报告不仅是启动 Charter 开发项目的正式请求，更是为整个项目定下了基调。决策机构基于此报告决定是否启动 Charter 开发，这一过程标志着 Charter 开发项目的正式启动。

CDT 的成立为开发高质量的 Charter 提供了组织保障。作为一个跨领域、跨部门的团队，CDT 汇集了来自营销、销售、服务、研发、制造、供应链、合作伙伴管理以及财务等领域的专家，体现了华为在 Charter 开发中注重综合各方视角和专业知识的理念。每位团队成员都在其专业领域内提供关键见解，共同推进 Charter 的开发。

在 CDT 中，产品管理专家担任团队领导，即 CDT Leader。这位领导者不仅要具备对市场的深刻洞察力，还要有成功实践这种洞察的经验。CDT Leader 的经验和能力在很大程度上决定了 Charter 的质量。一个有远见的 Leader 能引导团队识别并把握市场机会，确保 Charter 在正确的方向上发展，从而为项目的成功奠定基础。

通过 CDT 立项准备阶段的精心准备和 CDT 的专业协作，华为确保了 Charter 的开发过程既系统又高效。这一过程不仅关乎 Charter 本身的质量，更体现了华为对跨领域合作重要性的认识，以及在项目管理上的高度专业性和前瞻性。这种跨部门、多专业的合作模式为华为在激烈的市场竞争中保持领先提供了强有力的支持。

（2）市场分析阶段：解答产品开发的"Why"问题。

在 Charter 开发的旅程中，市场分析阶段站在了起点位置，肩负着阐明"Why"——即明确我们为何要开发这款产品的重任。这一阶段的核心目标是深入挖掘和理解市场需求，从而确保产品开发不是空中楼阁，而是立足于真实、具体的市场机会之上。

为了解答这一"Why"问题，CDT 需要走出办公室，深入市场，与潜在的客户直接对话。通过这种面对面的沟通交流，团队能从第一手资料中获得宝贵的市场洞察，包括当前市场上存在哪些未被满足的商业机会、潜在应用场景及用户需求、客户面临的主要问题和他们的期望是什么，以及市场的竞争格局等。

这一过程中收集的信息，将为产品的定位和开发提供坚实的基础。通过分析市场需求和竞争环境，CDT 可以初步确定产品的备选特性，明确产品的目标客户群、产品能为客户提供的独特价值，以及该产品预期给公司带来的商业价值。这不仅是为了确保产品一经推出便能够击中市场的痛点，更是为了确保产品的开发方向与公司的长远战略保持一致。

市场分析阶段是 Charter 开发中不可或缺的一环，它通过科学、系统的市场调研和分析活动，确保了产品开发项目的正确方向和最终的成功。它回答了"Why"这一最初且最关键的问题，为整个项目的顺利进行和成功打下了坚实的基础。这个阶段的成功执行，依赖 CDT 的市场洞察力、与客户沟通的能力以及快速准确地捕捉市场机会的能力。

此阶段一般可分为以下几方面关键活动：客户互动、市场分析、行业技术分析、竞争分析、合作分析、商业模式分析等，最终形成新产品能为客户带来的价值及能为公司带来的价值的判断。

在完成上述市场分析等一系列工作之后，CDT 会向商业决策组织汇报市场分析结果，评审通过后进入产品定义阶段。

（3）产品定义阶段：连接市场需求、产品设计与开发策略。

在 Charter 开发流程中，产品定义阶段扮演着桥梁的角色，将市场需求与具体的产品设计和开发策略连接起来。这一阶段的核心目的是明确地回答"What"问题——即产品应当具备什么特性，以及如何设计和实现这些特性，才能满足客户的需求并创造商业价值。

本阶段完成以下关键活动：确定产品目标成本、确定产品可销售价值特性及盈利控制方式、确定产品包需求及排序。

● 确定产品目标成本。

确定产品目标成本阶段强调产品的公司内部全流程成本（内部 TCO）和客户生命周期应用成本（客户 TCO），是希望在理想的情况下，产品实现的各类 TCO相关的需求带来的价值能够达成内部和客户 TCO 成本目标。

内部或客户 TCO 目标成本可以从两个视角去审视：一个视角是自底向上的，即产品实现的部分功能、性能、可服务性、可靠性等需求带来了内部或客户 TCO节省的价值；另一个视角是自顶向下的，要从产品运营财务视角提出内部和客户TCO 节省的目标，并作为后续产品包必须达到的目标。

● 确定产品可销售价值特性及盈利控制方式。

在这个阶段，CDT 在前期市场分析阶段输出的基础上，进行可销售价值特性的识别，并提出该 Charter 的商业设计概要。这样做的目的，一是要将"如何卖"以需求包的形式传递给研发；二是在后期需求和特性排序中始终聚焦高价值的部分。

● 确定产品包需求及排序。

CDT 将初步的产品包需求与主要竞品进行比对分析，发现不足，进行规格和需求的调整，确保规划版本的需求和规格具备竞争力。然后进入对特性／需求进行动态优先级排序的过程，对整体的产品包需求进行排序的主要目标是希望价值客户需求能够尽早地、完整地、清晰地传递给后端研发，在产品开发过程中能快速响应价值客户需求。

CDT 在特性价值排序、非特性市场需求及内部需求排序的基础上，应用多种方法进行整个产品包需求排序，组织利益各方讨论，最终形成与研发团队达成一致的产品包需求。

CDT 还需按照需求闭环确认的原则，组织与典型客户进行沟通，确保客户重要需求没有遗漏，保障产品规划需求是符合客户要求的。

完成上述过程之后，商业计划的开发就进入了执行策略的制定阶段。

（4）执行策略阶段：回答 When/How/How Much/Who

执行策略阶段是指开发这个版本需要用到的资源、成本、费用、团队的具体执行计划和措施。作为商业计划开发的一个核心环节，主要聚焦将之前阶段的理论分析和规划转化为可执行的行动计划。在这一阶段，关键在于解答"When"（何时执行）、"How"（如何执行）、"How Much"（需要多少资源、成本和费用）以及"Who"（谁来执行）这些问题，确保项目的顺利进行和成功实施。

本阶段一般可分为以下几方面关键活动：确定产品关键里程碑，确定 E2E 配套策略和开发策略，确定定价策略和商业模式设计，确定服务策略，开发团队的组建建议，进行产品投入产出分析，完成风险分析等。

- 关键里程碑的确定：此环节的核心是根据 IPD 开发管理规定，制订出本产品版本的详细时间表。涵盖了从开发启动、编码、测试到系统集成测试，最终到上市发布等各个阶段的时间点，为项目提供了明确的时间框架。
- E2E 配套策略和开发策略：CDT 从交付的全链路规划角度出发，细化新产品所需的所有配套产品或组件的需求。这包括需求描述、准入认证要求以及版本交付计划，确保产品的全面兼容和及时交付。此外，还会就配套产品的长期发展提供建议，确保产品策略的持续性和前瞻性。
- 定价策略和商业模式设计：通过聚焦所有相关部门的联合研讨，CDT 对定价策略进行综合评估，确保所提出的定价既符合市场需求，又具备竞争力，同时保障产品的盈利性。
- 服务策略的制定：服务代表在 CDT 中负责制定技术服务目标和策略，评估所需技术服务资源，并设定服务成本目标，以确保提供高效且成本可控的客户服务。
- 开发团队的组建建议：基于产品的复杂性和跨领域需求，提出最合适的开发团队组成方案，以及如何高效管理团队协作的方法。
- 产品投入产出分析：CDT 向集成产品管理团队（IPMT）提供基于产品定义阶段所确定的目标成本、预期销量和定价的详细损益分析，以确保项目的财务可行性。
- 风险分析：对潜在的商业风险进行全面分析，涵盖市场、客户、产品开发实施以及项目管理等方面的风险，并制定相应的规避措施，明确责任人与跟进要求，以确保项目的顺利进行。

完成上述工作后，CDT 会完成向 IPMT 汇报的 Charter Review 材料，向 IPMT 商业决策组织进行汇报，获得商业计划的批准。IPMT 在评审 Charter 时必须思考相关问题，如果回答都是积极的，则投票通过并成立一个 PDT。

（5）Charter 移交阶段：收尾、总结与移交。

经过 IPMT 的评审和批准，Charter 开发进程进入了收尾与移交的关键阶段。此时，CDP 的主要阶段已经完成，CDT 需进行最后的项目总结、文档归档，并将 Charter 正式移交给 PDT，以便后者可以开始或继续产品的开发工作。

华为的 IPD 流程分为概念、计划、开发、验证、发布、生命周期六个阶段，每个阶段都有明确的任务和输出，以及严格的评审和决策机制。华为 IPD 强调以客户需求为导向，通过跨部门团队的协作和管理，实现产品开发的高效化和成功率的提升。

华为 IPD 还注重流程的优化和风险管理，通过不断总结经验教训，对 IPD 流程进行持续改进，以提高产品开发的质量和效率。IPD 流程全景图如图 11-4 所示。

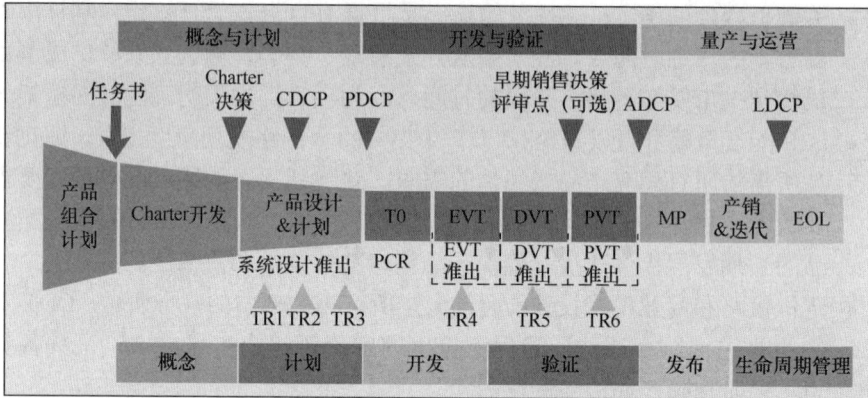

图 11-4　IPD 流程全景图

（1）概念阶段。

概念阶段是 IPD 结构化流程的第一个阶段，是从接收产品开发任务到概念决策评审的过程。概念阶段的主要意义在于明确需求，同时评估产品机会是否与公司产品战略一致，是否符合公司业务策略的要求，并做出决策。

概念阶段的主要目标：验证客户需求，形成客户需求规格说明书；进行多方案选择，确认可实现的技术路径；除了分析客户需求外，还要综合分析可生产、可测试，可验证、可安装、可服务的需求，形成产品包需求规格说明书；对产品机会的总体吸引力及是否符合公司的总体策略做出快速评估，形成业务计划书。

概念阶段的主要活动如图 11-5 所示。

概念阶段需注意的问题：市场经理要重点投入精力；不仅要关注技术，还要从产品的成本、价格、可交付性、外观、界面、功能、性能、可靠性、可维护性以及可安装性等方面，分别对技术提出全面的需求；应从公司现有产品或竞争对手的产品中选择标杆，由系统级工程师团队共同分析，从产品的卖点角度考虑方案的选择；除了关注外部需求，还要提前考虑内部的需求（生产、测试、验证、安装、服务）。

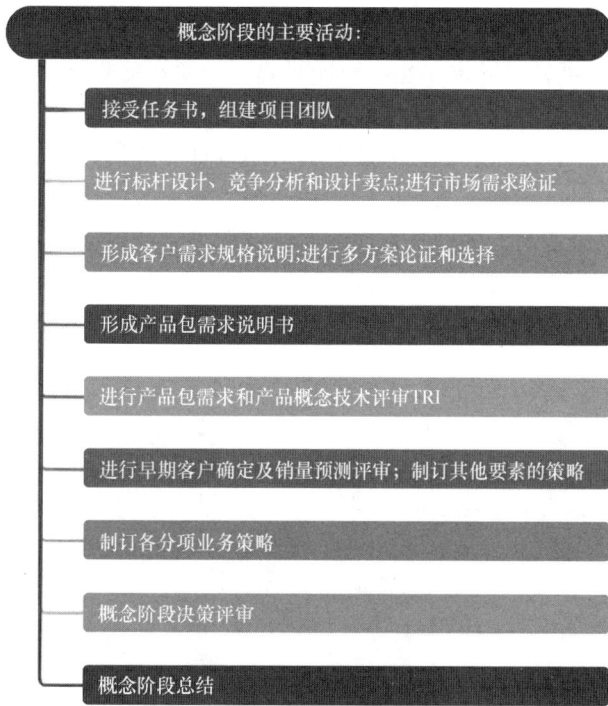

图 11-5　概念阶段的主要活动

（2）计划阶段。

计划阶段是对概率阶段的假设进行验证，通过与企业或者产品线达成的"合同式"协议，PDT 获得授权。计划阶段的主要目标如下。

- 完成从客户需求到功能需求，再到技术需求的映射；
- 从逻辑上完成从系统到子系统，再到整机单机，以及各模块的需求分解分配；
- 形成整个系统的规格定义，根据规格定义完成硬件到单板、软件到模块及工艺结构的概要设计；
- 完成各个模块所需的资源配置；
- 完成公司级计划、各模块级计划以及更详细的个人三级计划，并签订绩效承诺书；
- 若有长货期的物料及核心元器件的采购需求，需制订早期采购计划并控制风险；
- 详细分析商业计划，决定公司是否投入大量资源进行开发。当公司计划阶段通过后，后续的工作不容失败，否则将是决策的巨大失误。

计划阶段的主要活动：增扩 PDT；计划阶段开工，制订阶段工作计划；进行需求分解分配；明确设计规格；开展技术评审 TR2；进行概要设计（软件、硬件、结构、工艺）；开展技术评审 TR3；再次明确内部要素策略。

计划阶段需注意的问题：不能只考虑方案设计而不考虑资源投入；不应将方案分成总体方案和各模块方案，导致总体方案设计完成后，还需再做各个模块的方案设计，方案设计不能一次到位，避免不断重复更改；要通过需求的分解分配来评估是否存在未解决的关键技术、哪些关键器件未经论证，以避免开发风险过大；各层次的方案和计划应有效衔接，防止方案和计划脱节；应将此阶段的计划与人员绩效衔接起来，使绩效管理和方案设计相关联。计划阶段的注意事项如图 11-6 所示。

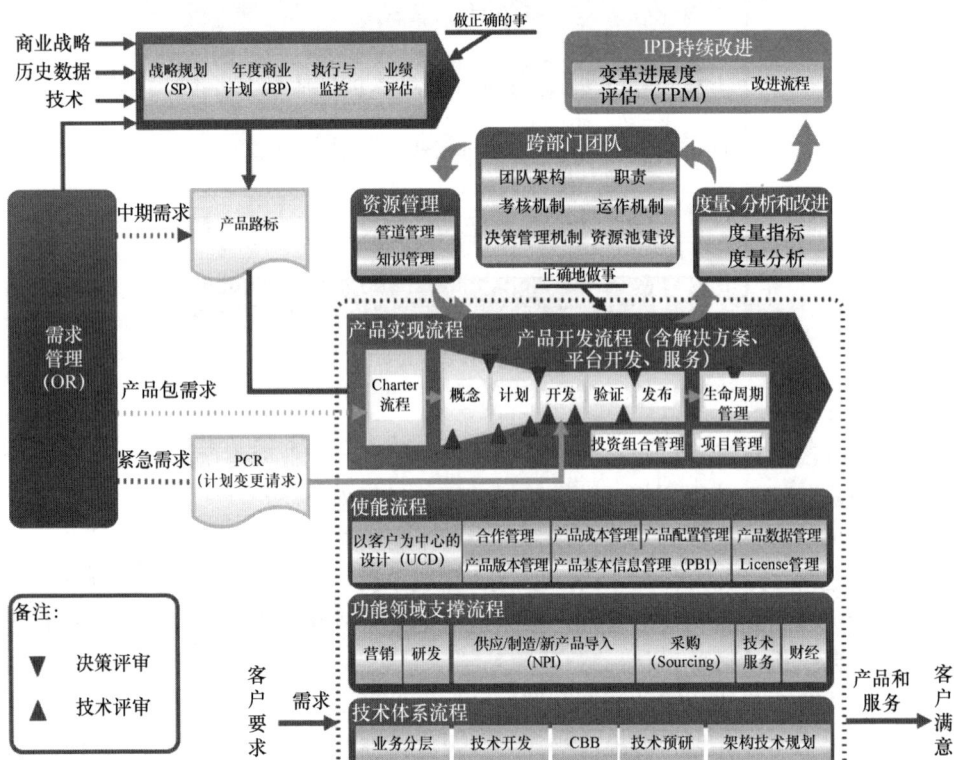

图 11-6 计划阶段的注意事项

（3）开发阶段。

开发阶段主要根据产品系统结构方案进行产品详细设计，并实现系统集成，同时完成与新产品制造相关的制造工艺开发。

开发阶段的主要目标：对各模块进行详细设计；进行模块功能验证；进行系统功能验证；进行系统集成测试；进行系统功能验证测试；发布最终的工程规格

及相关文档。

开发阶段的主要活动：

- 根据产品系统结构方案，进行各模块的详细设计。
- 对模块进行功能验证。
- 进行系统功能验证。
- 进行系统集成测试。
- 完成与新产品制造相关的制造工艺开发。
- 发布最终的工程规格及相关文档。

开发阶段应注意的问题：

- 确保详细设计与系统结构方案的一致性。
- 充分测试和验证模块及系统功能。
- 解决系统集成过程中可能出现的问题。
- 关注制造工艺开发与产品设计的匹配。
- 及时更新和发布工程规格及相关文档。

（4）验证阶段。

验证阶段同样至关重要，它不仅能确保产品在市场上的成功，还能确保产品功能满足市场需求，同时为制造做准备，起到呈上的作用，证实了开发阶段的假设。

验证阶段的主要目标：进行必要的设计更改，使产品符合需求；验证产品功能和性能；发布最终的产品规格及相关文档。

验证阶段的主要活动：

- 增扩 PDT ：进一步增扩 PDT，以满足后续开发验证活动对人员的需求。
- 各模块详细设计：按照产品规格和概要设计，进行各模块详细设计及实现。
- 硬件和软件单元测试（BBFV、BBIT）：进行硬件、软件单元级别的构建模块功能验证（BBFV）和构建模块集成测试（BBIT）。
- 技术评审 TR4：对各模块详细设计进行评审，完成技术评审 TR4。
- 系统设计验证：对各个系统的功能设计进行验证。
- 系统集成测试：对系统进行集成并完成集成测试。
- 初始产品制造和测试：开始制造初始产品，并进行制造系统的测试。
- 技术评审 TR5：对初始产品进行评审，完成技术评审 TR5。
- 开展 SVT 测试：对系统进行验证测试。
- 开展 BETA 测试：选择一个典型环境对系统进行 BETA 测试。
- 系统认证和标杆测试：进行系统认证测试和标杆测试。
- 技术评审 TR6：对产品规模生产进行评审。

验证阶段应注意的问题：
- 测试覆盖度：确保测试用例覆盖所有产品功能和需求，避免遗漏重要问题。
- 缺陷管理：及时跟踪和处理测试过程中发现的缺陷，确保问题得到妥善解决。
- 风险评估：对可能影响产品质量和进度的风险进行评估，并制定相应的应对措施。
- 验证环境：搭建和维护可靠的验证环境，保证测试结果的准确性和可靠性。
- 与其他阶段的协调：与开发阶段和制造阶段密切协调，确保产品的设计更改和制造准备工作顺利进行。
- 客户反馈：在 BETA 测试等活动中，积极收集客户反馈，及时调整产品设计和规格。
- 文档更新：及时更新最终的产品规格及相关文档，确保其与实际产品一致。
- 资源管理：合理分配验证阶段所需的人力、时间和其他资源，确保项目按时完成。
- 知识转移：将验证阶段获得的经验和知识传递给其他相关团队，以便在后续项目中加以利用。
- 法规符合性：确保产品符合相关法规和标准的要求，避免法律风险。

（5）发布阶段。

发布阶段主要是对制造准备计划进行验证，评估并修改市场发布计划，以及证实验证阶段的假设。

发布阶段的主要目标：完成产品的早期客户的总结；完成产品的定位、定价策略和商标及命名；完成产品的宣传策略；完成产品的推广策略；发布产品，并制造足够数量的产品，以满足客户在性能、功能、可靠性和成本目标方面的需求。

发布阶段的主要活动：
- 制造准备评估：验证制造准备计划，包括生产线设置、生产工艺、产能等。
- 市场发布计划评估：评估市场发布计划的可行性，包括发布时间、地点、推广渠道等。
- 产品定位和定价：确定产品在市场中的定位和价格策略，满足客户需求并保持竞争力。
- 品牌推广：制定产品的商标、命名和宣传策略，提升品牌知名度和形象。
- 客户反馈收集：收集早期客户的使用反馈，以便进行产品改进和优化。
- 产品供应和配送：确保足够数量的产品能及时制造并送达客户手中。

发布阶段应注意的问题：
- 生产能力和质量控制：确保生产过程中的产能和质量控制，满足市场需求和客户期望。

- 市场接受度和竞争分析：关注市场对产品的接受程度，分析竞争对手的情况，及时调整策略。
- 客户培训和技术支持：为客户提供充分的培训和技术支持，确保其能顺利使用产品。
- 发布后的跟踪和评估：持续跟踪产品在市场上的表现，评估发布阶段的效果，总结经验教训。
- 供应链管理：协调供应商和合作伙伴，确保原材料供应和物流配送顺畅。
- 法规和合规性：确保产品符合相关法规和标准，避免法律风险。

（6）生命周期阶段。

生命周期阶段作为 IPD 流程的最后一个阶段，公司需要加强产品的运营管理，以收回公司在新产品研发方面的投入，抢占市场份额，获取利润，最终实现项目业务目标。

生命周期阶段的主要目标：在产品稳定生产至产品生命终结期间对产品进行管理；对产品进行 B 类或 C 类更改。

生命周期阶段的主要活动：

- 团队交接并召开启动会，对产品开发进行总结，留下部分研发成员进入生命周期管理团队（LMT），进行产品更改，以便不影响后续持续开发的产品。
- 持续进行销售、服务及 B 或 C 类改进，对产品进行销售和服务及 B 类/C 类更改，进入产品更改流程。
- 进行产品经营分析及监控，评估产品业绩，对产品价格进行核准和监控。
- 进行生命终止决策评审（LDCP），评审项目是否终止。
- 对产品全生命周期进行总结。

生命周期阶段应注意的问题：

- 市场需求和竞争：持续关注市场需求变化和竞争对手动态，及时调整产品策略。
- 客户满意度：关注客户对产品的满意度，及时解决客户反馈问题，提高客户忠诚度。
- 产品改进和更新：根据市场需求和客户反馈，进行产品的 B 类或 C 类更改，保持产品竞争力。
- 成本控制：在产品生命周期的后期，注意控制成本，提高生产效率，保证产品利润。
- 风险管理：识别和管理与产品生命周期相关的风险，如技术风险、市场风险等。

- 知识管理：总结产品生命周期中的经验教训，转化为组织的知识资产，为后续产品开发提供参考。
- 团队协作：在团队交接过程中，确保团队间沟通和协作顺畅，避免信息流失。
- 法律法规：遵守相关法律法规，确保产品的合规性。
- 资源规划：合理规划资源，确保在产品生命周期的不同阶段都有足够的资源支持。
- 生命周期延长：考虑如何延长产品的生命周期，如通过推出新版本、拓展新市场或提供增值服务等方式。

IPD 产品管理的数字化支撑

B 公司在构建 IPD 体系的同时，也在同步规划 IPD 效率持续提升平台，典型的产品研发管理 IT 系统平台如下。

需求管理系统

产品需求系统是一种综合性工具，旨在帮助企业深入理解客户需求，优化产品特性和市场定位。该系统主要包括以下几个核心组成部分。

- 需求收集：通过多种渠道（如调查问卷、会议记录、用户反馈等），收集来自客户、市场调研和内部团队的需求信息。
- 需求分析：对收集到的需求信息进行整理和分析，包括优先级排序、识别重复或冗余的需求、评估需求的可行性等。
- 需求跟踪：对需求的状态（如"待审批""已批准""正在开发"等）进行跟踪，并设置提醒和通知，确保团队及时处理重要任务。
- 需求变更管理：随着项目的进展，跟踪和管理客户提出的新需求或对现有需求的修改，确保变更得到适当的处理和记录。
- 报告和分析：生成各种类型的报告和分析，帮助企业了解业务状况和趋势，包括需求统计、进度报告、成本分析等。

业界典型的需求管理软件（如 Zoho Projects、Trello、Asana、Smartsheet 等）提供了上述功能，使企业能更有效地管理和跟踪产品需求，从而提高产品开发的效率和市场适应性。

产品数据管理（PDM）系统

PDM（Product Data Management，产品数据管理）是一种用来管理所有与产品相关信息和过程的技术。它涵盖了产品从设计到生产的全过程，包括零件信息、配置、文档、CAD 文件、结构、权限信息等数据的管理，以及与产品相关过程的管理，如过程定义和管理。通过实施 PDM，可提高生产效率，有利于对产品的全

生命周期进行管理,加强对文档、图纸、数据的高效利用,使工作流程规范化。PDM
系统能有效地组织企业生产工艺过程卡片、零件蓝图、三维数模、刀具清单、质
量文件和数控程序等生产作业文档,实现车间无纸化生产。

PDM 系统的主要功能包括:

- 数据和过程管理:作为管理企业产品数据的系统,有效控制和管理产品设
  计、制造、销售等阶段涉及的数据。
- 数据组织和存储:帮助组织和存储产品相关的数据,保证数据的准确性和
  一致性。
- 提高团队协作效率:通过提高团队协作效率,加快产品开发周期,降低错
  误发生的风险,提高产品质量。
- 变更管理:提供管理和呈现完整的物料清单（BOM）所需的可见性,有利
  于所有 BOM 数据源和所有生命周期阶段的对齐和同步。
- 生命周期可视化:提供产品及其底层装配体和零件的共享和按需表示,不
  需要 CAD 创作工具或特殊技术知识。
- 数字模型功能:显著降低创建物理样机的成本。
- PDM 系统的应用不仅限于企业内部,还支持与外部合作伙伴的协作,支持
  从工程师、NC 操作人员到财会人员和销售人员按要求方便地存取最新的
  数据。随着技术发展,PDM 系统也在不断进步,例如数字化 PDM 能够将
  图纸纳入管理范围,通过树状图展现整个项目的设计路径,减少本地版本
  文件的存储需求。

产品生命周期管理（PLM）系统

产品生命周期管理（PLM）软件为企业提供了一个全面的解决方案,用于管
理产品从创意到服务的整个生命周期,包括全球供应链中所有相关信息与流程。

PLM 软件通过提供一个集中的信息管理平台,帮助企业在产品的整个生命周
期内管理和协调关键信息和流程。涵盖了从初始概念和设计阶段,通过制造和上
市,直至产品终止和退市的全过程。通过实现这种集中管理,PLM 促进了跨部门
和供应链合作伙伴之间的无缝沟通与数据共享,加速了决策过程,降低了错误和
重复工作的风险,提高了效率和生产力。此外,PLM 系统通过早期识别设计和生
产中的问题,帮助企业改进产品质量,减少返工和延迟,降低成本并缩短上市时
间。它还支持对产品数据进行全面分析,助力企业更好地理解市场需求和消费者
偏好,使产品开发更加贴近市场,增强产品竞争力。通过优化产品开发和管理过
程,PLM 系统最终帮助企业实现可持续发展,强化市场地位。

PLM 软件的应用不仅限于管理产品的物理生命周期,还包括对产品开发、创
新管理、质量管理、产品主数据管理（MDM）、配置器建模等方面的支持。它能

高效管理全球供应链中的物料、零部件、产品、文档、需求、工程变更单和质量工作流，同时无缝集成计算机辅助设计（CAD）系统，从而加快创新，更快地推出新产品。此外，在 PLM 与 ERP 的集成环境下，管理好基本物料信息，减少"一物多码"现象，是使 ERP 及其周边系统能够在企业"开花结果"的关键因素之一。

　　PLM 系统的实施需要多个解决方案的组合，包括 CAD/CAE/AM/VR/PDM 和零部件管理等应用软件。在线模型数据库在 PLM 中的应用，为零部件的使用者提供了便利，减少了管理成本。随着远程协同化 PLM 的深入发展，基于广域互联网络的零部件数据资源平台已进入快速发展时期，为设计者提供了数以百万计的三维、二维零部件 CAD 数据供选型，并可直接下载指定格式的模型到本地用于产品装配。PLM 系统架构如图 11-7 所示。

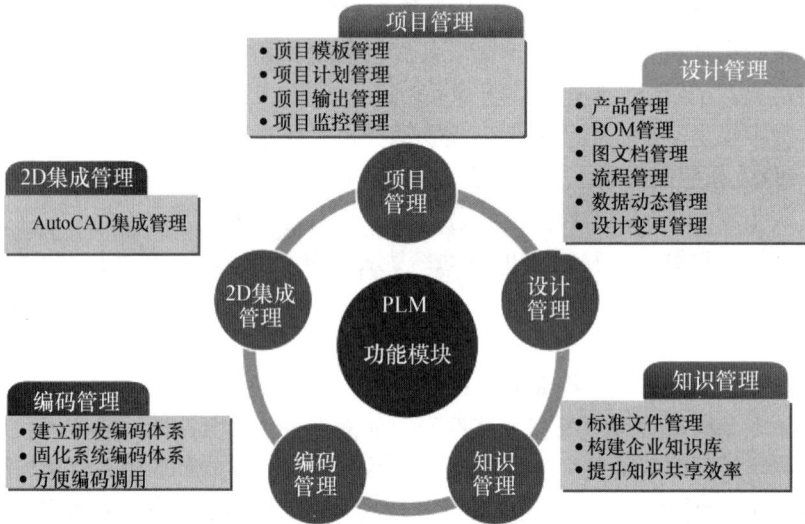

图 11-7　PLM 系统架构

PLM 与 PDM 的区别

　　PDM 工具主要服务于工程团队，用于在引入多个版本时有效管理正在进行的工程设计工作。这些工具通常为设计提供共享数据存储库，使工程工作组能随着产品设计的发展更好地协作。

　　然而，PLM 更为全面，因为它涵盖了从产品设计到最终报废的整个流程。它整合了机械、电气和软件设计，实现了与整个产品团队共享——从质量到采购再到制造，包括外部供应链。团队中的每个人（不仅是工程人员）都可以在发布最终产品和开始生产之前审查整个设计并提供意见。从本质上讲，PLM 软件解决方案超越了设计阶段，能管理所有数据并驱动与新产品开发和推出（NPDI）相关的所有流程。

总体而言，PLM 软件通过提供一个全面的解决方案，帮助企业在全球范围内有效地管理和优化产品的整个生命周期，从而提高产品质量、降低成本、加快产品上市时间，并增强市场竞争力。

业界典型的 PLM 系统有达索、西门子、PTC 等，国内如中望、美云智数和鼎捷等企业都有自己研发的 PLM 系统。

研发业务数字化背景

B 公司是一家专注于智能家居的企业，在过去数年中，其产品开发屡遭延误，产品推出市场时常常落后于竞争对手，且客户反馈产品用户体验不佳。

研发业务及数字化面临的主要挑战与问题

市场需求传递的问题

市场团队虽捕捉到消费者对个性化功能的重视，但该需求未能有效传达至研发团队，致使产品功能与市场需求脱节。当市场团队将消费者反馈传递给研发部门时，信息在层层传递中失真，反馈未得到足够重视，导致对市场需求的理解出现偏差。

需求管理的问题

- 需求描述不清晰：导致开发团队对需求的理解存在歧义。缺乏详细的需求文档，使开发团队难以准确把握需求意图。
- 需求变更频繁：客户需求的频繁变动，使开发计划不断调整，影响项目进度。缺乏有效的变更管理流程，使变更请求无法得到妥善处理。
- 需求冲突与优先级不明确：不同利益相关者之间对需求存在冲突，缺乏明确的优先级划分。项目团队内部对需求优先级的理解不一致，导致工作重点分散。
- 缺乏用户参与和反馈：在需求收集和分析阶段，缺乏与用户的充分沟通和反馈机制。用户需求未得到充分确认，导致开发出的功能与用户期望不符。
- 需求跟踪与验证不足：缺乏有效的需求跟踪机制，难以确保所有需求都被满足。对已实现的需求缺乏验证和确认过程，可能导致潜在问题被遗漏。
- 技术可行性评估不足：在需求定义阶段，对技术可行性的评估不充分。部分需求可能因技术限制而难以实现，导致项目风险增加。
- 跨部门沟通不畅：需求管理涉及多部门协作，但部门间沟通不畅，导致信息传递失真。不同部门对需求的理解存在差异，缺乏统一的需求解释和沟通平台。
- 需求文档管理不规范：需求文档版本控制混乱，难以追踪需求的变更历史。缺乏统一的需求文档管理规范，导致需求文档质量参差不齐。

- 需求变更的响应不够灵活：面对需求变更请求，项目团队反应迟钝，不能及时调整开发计划。缺乏灵活的需求变更管理机制，使变更实施变得复杂且耗时。
- 缺乏专业的需求管理人员：项目团队中缺乏专业的需求管理人员，导致需求管理过程不够规范和专业。需求管理人员的技能和经验不足，难以应对复杂多变的需求场景。

产品开发项目管理问题

产品设计、原型制作、测试和修改等产品开发环节耗时过长，大幅延长了产品上市时间。导致很多产品开发完成时，市场需求或技术趋势已发生变化，研发出的产品变成了过时产品。这不仅使所付出的努力白费，还错失了市场机会。

在过程管理方面，B 公司的产品开发项目尚未实现项目型管理。项目团队的工作机制及各部门协同参与和负责的机制尚未建立，导致产品开发的各环节只能串行处理，无法同步处理和互相对齐。协同方面的问题经常导致相互配合失调，节点延期甚至返工，流程出现风险。此外，团队成员分工不明确，缺乏有效的沟通渠道。

产品开发效率和质量问题

由于公司未实施产品的技术分层、异步化开发，以及零部件和模块可重用设计，因此，每个新产品使用的零部件都缺乏可重用性。这使产品的开发周期延长，无法重用成熟部件导致"重复造轮子"的情况时有发生，进而导致产品研发成本高昂、人力浪费严重，同时也使得每种零部件采购量都不大，采购成本难以降低。

研发业务数字化的关键举措

引入集成产品开发（IPD）管理体系：B 公司决定采用 IPD 系统，通过以下几个关键步骤来解决问题。

- 组建跨部门团队：成立一个由市场、研发、制造、采购和财务等部门组成的跨部门团队，共同负责产品开发的全过程。
- 并行开发：在产品设计阶段，团队同时考虑制造、成本和市场等因素，确保产品设计既满足用户需求又易于生产。
- 结构化流程与决策评审：引入明确的开发流程和决策评审点，确保项目在每个关键阶段都能得到充分讨论和决策，避免不必要的返工。
- 市场驱动：市场与研发部门紧密合作，确保产品设计初期就能充分考虑用户需求，使产品更贴合市场趋势。

⚡ 研发业务数字化的成果

B 公司在采用 IPD 体系并部署 PLM 系统后，在开发新一代智能插座时取得了显著成效。市场部门及时提供了消费者偏好分析，包括对个性化功能的需求。研发部门在设计初期就将这些需求融入产品，制造部门评估生产成本和可行性，确保产品既创新又能批量生产。

由于采用并行开发，产品设计、原型制作和测试等环节同时进行，大幅缩短了开发周期。最终，新一代智能插座在预定的时间内顺利上市，凭借其创新的个性化功能和优秀的用户体验赢得了市场好评，B 公司也因此在竞争中占据了有利地位。

提升研发效率和效果

数字化技术可以自动化和优化研发流程，减少人工操作和重复劳动，从而显著提高研发效率。通过使用数字化工具，如 CAD（计算机辅助设计）软件，可以加速产品设计和修改过程。数字化平台支持多用户同时在线协作，便于团队成员之间共享信息、交流想法，促进创新思维的产生。通过云计算等技术，可实现跨地域、跨组织的协同研发，拓宽合作范围。

产品数据管理

数字化简化了研发和产品物料清单（BOM）数据的收集、存储、检索、变更、引用和分析，有利于快速获取历史数据和项目信息。

利用数据分析工具，可从大量数据中提取有价值的信息，为研发决策提供科学依据。

降低产品创新成本与风险

数字化技术可减少物理原型和试验次数，从而降低研发成本。

通过模拟和仿真技术，可在早期阶段预测和识别潜在问题，减少后期修改和调整的成本及风险。

建立产品项目管理机制

效率持续提升系统可以帮助企业更好地分配研发资源，如人员、设备和资金，确保项目顺利推进。

实时监控项目进度和资源使用情况，可及时调整资源分配策略，提高资源利用效率。

提高产品质量与可靠性

数字化技术可以提高产品设计的精度和一致性，减少人为错误和差异。

通过数字化测试和验证手段，可在产品发布前发现并修正潜在缺陷，提升产品质量和可靠性。

需求管理数字化成果

- 提高工作效率：效率持续提升可以自动化和优化许多烦琐的任务和流程，减少人工投入和时间成本。例如，企业可借助数字化系统快速收集、整理和分析需求数据，避免传统手工操作的烦琐和低效。
- 增强数据的准确性和一致性：利用数字化工具进行需求管理，可确保数据的准确性和一致性，减少人为错误和信息传递失真。数字化系统可对数据进行验证和校对，提高数据质量。
- 提升决策质量：数字化系统提供了更全面、准确的数据收集和分析能力，帮助企业更好地了解市场需求、客户偏好和业务趋势。基于这些数据，企业可以作出更明智的决策，优化产品设计和市场策略。
- 加强团队协作和沟通：数字化平台可促进团队之间的无缝沟通和协作。团队成员可实时共享需求信息、文档和数据，加快决策速度并提高协作效率。这种透明度有利于减少误解和冲突，增强团队凝聚力。
- 提高客户满意度：借助数字化工具，企业可以更快地响应客户需求和反馈。企业能更准确地了解客户期望，并制定符合市场需求的产品和服务，从而提升客户满意度和忠诚度。
- 降低成本和风险：数字化系统可以降低企业的运营成本和风险。通过优化流程和减少浪费，企业可以提高资源利用效率并节约成本。此外，数字化系统还可以帮助企业预测和管理潜在风险，减少不必要的损失。
- 支持业务创新和发展：数字化系统为企业提供了创新的机会。通过数据分析和市场洞察，企业可以发现新的商业模式和产品服务，在竞争激烈的市场中脱颖而出。这种创新能力是企业持续发展和保持竞争优势的关键。

技术管理数字化成果

- 提高工作效率：数字化工具可以自动化许多技术管理任务，如代码审查、测试、部署等，从而大幅提高工作效率。通过数字化系统，技术团队可以更快速地获取和分析数据，减少人工处理时间和错误率。
- 优化资源配置：效率持续提升有利于实时监控资源使用情况，使技术团队能更合理地分配硬件和软件资源。通过数据分析，可以预测未来的资源需求，从而提前进行规划和调整。
- 提升决策质量：数字化工具提供了丰富的数据和分析功能，帮助管理者做出更明智的决策。基于数据的决策可以减少主观臆断，提高决策的科学性和准确性。
- 加强团队协作：数字化平台支持多人在线协作，方便团队成员共享信息、讨论问题和协同工作。通过版本控制、任务分配等数字化工具，可以更有效地管理团队的工作进度和成果。

- 增强安全性：效率持续提升可提供更强大的安全保障，如访问控制、数据加密等。通过实时监控和日志记录，可及时发现并应对安全威胁。
- 促进创新：数字化技术为创新提供了更多可能性，如云计算、大数据、人工智能等新兴技术的应用。通过数字化平台，技术团队可以更方便地获取新知识、分享经验和尝试新方法。
- 降低成本：效率持续提升有利于减少物理设备的投入和维护成本。通过优化资源配置和提高工作效率，可降低人力成本和时间成本。

第 12 章

集成供应链业务数字化实践

集成供应链业务概述

集成供应链（Integrated Supply Chain，ISC）是指由供应商、制造商、经销商、零售商和客户等构成的集成网络，此网络包含了采购、生产、销售、物流运输、客户服务、质量控制、研发和市场协同等一系列不同活动，从供应到交付，是产品或服务从头到尾各种活动的集合。

供应链实际上包含了"供"与"需"两方面，也可理解为供需链，企业基于SCOR 模型（Supply Chain Operations Reference，见图 12-1）构建集成供应链业务管理模式，主要包含物流、信息流和资金流。

- 物流：物流从供方开始，沿着各个环节向需方移动。每一环节都存在"需方"与"供方"的对应关系。
- 信息流：供应链上的信息流，需求信息与物料流动方向相反，从需方向供方流动；由需求信息引发的供给信息与物料一起沿着供应链从供方向需方流动。
- 资金流：随着物流的移动，资金也在供应链上流动，物流在供应链中每个环节不断增值。

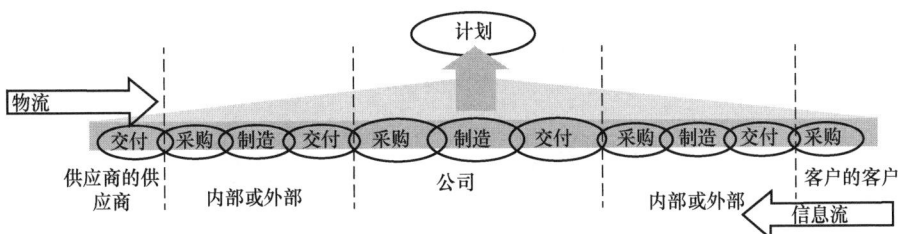

图 12-1 SCOR 模型

集成供应链的整体业务是以客户为中心，旨在实现快速、敏捷供应。为达到这一目标，它面向客户需求，构建以客户为中心且满足公司经营目标的体系，通过提升灵活性和快速反应能力来建立竞争优势。在这一过程中，供应商、销售和研发等环节紧密合作，确保为客户提供满意的供应解决方案，保证合同的可执行性和产品的可供应性。具体如图 12-2 所示。

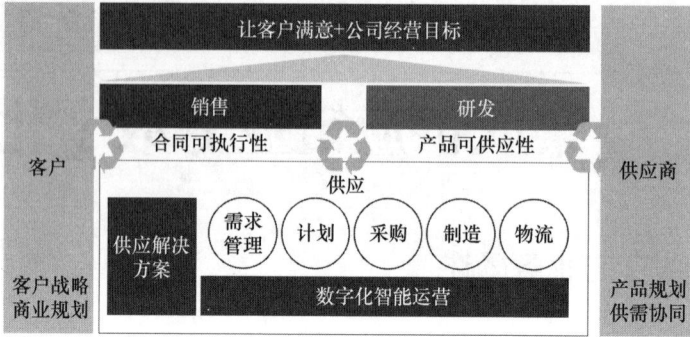

图 12-2　集成供应链整体业务

集成供应链与其他业务领域紧密协同，支撑公司经营目标的实现。它涉及供应、采购、制造等环节，并与 DSTE、IPD、ITR、LTC 等业务相关联，形成数据集成与组织协同关系。从公司整体业务运作来看，集成供应链通过与其他业务领域的协同，满足预算、人力、采购等需求，提供合同/订单、验收、发票等信息。集成供应链与公司其他业务的集成关系如图 12-3 所示。

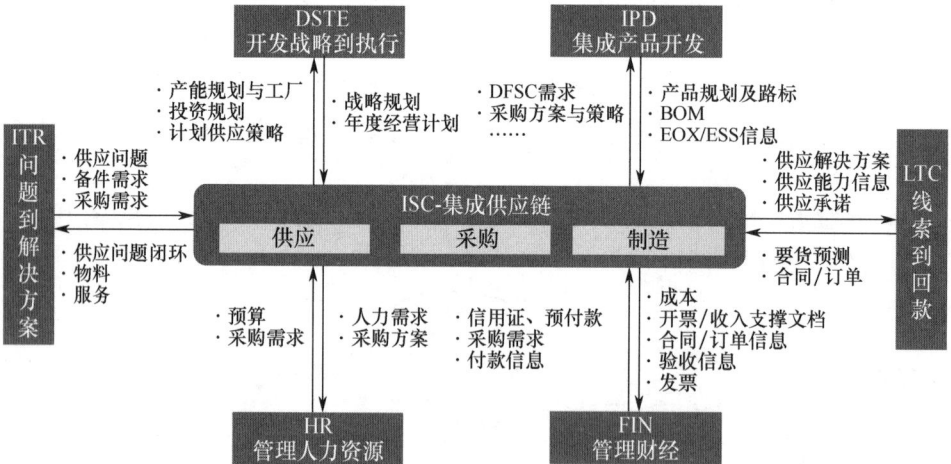

图 12-3　集成供应链与公司其他业务的集成关系

集成供应链的流程架构包括供应链规划、计划、订单管理、寻源采购、生产制造、仓库运营、物流等环节。集成供应链 L1~L3 流程架构如图 12-4 所示。

在供应链规划中，涉及供应链战略规划，供应商、生产及物流布局规划等；

而供应链计划又包括需求计划、产销协同、物料计划、生产计划、计划执行监控等；订单管理涵盖订单生成、承诺、履行等；寻源采购包括从寻源到合同、供应商管理等；生产制造包括作业计划管理、生产异常、异常处理等；仓库运营包括库位管理、来料收货入库、车间物流配送、成品入库、成品出库等；物流包括物流调度、物流跟踪等。

集成供应链							
供应链规划	供应链计划	订单管理	寻源采购	生产制造	仓库运营	物流	制造工程管理
供应链战略规划	需求计划	订单生成	从寻源到合同	作业计划管理	库位管理	出口报关	制造工程与设施规划
生产基地规划	产销协同	订单承诺	采购执行	齐套管理	来料收货入库	船务	新产品导入
成品物流布局	物料计划	订单履行	供应商管理	生产异常	车间物流配送	发货计划	工艺标准管理
工厂物流布局	生产计划	订单变更	管理采购合同	异常处理	成品入库	物流调度	生产设施设备
供应布局规划	计划执行监控	订单结算	管理采购质量	委外与外协	成品出库	装载管理	工、治具管理
供应商战略规划			管理采购成本	生产品质管理	盘点管理	物流跟踪	精益改善
			管理采购风险	返工/改制处理	报废管理	到货签收	
			采购运作管理	生产运营管理	外租仓管理	物流考核	

图 12-4　集成供应链 L1～L3 流程架构

供应链数字化的背景及问题

在竞争激烈的当下，企业亟需更高效、敏捷和智能的供应链以满足客户需求，提升竞争力。随着业务拓展、市场复杂多变以及供应链技术进步，传统供应链管理模式已难以应对需求波动、供应不确定性、信息不透明、协同效率低和决策滞后等挑战。

专注于电力电子技术研发与设备制造的 W 公司，其产品广泛应用于多个领域。随着业务规模扩大，原有定制化产品交付模式无法满足市场需求，影响整体运营绩效，具体问题如下：

（1）产品及 BOM 数据问题。产品分类标准、规则不一致，营销、研发、供应链分类标准各异，导致需求预测与计划管理标准不统一； BOM 结构无法支撑产品配置报价和快速定制，也不能按 ATO 模式进行预测备料，最终导致大规模的无序定制；BOM 结构未结合实际工艺路线，且投产后频繁调整、变更；物料多供方与替代管理依赖新建或针对产品 BOM 临时变更，导致 BOM 新增及 ECN 变更频繁。

（2）需求预测管理能力缺失。需求预测主要依赖"拍脑袋"，和简单的统计方法，无法应对复杂多变的市场和客户需求。新能源及充电桩产品线，因预测失误导致大量物料积压，消耗困难。

（3）订单变更影响计划与交付。客户需求波动，变更频繁，尤其是一些大项目订单的需求变更，呈常态化趋势，冲击计划准确性，由于公司计划缺乏柔性管理，时常导致其他订单交付延误，客户投诉。

（4）计划缺乏柔性、物料缺料问题频发。计划部门面对订单需求变化时，依靠人工统筹计划，资源利用率低，无法快速响应需求波动；供应商出现问题时，计划人员调整空间不足，可能导致生产线停滞，增加供应成本，降低市场适应能力。

（5）采购协同差，无价格采购问题突出。大量采购申请因缺乏价格数据，导致无法及时采购下单。计划人员通过口头或邮件方式通知供应商先行生产物料，导致流程混乱，容易引发价格纠纷，影响内部信息准确性，造成物料齐套管理困难和生产线停工。

（6）生产过程数据采集和监控落后。生产进度、质量等数据难以准确获取，异常和质量问题难以及时发现。一些自动化设备运行参数监测缺失，导致产品返工。因缺乏质量监测和预防性维护，严重影响生产效率和质量。

（7）仓储物流服务能力不足。库存记录与实际存在偏差，呆滞物料堆积；物料物流状态掌握不精确，找料耗时；仓库布局不合理，空间利用低，人员冗余；物料标识不统一，作业效率低；缺乏运营数据，难以改进业务；人员评估体系不完善，影响工作效率和质量。

（8）物流配送管理混乱，客户收货体验差。物流到货时效无法监控，配送不及时、不齐套配送、未预约配送等；发运协同效率低；流程冗长，车辆调度不及时；物流跟踪监控不到位，依赖线下跟踪，未对物流供应商进行绩效管理，缺乏服务标准和数据收集监控手段；物流费用管理不规范，部分费用临时沟通，无记录和标准。

（9）供应链整体运营效率低下。各环节问题相互交叉、相互影响，主数据不统一影响需求预测，订单变更打乱生产计划，仓储和物流问题增加成本、延长交付周期、降低客户满意度。

这种低效的供应链运营状况，使得 W 公司在市场竞争中处于劣势。因此，该公司迫切需要构建集成的供应链数字化运营管理平台（见图 12-5），主要包括需求计划与订单管理、供应计划与执行、采购、制造、仓储、物流运输等系统，以实现供应链各环节信息实时共享和协同运作，为管理层提供准确的决策依据，实现高效决策，提升供应链整体运营效率，支撑公司整体业务发展和客户满意度。

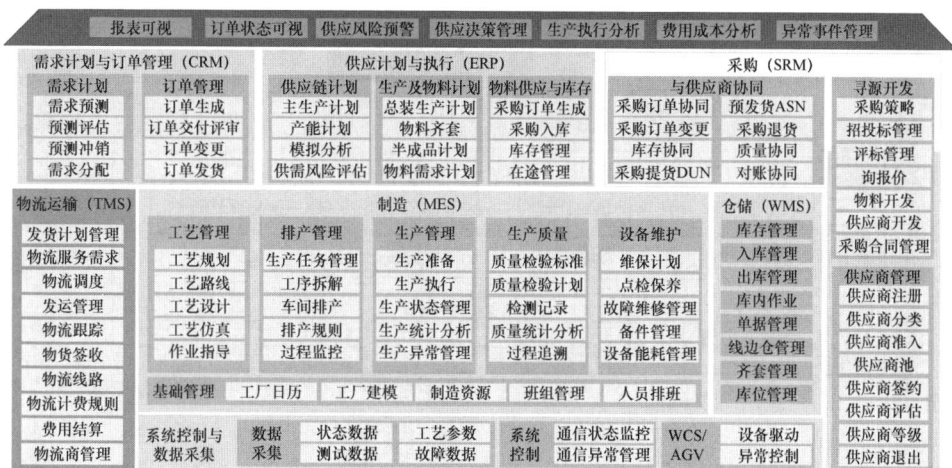

图 12-5　供应链数字化运营管理平台

计划管理数字化

供应计划管理概述

计划是供应链运营的指挥中枢。计划并不是通常所理解的需求预测、产销协同或者生产排程，而是针对端到端供应链资源的预先规划和分配，以更好地满足市场的需求。广义的供应链计划涵盖了长期战略层规划（如供应链网络布局、产能规划），中期运营层计划（如 S&OP、资源计划）和短期执行层计划（如主生产计划，物料需求计划，生产作业计划，物流配送计划）等。举例来看，H 公司的供应计划运作概览如图 12-6 所示。

下面重点介绍需求计划、供应计划、库存计划、销售与运营计划（S&OP）、采购计划（物料需求计划）及供应链控制塔。

（1）需求计划。 需求计划是供应链的引擎，主要对需求进行分析、预测，并做出相应的判断，这个过程被称为需求管理过程。需求计划从数据收集开始，以形成判断结束，目的是做出尽可能准确的预测。预测过程中，供应链的多个部门参与，每个部门基于不同细节层次和独特信息源做出决策。需求预测对供应链决策至关重要，需考虑商务条款、需求稳定性、促销期望等因素，并应用统计技术。为制定有效的需求计划，各部门需共享信息源和决策过程。合作是制定有益于整个供应链需求计划的关键。改进需求预测和管理是优化业务计划的核心。准确的需求预测有利于企业有效管理供应链，避免供应过剩，预测客户需求，从而提高利润。

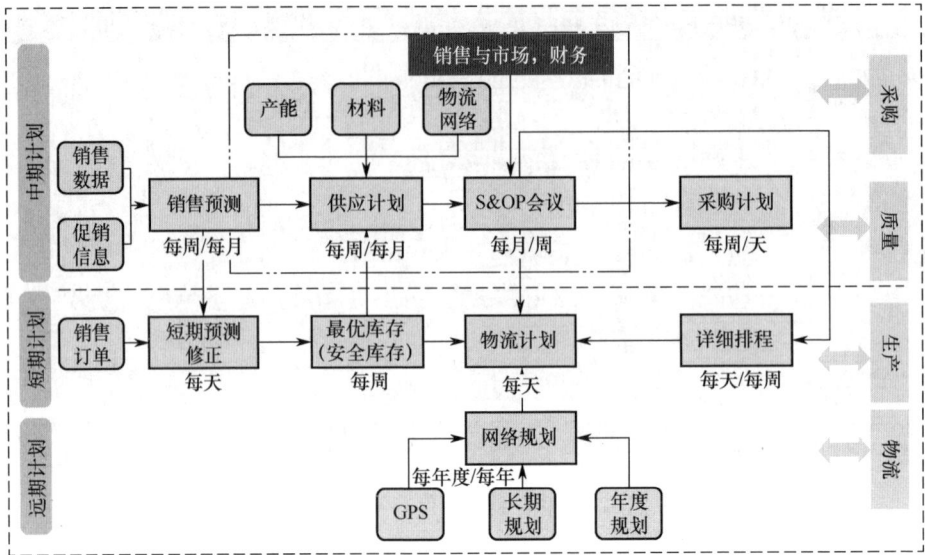

图 12-6　H 公司的供应计划运作概览

（2）**供应计划**。供应计划对成长型企业意义重大，满足需求只是起步，优化利润率才是关键，可通过降成本实现。具体策略包括提前备产平衡供需、提前备料控风险、提前生产稳成本等，还需加强供应链协同。供应计划要平衡服务目标与成本，明确资源使用等情况。根据时间周期可分为三个阶段：长期战略计划重在识别未来风险机遇，整合多领域情报数据制定应急计划；中期运营计划考虑战略执行，设定基准目标并具体化；短期响应计划需快速响应客户需求变化，强大的数据分析功能不可或缺，关乎企业盈亏。

（3）**库存计划**：在当今全球化和竞争激烈的商业环境下，供应链管理对于企业的成功至关重要。库存作为供应链管理的核心环节之一，直接影响着企业的运营效率和利润。因此，建立一个高效、准确的供应链库存计划对于企业的长期发展至关重要。供应链库存计划的目标是实现有效的库存控制，以最小化库存持有成本，同时确保供应链的可靠性和客户满意度。具体目标如下。

- 最低库存水平：通过有效的需求预测和供应链合理规划，降低库存水平，减少库存持有成本。
- 最高库存周转率：通过准确的需求预测和供应链的高效运作，加快库存周转率，提高资金利用效率。
- 可靠供应链：通过优化供应链的合作关系和流程，确保供应链的稳定性和可靠性。
- 提高客户满意度：通过准确交付和减少缺货现象，提高客户满意度，增加客户忠诚度。

库存管理支持公司满足服务级别目标，而无须持有或支付超过实际需要的库存。为了简化复杂的分销网络并响应需求变化，企业必须首先了解如何应对这些库存挑战。

（4）**销售与运营计划（S&OP）**。S&OP 也称产销协同或产销平衡，是一种集成业务管理流程。其流程参与者广泛，涵盖市场与销售、产品开发、生产制造、供应链与采购、人力与财务等部门。

市场与销售部门以历史销售数据为基线，结合一线信息及新产品开发进度等调整销售预测，形成需求计划。供应与生产部门依据需求预测评估供应能力，决定库存、供应及产能规划等调整。人力部门按供应计划调整人员配备、开展招聘与培训，在减产风险期规划灵活用工。财务部门在产能规划时进行投资分析、确定库存水平、评估供应计划对销售收入的影响，并提供资金约束条件以实现财务绩效最优。

S&OP 实施通常采用五步法（见图 12-7），包括数据汇总、需求端计划、供给端计划、SOP 预备会议和 SOP 执行会议。执行循环一般以月度为周期。总之，S&OP 是实现需求满足与供应链成本优化、监控企业运营、落实战略规划的重要手段。

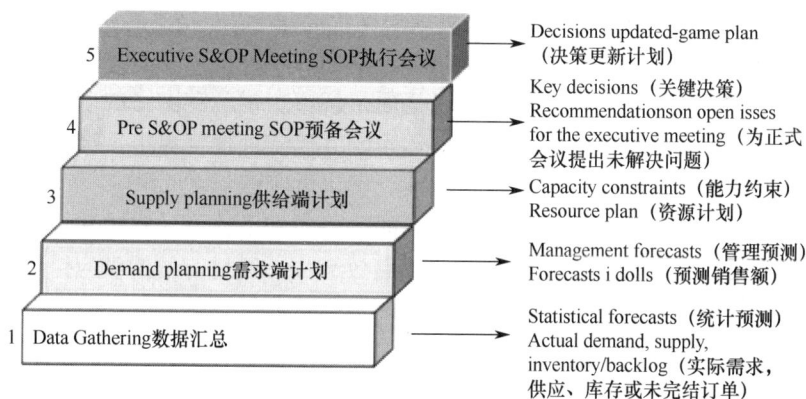

图 12-7　S&OP 五步法

（5）**采购计划**。采购计划是依据市场供需、生产经营和材料消耗规律，对计划期内的物料采购与供应工作进行安排部署。这里所说的物料，广义包含原材料、自制品（零部件）、成品、外购件和服务件（备品备件）等，所以物料管理范畴很广，并非仅局限于库存管理，还涉及制订科学系统的物料需求计划，以及协调各部门确保物料足量供应。在物料管理工作中，需兼顾两方面。一方面，要保障生产过程中物料供应充足，维持生产的连续性，避免中断情况出现；另一方面，要严格控制物料储备量，这样既能减少资金被占用的情况，又能加速资金周转，进而降低产品成本。物料管理常用的方法有订货点方法和物料需求计划（MRP）方法。订货点方法是依照需求量、提前期以及安全库存等因素，来确定合适的订货时间。而 MRP 方法则以主生产计划、物料清单、库存记录、已订未交订单等资料为依据，精准计算各类相关需求物料的需求状况，据此提出新订单补充建议，同时对已开出的订单进行修正，从而实现对物料需求的高效管理，确保物料供应与企业生产经营活动紧密匹配，提升整体运营效益。

（6）**供应链控制塔**。供应链控制塔是企业供应网络实现端到端实时可视性的关键工具，能帮助企业应对未知、预测防范变化，避免供应链中断风险。建立供应链控制塔的核心在于数据，通过从多个系统收集大量数据，提供便于访问的全方位供应链状态视图，帮助企业深入了解各环节。随着技术的发展，供应链控制塔已能够打破职能孤岛，实现企业与供应链网络的互联，提升可视性并优化供应链。其工作原理如下。

- 自动采集整合供应链的结构化与非结构化数据，提供实时信息与洞察。
- 利用逻辑整合数据，通过用户端呈现信息，为用户提供核心运营职能的洞察。
- 支持用户了解详情，敏捷应对突发事件，还能预测情况并确定优先级。
- 发现与追踪问题，支持自动化决策与自我纠错，借助技术感知并响应问题。
- 支持编写操作手册，方便解决供应链问题。

供应链控制塔应使公司高层管理者全面了解整个供应链网络的运营状况，例如追踪问题根源等；通过建模等方式评估影响并确定处理优先级，准确评判事件风险影响；可基于数据视图制定明智决策以优化供应链。

供应链计划是供应链管理中至关重要的环节，涉及协调、安排和优化供应链网络中的各项活动，确保整个供应链能够高效运作。通过有效的供应链计划，企业能够更好地协调和管理供应链中的各个环节，从而提高供应链的韧性并规避潜在风险。

计划管理数字化变革实施背景

H 公司主要从事消费电子产品的生产，目前的业务模式主要是原始设备制造商（OEM），同时开展少量的原始品牌制造商（OBM）业务。公司的需求响应主要通过项目运作模式，从客户需求的洽谈到项目的中标交付，整个过程都以项目为导向，促进产品的开发和结算。

随着公司规模的持续增长，对整体计划的要求也逐渐提高。目前在供应链计划领域，公司面临以下突出问题。

（1）交付周期相较竞争对手过长，整体库存高，交付问题频繁，导致客户响应不及时。

（2）供应链缺乏按模式管理制定策略的概念，计划方式单一，缺乏策略性。例如，项目型/渠道型等需求缺乏分类管理和相应的计划策略。

（3）预测作业不严谨，销售预测以金额为导向，对产品及数量缺乏自上而下及自下而上的管理。预测准确率低，变化大，过度依赖预测运作，导致供应链缺乏相应的因应方法及措施。

（4）S&OP 机制不健全，偏向对销售达成或供应进度的审视，缺乏有效决策。

（5）计划能力偏被动，未能主动扮演战略规划的角色。

（6）在多工厂模式下，计划/物控由工厂指挥，以满足产能利用率最大化为目标，虽然降低了生产成本，但增加了成品库存。

（7）整体存货策略及管理不清晰。

除了以上问题，供应链计划在运作过程中还经常碰到以下困扰。

（1）供应链反应迟钝：计划所需数据分散在不同地方；跨部门信息共享困难，难以达成供需平衡的一致意见；供应链可视化能力弱，决策层难以快速掌握整体情况。

（2）供应链协同低效：供应链路线复杂；上下游供应节点众多；难以平衡各节点的需求和供应；需求只能从成品端到原料端层层传递。

（3）多目标多约束计算困难：对产能利用、库存水平、服务水平、成本等多目标多约束的主计划需求，传统方式难以兼顾。

（4）凭感觉决策：供应链计划的指标可能存在冲突；难以分析每个指标对主计划的影响；难以尝试对不同指标权重进行调整。

基于客户需求、公司经营目标以及供应链日常运营管理的需求，结合编者在供应计划管理业务中的实践经验，以下是对供应计划管理中需解决的问题总结。

（1）何时供应何物多少数量以满足需求？确定何时供应何物以及供应数量；确定由哪些单位供应；确定哪些需求无法达成。

（2）导致需求无法完全满足的限制在哪里？分析各工厂/车间的产能缺口；确定需要准备多少物料以及物料缺口；分析需求交付日期过短的品种。

（3）需要花费多少成本以满足需求？当产能有富余时，确定是否要增加生产；当产能不足时，确定如何保障交付，以及哪些需求是必须保障的；平衡交付达成、库存水平、产能利用等多项指标。

计划管理数字化的关键举措

H 公司策划了计划管理数字化变革项目，旨在建立供应链计划一体化运营体系，重构公司计划及交付体系，项目围绕供应链计划的标准化、在线化、自动化、智能化要求展开。主要实施业务包括：

- 需求管理：对接需求预测及其他独立需求，形成需求计划与订单发货计划管理。
- 供应计划管理：涵盖产销协同管理、主需求管理、主计划管理、生产计划管理和库存计划管理。
- 订单履行管理：包括订单优先级管理、订单承诺管理、订单计划、订单模拟，以及订单执行与可视化管理。
- 供应链绩效管理：经营数据分析与流程绩效监控。

在具体实施过程中，H公司开展了一系列业务变革行动，具体如下。

（1）统一产品标准，实现产品配置打通。 通过统一产品主数据及可配置BOM，实现需求计划与供应计划端到端拉通。然而，产品模块化设计的不足导致计划目标难以集中，而客户个性化的定制需求又衍生出大量产品及物料的SKU编码，增加了计划管理的复杂性。因此，需要在对产品进行标准设计的同时，也为不同业务环节的计划对象建立关联关系，以实现数据共享和敏捷响应。

（2）借助IT系统，建立一致、协同的需求计划流程。 一是搭建需求预测系统。通过引入大数据分析和机器学习算法，提高销售要货预测的准确性；二是推动销售运营管理转型。销售运营管理不再单纯以金额为导向，而是结合产品特性、市场趋势、历史销售数据等多维度信息，实现自上而下和自下而上的综合运营管理。三是通过IT系统整合内外部数据资源，如市场调研数据、行业报告、社交媒体趋势等，丰富预测依据。四是分类管理要货需求，针对项目型和渠道型等不同要货需求，制定个性化的需求计划策略。例如，对于项目型需求，提前规划特殊物料采购和生产安排；对于渠道型需求，优化库存分布和补货策略。

（3）搭建S&OP平台，优化S&OP决策流程。 构建一个基于数据分析的S&OP平台，全面考量销售业绩、供应链进度、库存状况等关键因素，为决策提供坚实的数据支持。明确S&OP的决策路径和职责分配，确保各相关部门的积极参与和有效共识形成。将S&OP与公司的战略规划紧密对接，主动根据市场动态和公司战略目标调整供应策略，增强计划的预测性和战略灵活性。

（4）重构供应计划运作体系。 通过数字化计划协同平台，打破各工厂间的信息壁垒，实现计划统一协调与资源优化配置。以满足客户需求、最大化整体供应链效益为目标，而非单纯追求产能利用率最大化，进而合理控制成品库存。同时，利用数字化技术实时监测供应链风险，如供应商中断、物流延误等情况，并提前制定应对预案。此外，通过建立灵活的供应网络，增加备用供应商和生产基地，有效提高供应链的抗风险能力。H公司的供应链计划运作概览如图12-8所示。

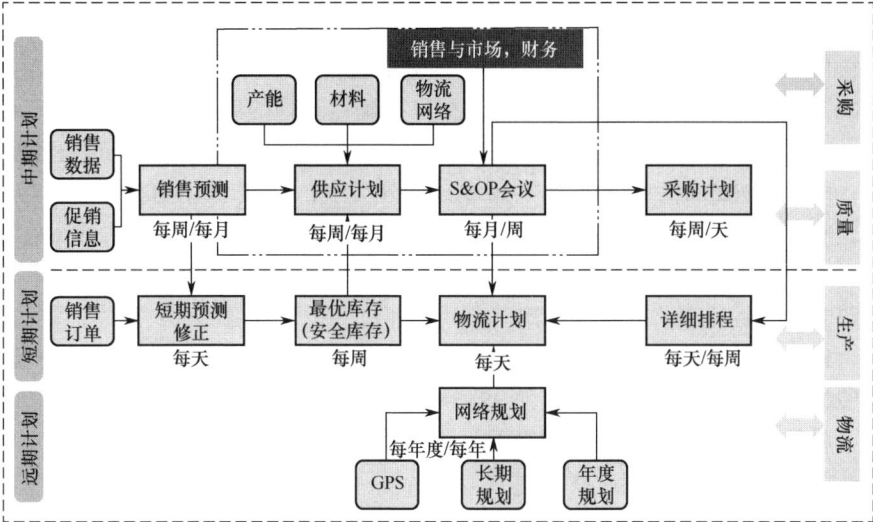

图 12-8　H 公司的供应链计划运作概览

H 公司的供应链计划的 IT 系统规划如图 12-9 所示。

图 12-9　H 公司的供应链计划的 IT 系统规划

（5）物料需求计划与供应协同： 通过对物料进行分类，确定物料需求计划及库存策略。利用 ERP 系统的 MRP 功能，建立物料计划参数及库存控制参数，以实现物料需求的精准计算与动态调整。结合生产计划和库存水平，自动生成物料采购需求，确保物料供应与生产需求的高度匹配。另一方面，通过引入 SRM 系统，建立与供应商的计划协同关系。通过 SRM 系统实时共享物料需求信息，提升物料供应的及时性与稳定性，为生产的顺利进行提供有力保障。

（6）**优化库存计划**。首先，基于数据分析确定合理的库存水平。对安全库存、周转库存和季节性库存等不同类型进行明确区分，以满足不同情况下的物料需求。其次，采用先进的库存管理方法，如 ABC 分类法、VMI（供应商管理库存）等。通过这些方法可有效提高库存周转率，降低库存成本，提升供应链的整体效率。

在引入 APS 系统过程中，H 公司重点推进了以下具体措施。

（1）梳理约束条件，建立优化主计划模型。基于多种约束条件，最终给出最即时、最精确的物料需求计划，弥补了传统 MRP 物料需求计算的空缺和不足。

（2）集成打通 CRM、ERP、APS、MES、WMS/TMS 等系统。实现对物流、生产、质量、设备等数据的实时监控、预警和分析决策，实现对物料到货环节的全方位监控，确保生产调度有序进行。

（3）建立多维度的数据分析与展示报表，实现部品长期预测、到货计划及部品预计在库的可视化维护管理。

（4）推进包含 12 周滚动计划和 14 日计划在内的双层计划管理体系。其中，周计划侧重于跨工厂间的协同作业，涵盖开班计划与产能规划、物料规划、成品库存计划（削峰填谷）等。

（5）对各个工厂进行数据梳理整合，建立统一的生产智能决策管理平台，构建总装和部装分厂排产计划联动的协同生产体系。

（6）建立库存齐套预警机制。通过系统能够根据在库库存、在制库存、在途库存信息，对物料齐套性进行检查，快速评估，实现对人、机、料的合理规划，降低备库量。

（7）建立车间排产管理机制，提升排产效率。通过系统同步考虑物料供应制约、产能制约，计算出产线准确的换型时间点，减少换型时间，提升生产效率。

通过整合和优化供应链计划流程，梳理业务规则，H 公司一方面提升了供应链内部的运营效率，另一方面确保了计划管理系统数字化项目的顺利实施。

计划管理变革项目成果

通过实施供应链计划数字化，支持企业调整运营计划，满足企业目标，并在整个企业中实现协同执行，主要达成以下管理目标。

- 实现收入目标：通过供应链计划实现长期收入目标。
- 战略与运营打通：通过实施前瞻、持续的供应链计划流程，将战略与运营连接起来，快速权衡需求与供应备选方案，制定合理计划。
- 跨团队共识：促成供应链计划共识，确保财务与物料计划目标的同步，评估多种方案，制定合理的销售和运营计划。

- 监视和解决问题：采用引导式分步方法识别供应链计划问题并解决，同时利用社交工具提供洞察，实现有效协作。
- 调整业务目标：达成一致的供应链计划，确保计划和执行紧密衔接。
- 制定总产能计划：根据财务目标制定总产能计划，进行长期战略性决策，优化资源计划和使用。
- 分析绩效：利用可视化图表展示结果，检视实际绩效与目标之间的差距，追溯详细信息，确定问题根本原因并采取纠正性措施。
- 模拟备选方案：通过模拟评估多种假设场景，为计划决策提供支持，查看变更对各种供应链参数的影响。
- 打通供应链计划与执行：将供应链计划与销售和运营执行打通，确保在整个企业和供应链网络中有效实施计划。
- 制定更合理、更明智的决策：将供应链计划决策关联到整体业务规划中。
- 监视和管理产品组合：基于优秀实践管理产品组合的整个生命周期，全面洞悉整个过程。
- 充分利用内置的优秀实践：在销售和运营计划流程中利用流程模板来管理，确保通俗易懂且广泛部署。
- 高效协作：与员工和贸易伙伴高效协作，利用集成的供应链协作功能来加速达成共识。

通过数字化工具的应用，能看到供应链计划带来的显著价值：

- 效率提升：通过计划管理平台及算法引擎，使订单交期回复速度提升 4 倍；订单需求转化周期从原来的 4～5 天缩短至 1 天，周计划准确率提升至 90% 以上；
- 数据治理与集成：通过对主数据的标准化，数据准确率提升至 98%，订单计划的关键节点数据实现 100% 集成与可视化。

通过绩效指标跟踪和供应链计划体系管理，促进供应链效能的持续改进。通过不同层级的计划和执行活动，进行关键绩效的跟踪、回顾和分析，以实现业务的持续提升。

数字化采购

数字化采购概述

数字化采购是指将传统的手动、纸质化的采购过程通过信息技术和数字化工具进行自动化和电子化。这种方法利用软件系统和互联网技术来简化采购流程，提高效率，并带来更好的可视性和数据分析能力。

数字化采购实现后，通过系统连接采购方与供应商，管理不同类型的物资采购业务。同时，与集成供应链管理一致，聚焦于面向企业内部的供应链计划。

数字化采购具有连接采购方与供应商双方的特性，是一种运用数字化手段进行企业采购的新模式。狭义的数字化采购表现为 SRM（Supplier Relationship Management，供应商关系管理）软件，它覆盖了从采购寻源到交付结算、供应商评估的整个生命周期，能对生产型物资、非生产型物资进行不同颗粒度的管理。广义的数字化采购除 SRM 软件外，还包括采购电商、招投标平台等线上化的交易平台，以及 ERP 等非专业采购软件中的采购模块。

数字化采购是中国企业数字化转型的必然选择。从全球及中国企业经济数字化趋势来看。信息技术的发展使全球经济正在经历一场深刻的数字化转型，数字技术正在渗透到经济活动的各个领域和环节，并对传统经济模式和商业模式带来颠覆性的影响。

中国经济也正在经历一场深刻的数字化转型。近年来，中国政府高度重视数字经济发展，出台了一系列政策措施支持数字经济发展。在数字经济的推动下，中国经济正从传统经济形态向数字经济形态转型。

从采购技术的发展趋势来看。专业化的采购诉求促使数字化采购由 ERP 时代迈向 SRM 时代。在数字化采购发展的初期，采购相关的功能是由采购人员通过 Excel 维护后，导入 ERP 的模块中，与 ERP 内部的功能协同使用；或是由第三方的实施厂商帮助企业定制一些 SRM 的功能并外挂在 ERP 中，并没有 SRM 产品化的厂商出现。

2015 年以来，SaaS 模式的数字化采购厂商出现，推动了 SRM 向产品化迈进，其敏捷迭代、按需付费的特性正在被越来越多的企业所接受，并促使数字化采购由头部企业向腰部企业渗透。中国数字化采购的发展历程如图 12-10 所示。

采购作为企业的重要职能之一，也正在受到数字化的深刻影响。企业要通过数字化转型来应对数字经济时代的挑战，并抓住数字经济时代的发展机遇。

企业采购的流程可以简单概括为需求确认、供应商筛选、执行与追踪以及交付验收四个环节。通常而言，主营物资是企业成本的重要来源，一旦管理不当，不仅无法帮助企业合理降低采购成本，更容易造成库存积压或物资短缺，对于供应链风险的把控能力将直接影响企业的日常经营活动。而非主营物资方面，采购的品类繁多、涉及需求部门不一，企业要对接多个供应商进行询价比价，工作流程烦琐且容易出错，虽然整体金额不及主营物资，但对采购人员仍然有较高的能力要求。

此外，近年来服务型采购的增加也让传统的采购工作面临挑战，如工程外包、设备安装等服务型采购更是直接关系到企业的经营效益，通过数字化采购进行全流程管控的价值进一步凸显。

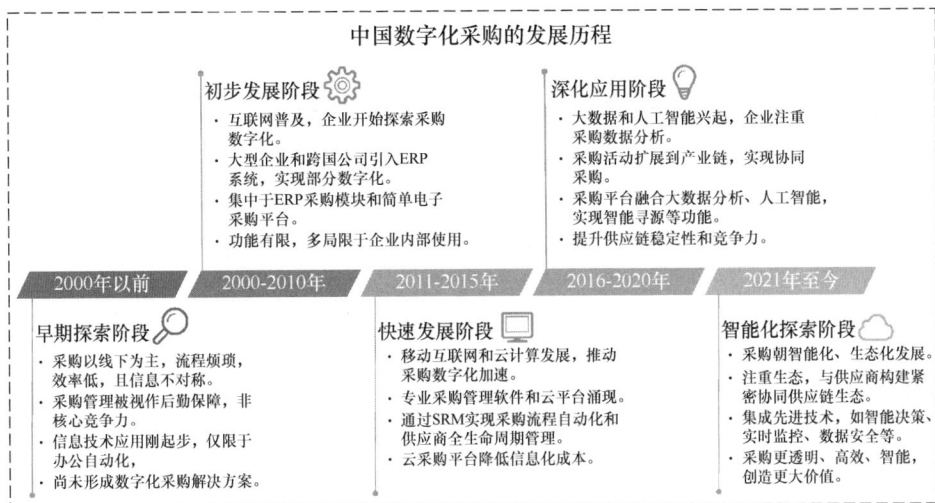

图 12-10　中国数字化采购的发展历程

数字化采购的核心价值

数字化采购的本质是通过数字化系统打造与供应商的协同关系，实现价值采购。具体体现在：

（1）节约采购成本。采购数字化转型可以帮助企业降低采购成本。通过使用数字技术，企业可实现采购信息的共享和透明化，并通过大数据分析和智能算法来优化采购决策，从而降低采购成本。

（2）提高采购效率。采购数字化转型可以帮助企业提高采购效率。通过使用数字技术，企业可实现采购流程的自动化和数字化，减少人工操作，提高采购效率。

（3）构建与供应商协同关系。采购数字化转型有助于企业构建与供应商的协同关系。通过数字化系统，企业可与供应商实现信息的实时共享和协同作业，提高供应链的响应速度和灵活性，优化资源配置。

数字化采购的核心价值如图 12-11 所示。

数字化采购项目的实施背景

在竞争激烈的市场环境中，采购对于组织的价值愈发凸显。对于一家设备制造规模型企业来说，采购不仅是获取物资和服务的手段，更是实现战略落地的关键环节。通过有效的采购管理，该公司能降低成本、提高质量、增强供应链的稳定性，从而提升整体竞争力。

数字化采购的核心价值

——通过数字化系统打造与供应商的协同关系，实现价值采购

降低采购成本	提高采购效率	构建供应商协同关系
预计收益：采购成本下降约15%～20%	预计收益：采购周期缩短30%	预计收益：供应商准时交付率提升20%
√跨平台比价（接入多供应商竞价） √供应商资源整合 √需求预测优化库存周转 √消除中间环节，降低交易成本	√全流程线上化：需求提报→审批→履约→对账 √智能推荐缩短寻源周期 √多终端覆盖（PC/App/小程序）	√供应商注册、准入、审核、考核、淘汰机制线上化 √订单状态与物流信息实时同步 √联合预测与计划协同

采购数化技术

大数据分析	智能算法	SRM系统	实时数据共享	流程自动化	SaaS敏捷迭代
电子合同	电子签章	云计算	AI算法	区块链	IoT监控

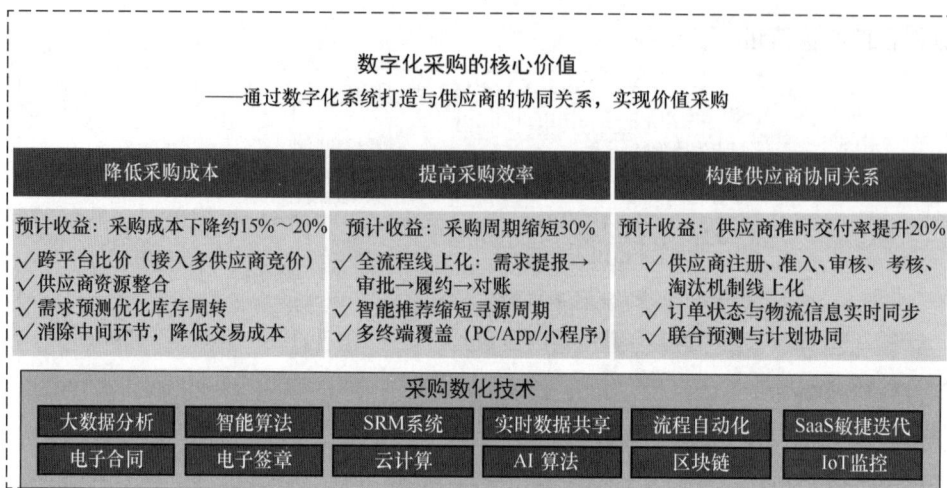

图 12-11 数字化采购的核心价值

某公司发展 30 多年，但仍处于快速发展阶段，市场需求不断增长，但采购管理却相对滞后，无法满足业务发展的需求。主要体现在：

（1）原有的采购系统老旧。原有系统无法支持复杂的采购业务和数据分析，亟须升级。

（2）利益格局冲突明显。采购部门与其他部门之间存在沟通障碍和利益分歧，影响了采购决策的效率和质量。

（3）采购变革阻力较大。员工对新的采购模式和数字化技术存在抵触情绪，需要加强培训和沟通。

（4）采购管理团队的专业能力不足。主要体现在采购需求评估不足与供应市场洞察能力不足，影响采购策略的制订；在供应商的选择和管理上，缺乏系统化和精细化的策略，影响供应商资源配置能力；对于新兴技术、趋势的把握和应用滞后，无法有效应对市场的快速变化。

除上述问题外，该公司采购管理也面临以下一系列复杂而多变的挑战。

（1）市场价格波动。随着全球化和经济环境的变化，原材料和商品的价格经常波动，要求该公司不断调整和优化采购策略，以确保成本效益和供应链的稳定性。

（2）经营及成本控制压力。采购成本直接影响企业的盈利能力，该公司董事长每年要求采购降本 10%，同时要求确保物资和交付服务的质量。

（3）供应链稳定性问题。供应商因产能，质量、物流等因素造成的交货延误，让公司的生产线不得不停工，影响生产与订单交付，甚至造成了巨大的损失。

（4）供应商管理问题。主要体现在对供应商的评估和选择缺乏科学的标

准，供应商的导入流程执行不严，导致一些质量不稳定的供应商进入了供应网络。

（5）内部协同效率低下。主要体现在采购价格审批流程长，导致一些采购订单无法及时下单；与产品开发项目、销售及交付项目的早期协同不足。

数字化采购实施关键举措

（1）厘清采购数字化的业务场景。

在采购数字化领域，一系列关键业务场景构成了其核心骨架，这些场景涵盖了供应商寻源、采购谈判、合同管理、订单执行及库存管理等关键环节。

因此，在项目实施过程中，对该公司每一项业务场景的活动都与供应链业务领域的其他重要环节紧密相连，实现了从需求预测到采购计划，再到生产计划和物流配送的全方位协同。此外，这些场景还与研发、财务等其他业务领域实现了信息的无缝对接和高效协同，确保了采购决策的精准性和合理性。

在数字化转型的推动下，该公司与外部供应商之间的沟通协作也迈入了新的阶段。通过数字化平台，该公司能与供应商实现实时的信息交流和协作，不仅提高了供应链的响应速度，更增强了其稳定性和可靠性。这种高效协同的采购模式，为企业的持续发展提供了强有力的支撑。

（2）优化与整合采购领域的业务流程。

对采购领域的业务流程进行了深入且全面的梳理与优化，旨在使每一环节都更为清晰、高效。该公司梳理明确各个环节的职责与流程标准，确保每一个参与者都对自己的任务有清晰的认识。

为了保障供应商的质量与稳定性，该公司建立了完善的供应商评估和选择流程，通过严格的标准和公正的评估机制，确保选择的供应商能满足该公司的业务需求，实现供应商资源库的不断优化管理。同时，也对采购谈判和合同管理的流程进行了优化，不仅提高了采购的效率，还增强了该公司的议价能力，使该公司在与供应商的谈判中更具优势。

此外，该公司还优化了采购订单执行和库存管理的流程，通过对订单执行流程的精细管理，提升了采购价格审批及数据维护效率，整体提高了物资的供应及时性；并通过优化库存管理流程，有效地提升了库存周转率，帮助公司降低了库存成本。

（3）引入 SRM 系统，实现对采购与供应商全生命周期管理的数字化。

通过引入 SRM 系统，能更加高效和精准地对采购和供应商关系进行管理，从而大幅提升了整个采购流程的透明度和效率，优化了供应链的管理，提升了业务竞争力。

在引入 SRM 系统后，该公司进一步细化了采购流程的各个环节，实现了从需求收集、供应商筛选、报价比较、合同签订到订单执行、交货验收及后续供应商绩效评估的全流程效率持续提升。这一变革不仅提高了采购流程的自动化水平，减少了人为干预和错误，还通过实时数据分析和报告功能，为管理层提供了更加全面和准确的决策支持。

同时，SRM 系统还帮助该公司建立了完善的供应商信息库，实现了对供应商资质、能力、历史绩效等信息的全面记录和评估。这使该公司能更科学地评估供应商的综合实力，为选择合适的供应商提供了有力支持。

此外，系统还提供了供应商风险预警和应对机制，帮助公司及时发现并应对潜在的风险，确保供应链的稳定性和可靠性。

SRM 数字化采购系统的引入和应用，不仅提高了该公司的采购管理效率和透明度，还帮助公司优化了供应链管理，提升了业务竞争力。

（4）调整了组织职能，成立了专门的采购数字化项目团队。该团队的职责是全面推动项目的执行和落实，确保项目能够高效、顺利地完成。团队成员由具有丰富经验和专业技能的人员组成，他们将与各个相关部门紧密合作，共同推动采购数字化项目的进展。

（5）优化了绩效评估体系，将采购数字化相关指标纳入绩效考核。将采购数字化的相关指标纳入绩效考核体系中，以此来激励员工更加积极地参与到公司的数字化采购转型变革中。

（6）组织数字化采购培训和沟通，提升员工认知和技能水平，减少变革阻力。通过培训和沟通，员工对数字化采购的理解和操作技能得到了显著提升，使得员工能够更加积极地适应和拥抱变化，提高了整个团队的工作效率和响应速度。此外，在培训和沟通过程中，还推动了员工间的沟通交流，使他们在面对数字化采购过程中的问题时能够更好地协作和解决问题。

项目实施成果

通过以上数字化采购项目的实施，该公司数字化采购取得了显著的成效。

- 采购成本降低了 8%；
- 供应商交货准时率提高了 25%；
- 库存周转率提高了 33%。

整体供应链的稳定性和竞争力得到了大幅提升，也为公司未来的发展奠定了坚实的基础，能更好地应对市场的挑战和机遇。

🦅 智能制造

智能制造概述

在当前激烈的市场竞争环境中，智能制造作为制造型企业数字化转型的核心，对提升生产效率、产品质量和创新能力具有关键作用。从宏观层面来看，企业推行智能制造主要受以下三个方面因素驱动。

全球竞争压力增大。各国都将智能制造视为提升工业竞争力的关键。如德国工业 4.0、美国工业互联网等先进制造概念的涌现，表明智能制造已成为全球制造业发展的重要趋势。中国也通过多项战略规划，明确将智能制造作为提升国家工业竞争力的核心途径。

市场需求变化。消费者个性化需求的增长，促使制造业从传统的大批量生产模式向小批量定制化生产模式转变。企业需要发展智能制造，在满足个性化需求的同时，提升生产效率和产品质量，确保其在市场竞争中的优势。

技术进步。大数据、人工智能、物联网等技术的迅速发展，为智能制造提供了坚实的技术基础。这些技术的融合应用，使制造数据能够被高效收集、存储、传输和分析，为制造企业提供丰富信息资源。同时，人工智能技术的不断进步，进一步推动了智能制造的发展。

智能制造是工业 4.0 的技术实现路径和核心驱动力，主要聚焦于智能工厂、数据驱动优化和人机协作这三个核心领域。其核心建设项目主要集中在以下几个方面。

（1）智能生产系统。
- 自动化设备与机器人：通过引入搬运机器人、装配机器人、焊接机器人等自动化设备和机器人，实现生产过程的自动化，提升生产效率和产品质量。
- 智能控制系统：构建基于计算机和人工智能的控制系统，对生产过程进行实时监控和智能调控，确保生产过程的稳定性和高效性。
- 生产线优化：通过数据分析和算法优化，对生产线进行智能优化，提高生产线的灵活性和响应速度，降低生产成本。

（2）智能供应链系统。
- 供应链协同：建立供应链协同管理平台，实现供应链各环节之间的信息共享和协同工作，提高供应链的透明度和运行效率。
- 物流优化：利用物联网、大数据等技术，对物流过程进行实时监控和优化，降低物流成本，提高物流效率。
- 库存管理：通过智能库存管理系统，实现库存的精准控制和合理预测，减少库存积压和浪费，提高库存周转率。

（3）智能质量管理系统。

- 在线检测：部署在线检测设备，对生产过程中的关键参数进行实时监测，及时发现和处理质量问题。
- 质量追溯：建立质量追溯系统，记录产品生产过程的关键信息，实现对产品质量问题的追溯和分析。
- 质量控制与改进：通过数据分析和算法优化，对生产过程进行智能控制，确保产品质量的稳定性和可靠性，并持续改进产品质量。

（4）智能数据管理系统。

- 数据采集与存储：利用物联网、传感器等技术，采集生产过程中的各种数据，并通过云计算等技术进行存储和管理。
- 数据分析与挖掘：运用大数据技术和人工智能技术，对采集到的数据进行深度分析和挖掘，为企业决策提供数据支持。
- 数字驾驶舱：构建数字驾驶舱，通过可视化的方式展示企业运营状况，帮助企业领导层进行快速决策和指挥。

（5）智能研发与设计系统。

- 集成设计工具：通过集成计算机辅助设计（CAD）、计算机辅助制造（CAM）和计算机辅助工程（CAE）等工具，提高产品研发、设计的效率和质量。
- 原型制作与仿真测试：利用三维打印技术和虚拟现实技术进行产品原型制作和仿真测试，降低研发成本，缩短研发周期。

（6）智能安全与环保系统。

- 安全监控系统：建立安全监控系统，对生产现场进行实时监控和预警，确保生产过程中的人员和设备安全。
- 环保监测系统：部署环保监测设备，对生产过程中的废气、废水、废渣等进行实时监测和处理，确保企业的环保合规性。

综上所述，智能制造的各个核心建设项目相互配合，共同推动制造型企业实现数字化转型，提升企业的竞争力和可持续发展能力。鉴于智能制造涉及内容广泛，大部分企业通常先从智能生产系统相关内容着手建设，而数字化车间是智能生产系统的基础，也是数字化车间升级和发展的起点。

数字化车间

数字化车间是运用精益生产、精益物流、可视化管理、标准化管理、绿色制造等先进生产管控理论和方法构建的信息化车间。它具有精细化管控能力，是实现智能化、柔性化、敏捷化产品制造的基础。作为智能制造的核心单元，数字化车间融合了信息技术、自动化技术、机械制造、物流管理等多领域技术。

因此统一术语和通用技术要求是实现数字化车间建设、完善智能制造体系的基础条件。

数字化车间是自动化与信息化融合的成果。首先是通过数字化技术与实际生产相结合，实现数字车间与物理车间的深度融合，使数字车间精准映射物流车间的业务对象。当数字车间具备自动计算和决策分析能力时，即形成了数字孪生车间。当数字孪生车间具备基于数据的科学决策、动态优化，以及主动学习和自主持续优化能力时，则标志着智能化车间的建设已经完成。数字化、智能化车间建设路径如图 12-12 所示。

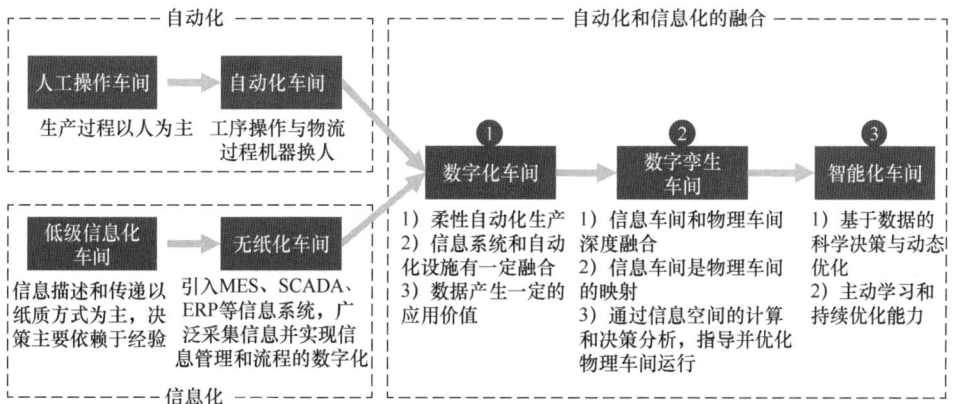

图 12-12　数字化、智能化车间建设路径

数字化、智能化车间应用场景

数字化、智能化车间主要涵盖以下应用场景（见图 12-13）。

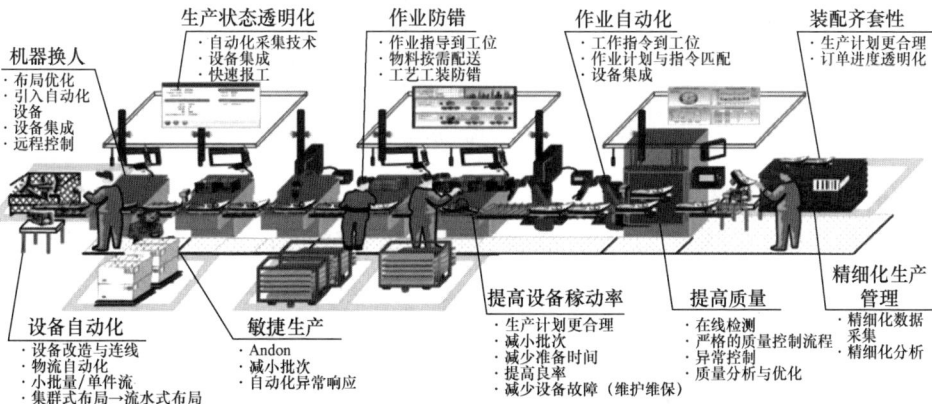

图 12-13　数字化、智能化车间应用场景

（1）作业计划与调度：生产任务与 APS 计划系统集成，实现生产计划对生产指令的精准集成，提高生产效率和资源利用率。

（2）生产状态监控与透明化：通过与设备的集成和自动化采集技术，实时监控生产状态，实现生产过程的透明化管理，及时发现和解决生产中的问题。

（3）自动化生产：利用机器换人和设备自动化，提高生产效率和质量，实现生产过程的自动化和智能化。

（4）质量在线化与可追溯：部署在线检测设备，对生产过程中的关键参数进行实时监测，通过质量追溯系统，实现对产品质量问题的追溯和分析。

（5）设备管理与维护：通过监控设备运行状态和分析生产效率，提高设备利用率，实施有效的维护策略，减少设备故障，确保生产连续性。

（6）生产运营分析与决策支持：搭建精细化数据平台，为生产决策提供准确的数据支持，助力企业实现数字化、智能化发展。

数字化、智能化车间的基本特征

数字化、智能化车间具有敏捷响应、高生产率、高质量产出、可持续、舒适人性化、全面数字化、车间互联化、高水平自动化、关键环节智能化、人机协同工作、设计制造集成，以及车间纵向与生产业务集成。具体如图 12-14 所示。

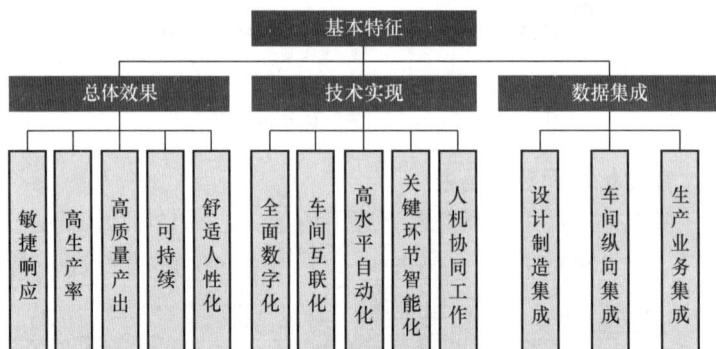

图 12-14　数字化、智能化车间的基本特征

数字化车间的建设内容

实现"数字化制造"目标需建设众多内容（见图 12-15），包括数字化设计、工艺、工厂规划、企业运营、生产、加工、装配、检测、物流、设备管理及服务等，从数字化车间角度，重点建设内容包括数字化工艺规划、虚拟化生产车间、车间设备与物流自动化建设、各类设备的 IoT 工业互联网建设、计划调度与排产、品控在线化、仓储自动化等。

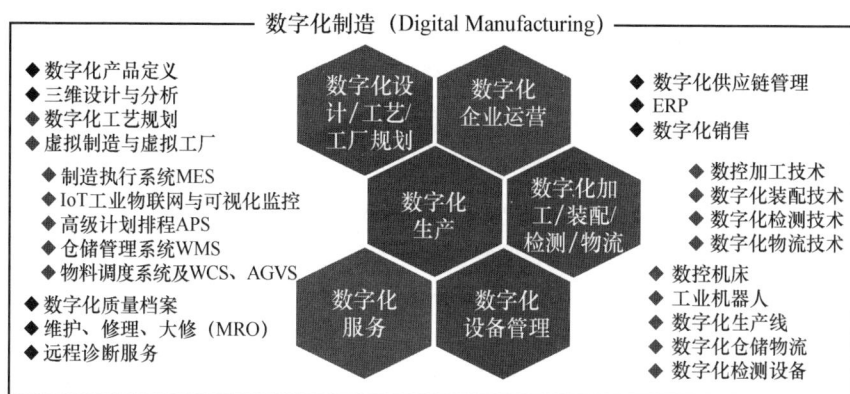

图 12-15　数字化车间建设清单

数字化车间的进阶目标

数字化的最终目标是实现智能制造（其具体进阶目标见图 12-16）。构建数字工厂的企业，都怀揣着打造"灯塔工厂"乃至超越现有水平的梦想。当企业累积起海量数据，并结合 AI 智能模型替代人工判断时，生产线将能自主承担任务、分析问题、自动决策，并实施自动控制与调校参数，从而确保生产的连续性和产品质量。

图 12-16　数字化车间的进阶目标

数字化车间实施背景及问题

W 公司作为一家新能源电力设备企业，其产品被广泛应用于多个行业，然而，由于行业特性，公司需开发众多不同机型以满足客户多样化的定制需求，生产批次小且复杂度高，给公司计划管理、物料供应、生产制造、质量控制及仓储管理带来了一系列挑战，严重制约了 W 公司的整体运营效率和市场竞争力的提升。

（1）生产计划与调度不合理。传统生产模式下，生产计划基于经验和固定的流程进行制订，缺乏对市场需求的实时响应和灵活调整。这导致生产计划与实际需求脱节，生产调度不及时，造成资源浪费和生产效率低下。

（2）现场管理混乱。物料堆放无序、设备维护不善、安全隐患频发等问题。混乱的现场环境影响了生产效率与员工安全，增加了运营成本。同时，缺乏有效的现场管理制度和执行力度也是导致现场管理混乱的重要原因。

（3）内部协同不畅。车间内部各岗位之间、车间与其他部门间缺乏有效的沟通渠道和协调机制，导致信息传递不及时、不准确，影响了生产进度和质量。沟通不畅容易导致工作重复、资源浪费等问题，进一步增加了公司的运营成本。

（4）设备管理与维护不善。设备是生产的核心要素，由于在设备管理和维护方面存在不足。设备运行数据采集不及时、不准确，无法实现预防性维护，导致设备故障频发，影响生产进度和产品质量。

（5）质量控制不严格。在产品制造过程中，W 公司采用的传统的质量检测方式主要依赖线下操作，系统仅记录检测结果，线上数据不完善，无法快速支撑线上质量数据分析及追溯，且质量控制策略也以线下为主，系统缺少防呆控制功能，无法及时预防和管控质量风险。

（6）质量追溯困难。质量追溯是保障产品质量的重要手段，但在许多车间管理中，这一环节往往存在诸多困难。由于缺乏完善的质量管理体系和追溯机制，因此，一旦出现质量问题，往往难以迅速定位问题源头并采取有效措施加以解决。这不仅增加了企业的质量风险，还影响了企业的品牌形象和市场信誉。

（7）数据孤岛问题严重。企业内部各个部门之间的数据往往相互独立，形成了数据孤岛。生产、销售、供应链等环节的数据无法有效共享和协同，导致信息流通不畅，决策缺乏依据。

在当前制造业竞争日益激烈的环境下，数字化车间已成为企业提升生产效率、质量和竞争力的关键。W 公司在推行智能制造战略时，也是先从打造数字化、智能化标杆车间开始，下面着重介绍 W 公司如何完成智能生产车间建设。

打造数字化、智能化车间

数字化车间建设以精益为基础，再通过自动化和数字化进行固化、进阶，当实现数字驱动业务优化改善时，才能步入智能化阶段。因此，W 公司的数字化车间建设分三步走。

- 第一步：精益化+创新化。

- 第二步：自动化+数字化。
- 第三步：智能化+互联化。

数字化车间建设的实施路径如图 12-17 所示。

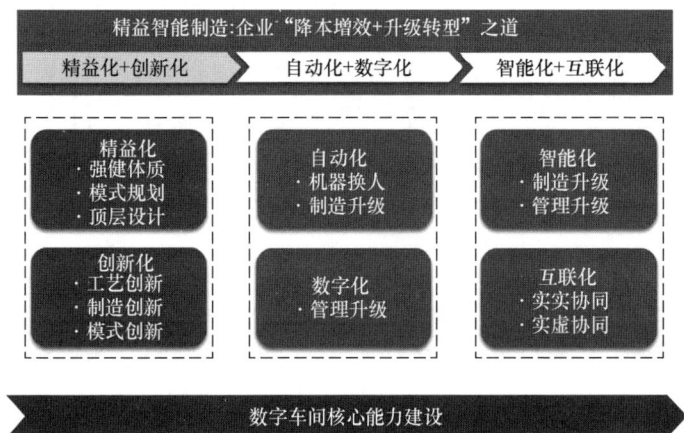

图 12-17　数字化车间建设的实施路径

车间智能化是一个不断优化升级的过程。例如，APS 高级排程的生产因子量化成本很高，根据"二八定律"，相对的自动化、智能化即可，不追求高成本的绝对自动化、智能化。

（1）建设策略：立足生产现状，小改进，大规划。 数字化车间建设要基于企业现状，通过精准的评估，准确找出 W 公司在智能制造转型道路上存在的问题及与先进水平之间的差距，从而为后续的决策提供坚实的依据。先做小改进，快速获得改善成果，针对大投入的部分，要考虑分步实施，在实现过程中，搭建"精益、自动化、数字化"的团队，集中力量把数字化车间建设好，后面的数字孪生车间、智能化车间，便是水到渠成的事了。

数字化车间建设，在基于资源的保障下，重点从三大支柱工作展开：精益规划、自动化设计和数字化设计，其内容框架如图 12-18 所示。

（2）精益改善：优化流程，减少浪费。 实施精益改善计划，旨在实现产值翻倍、平滑生产，并提高准交率，具体措施包括产品族分类管理、工艺精益化、价值流设计、物流规划等关键环节。通过合理的产品分族策略、工艺优化及高效价值流和物流方案的构建，为车间的高效运作打下坚实基础。

（3）产线自动化设计与改造。 包括引入新的自动化产线，对现有设备进行自动化改造，设计快速换装夹具，优化生产线平衡，部署自动检测系统（ATE）、打造柔性工作站，规划智能/手工站，设计自动化工具和工装，实施自动上下料系统，以及引入 AGV 系统或自动配送系统改造。

自动化设计	数字车间建设				数字化设计
新自动化产线设计 旧设备自动化改造 快换装夹设计 生产线平衡 自动检测设计 柔性工站设计 智能手工站设计 自动化工具工装设计 自动上下料设计 自动传送改造	产品分族	工艺精益化	价值流设计	物流规划	交付计划及拉线排产 人员计划 设备管理 仓库管理系统 厂内物流管理系统 AGV调度系统 车间可视化管理 质量管理系统 工装治具管理系统 iot数据集系统 能源管理系统 数字ESOP
	产品PR分析 | 产品PQ分析 | 定型定线	工艺优化 | 工艺稳健化 | 工艺标准化 | 精益单元迭代	价值流现状分析 | 产线均衡计划规划 | 单个产品计划 | 价值流规划	流式导向设计 | 方案优劣势分析 | 智能仓储设计 | AGV规划 | 载具设计	
解决技术异常	规划制造能力				解决管理异常

产值提升1倍、平滑生产、准交率提升

资源保障（资金、人员、设备、设施等）

面向战略目标进行数字车间建设，通过自动化、信息化达成目标

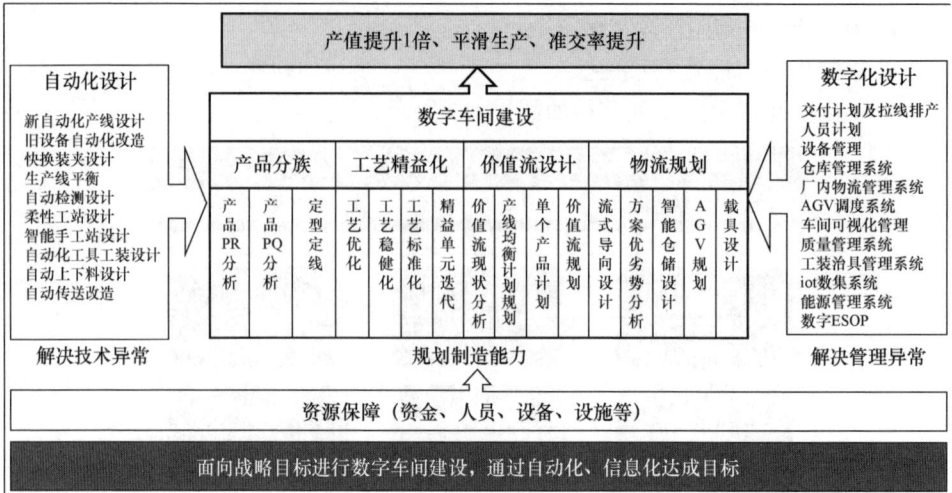

图 12-18　数字化车间建设内容框架

（4）**数字化系统设计：数据驱动，智能决策**。W 公司根据自身需求和特点选型数字化核心系统，考虑系统功能、易用性、可扩展性等因素，进行系统的定制开发，确保系统有效支持生产管理业务，包括交付计划及拉线排产、人员计划等。同时，通过对设备管理系统、仓库管理系统、厂内物流管理系统、AGV 调度系统、车间可视化的 BI 系统、质量管理系统、工装治具管理系统、物联数据采集系统、能源管理系统的深度集成，建立统一数据平台和接口规范，确保数据实时准确传递。系统集成有利于打破信息孤岛，协同业务流程，提升决策准确性和及时性。

（5）**推进物联网（IoT）与大数据应用**。在 IoT 建设方面，通过物联网技术，部署传感器网络，将各类传感器、设备、系统紧密相连，构建起一个高效的数据采集系统。该系统能实时采集、传输、处理来自物理世界的海量数据，实现对现实环境的数字化感知。通过为各行业提供数据支持，助力企业实现智能化决策和精细化管理。

（6）**持续改进：动态优化、持续发展**。构建绩效评估体系，定期对关键指标进行评估，并与目标及行业标准进行对比以识别差距。设立问题反馈机制，激励员工参与并为有效建议提供奖励，以此激发创新活力。积极引入新技术、新工艺和新设备，探索新兴技术的应用场景。定期对技术和设备进行升级，加强与学术界和产业界的合作，以提高企业的技术创新能力。培养具有跨学科知识的高素质人才，提供多元化的培训课程和学习机会，鼓励员工自主学习。重视团队建设，营造积极的工作氛围，并通过各种活动来培养团队的凝聚力和创新能力。

总之，数字化车间建设是系统工程，需在多方面统筹规划、精心实施。借鉴经验并结合实际，持续探索创新，可构建高效智能柔性的数字化车间，实现转型升级，提升核心制造能力。

项目实施成果

（1）实现大规模个性化定制。为实现客户参与式的产品定制服务，通过收集业务反馈及录入的个性化定制需求信息，W 公司研发部门结合模块化的三维数模设计软件、PTC Creo 以及 6SigmaDCX 等仿真软件，迅速构建定制产品模型，并经由客户确认，以高效且精准的方式实现与客户的交互设计，确保满足客户需求。

一方面，依托 PLM 产品全生命周期管理系统和 CAD 计算机辅助设计软件，研究产品自身特性，探索标准产品和非标准产品快速个性化定制的设计及生产制造方式，实现产品的快速定制化设计，满足定制产品快速响应的要求。一方面，在结构、控制、热设计上采用多维模组化设计，实现功率段产品的自由匹配及产品模块化和个性化重组。产品的定制化管理模式如图 12-19 所示。

另一方面，应用"模块化、标准化"的设计思维，采用统一标准的工艺布线和固化模板，形成了定制定型和 ATO 两个新型定制模式，从订单特性出发，合理配置生产资源，通过匹配"单件流、作业平台、作业岛、线边超市"四种精益生产模式（见图 12-20），实现大批量个性化定制服务下的成本和效率的最优控制。

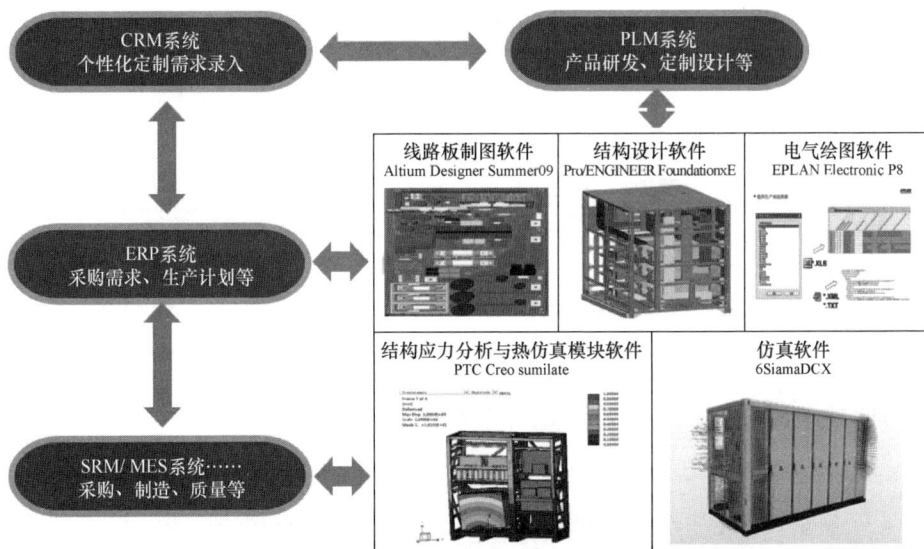

图 12-19　产品的定制化管理模式

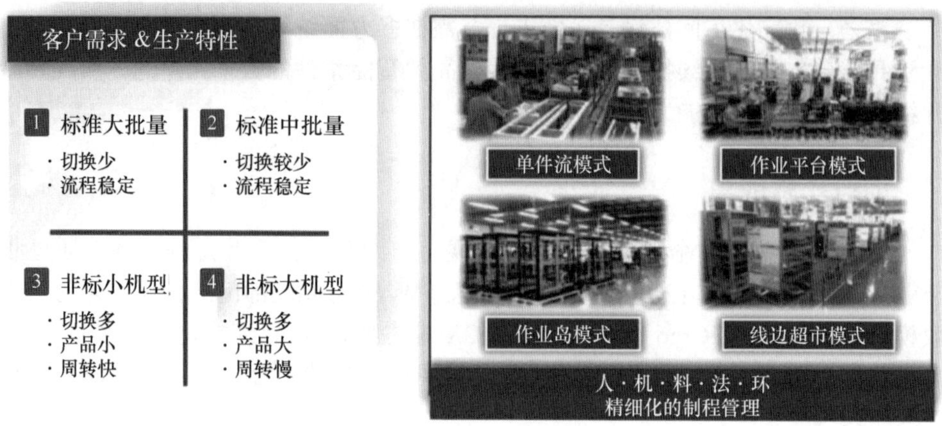

图 12-20　生产模式与个性化需求相匹配

（2）产品交付全过程质量可控可溯。W 公司引入先进质量检测设备和技术，实现产品质量实时检测和数据分析，建立全过程质量管理系统，实现生产要素条码化，通过 PDA 和扫码枪等终端实现生产现场数据实时采集，实现物料来料、生产过程和调试终检全过程质量信息收集、监控和分析，达到"可知""可控""可管""可谋"的管理效果，实现全过程的质量管理（见图 12-21），充分保障个性化定制产品的高品质。建立质量追溯体系，及时发现和解决质量问题，产品质量稳定性提高 20%，客户满意度提高 15%。

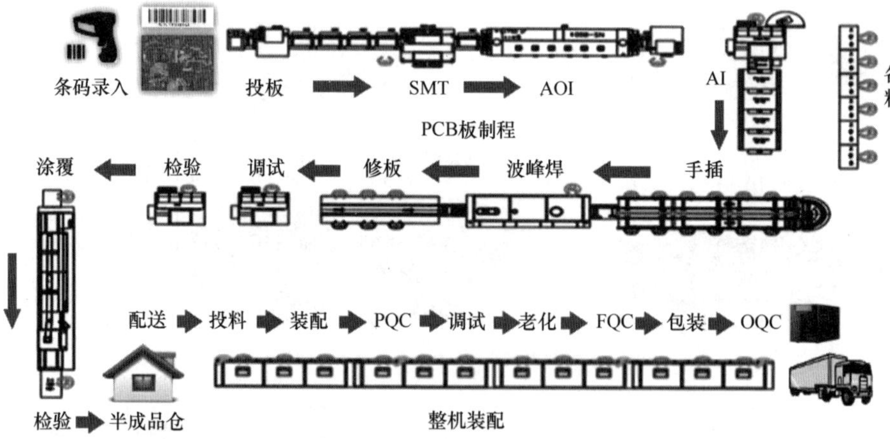

图 12-21　生产全过程质量可控可溯

（3）实现设备全生产周期管理的数字化。在设备管理与维护方面，W 公司通过建立安防隐患治理巡检系统/设备维保巡检系统，利用二维码、RFID 技术，实现对设备的高效巡检、异常报警、维保管理。同时利用 SCADA 网络实现了对设备运行状态的实时监测、数据采集和指令控制。通过数据分析，预测设备可能出现的故障，提前进行维护和保养，设备故障率降低了 25%，设备使用寿命延长了 15%。

（4）人均效能提升。通过开展定制定型、线表自动集成和 BOM 核算自动化开发及运用等措施，提高设计利用率、降低重复性工作、减少设计环节人工投入等诸多因素，达到人员效益最大化，人均设计产值增长了 7%。

（5）生产效率提升：实现智能生产排程，智能入库、出库管理，智能化生产，产品生产过程可控、质量可追溯，公司内各部门快速协同，生产效率提高 54%。

综上所述，智能制造是企业数字化转型的重要方向，对提高企业的竞争力和实现可持续发展具有重要意义。企业应充分认识到智能制造的重要性，积极应对面临的问题和挑战，加强技术创新和人才培养，推动智能制造的实施和发展。

智能仓储

智能仓储概述

随着全球经济发展与 AI 技术的普及，企业仓储物流管理成为竞争焦点。传统仓储模式因库存粗放、效率低下、响应迟缓等痛点，制约了运营成本的优化与服务质量的提升。智能仓储依托物联网、大数据等技术，结合智能设备与系统，实现仓库全流程监控与优化，推动物流管理向数字化、智能化升级。

智能仓储通过自动化货架、AGV 搬运机器人、WMS 等技术，提升作业效率与库存精准度，其效果如图 12-22 所示。例如，自动化设备实现货物的自动存取，WMS 实时同步库存数据，物联网传感器监控环境参数，大数据分析优化库位布局。这些技术的融合显著缩短了订单处理时间，降低了人力成本，提高了库存周转率，为企业降本增效提供了核心支撑。

图 12-22　智能仓储效果示意

例如，通过自动化货架、堆垛机和输送设备，能自动完成仓库物料的存取、搬运和分拣，大幅提升仓储作业的效率与准确性。引入仓储管理系统（WMS），可全面监控和管理仓库作业，涵盖库存、订单、出入库等环节，让仓储管理更精准高效。利用 RFID、传感器等智能物联网技术，能实时监控追踪物料，增强库存管理的准确性与时效性。大数据分析技术则通过剖析仓储作业和运营数据，提升仓储管理的决策能力。

智能仓储系统主要由仓储管理系统（WMS）和仓储控制系统（WCS）组成，与其他系统相互集成（见图 12-23），WMS 与 WCS 相互协同，共同实现仓储管理的数字化与智能化。

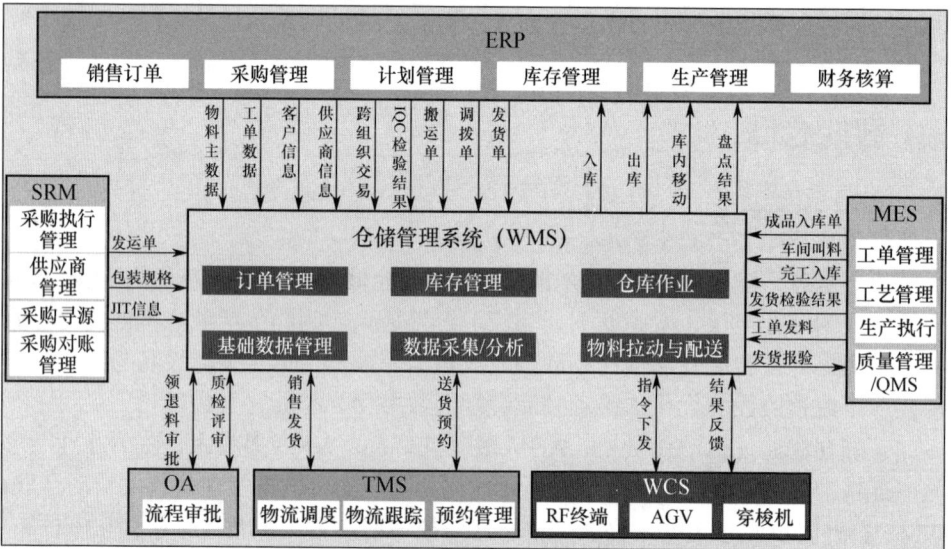

图 12-23 仓储管理系统集成关系图

仓储管理系统（WMS）是现代仓储的核心软件。WMS 运用信息化技术管理仓库作业全流程，实现高效管理。另外，WMS 还能与 ERP、MES 等系统集成，实现数据共享，共同提升企业运营效率。而仓储控制系统（WCS）则是仓储设备运行的"指挥家"。它与 WMS、ERP 等系统紧密协作，保障信息流通和协同作业，是仓储自动化的关键保障。

企业通过引入智能仓储建设与实施，可实现仓储管理的数字化和智能化转型。这不仅能提升仓储管理的效率和质量，还能降低运营成本，提高服务水平，从而增强企业的供应能力。

传统仓储管理主要问题

W 公司是一家新能源电力设备企业，其仓储管理基于传统仓储管理思路，主要关注物料出入库的过账与调账信息，确保账务层面的准确性。然而，随着公司业务向不同行业客户定制化产品的转变，产品型号繁多、批次小、物料种类复杂，仓储部门面临每日繁重的来料收货与车间物料配送任务，给仓储及工厂运营带来极大挑战。

（1）**库存及账务差错率高。** 手工账管理易出现人为差错，导致企业难以准确掌握库存情况，引发库存积压或缺货现象，影响订单交付准时性和客户满意度。

（2）**仓库运作效率低下。** 作业任务处理时间长，人工作业要求高且容易出现疏漏和错检，影响仓库作业效率。传统仓库作业方式人力密集、流程烦琐，无法快速满足车间生产物料配送需求。

（3）**车间物料配送效率低。** 物料 SKU 编码繁多，来料批次众多，物流配送模式与入厂物料未有效打通，生产批次少。大件物料（如钣金类）尚未实现与供应商协同的 JIT 模式交付，配送计划难安排，时常不及时，影响生产进度。配送过程中缺乏实时监控，突发情况难处理。仓储与生产部门协同不足，需求信息传递滞后，影响工厂物流运作效率。

（4）**数据孤岛现象严重。** 各部门数据相互独立，生产、销售、供应链等环节数据难以共享协同，信息流通不畅，决策缺乏依据。例如，供应商来料物流及发运信息在 SRM 系统中，未共享给仓储收料部门；产品主数据（如包装尺寸、重量等）在 PLM 系统中，未共享给仓储及物流运输部门。

（5）**数据利用不充分。** 无法有效利用大数据分析技术对仓储和物料配送数据进行深入分析，难以挖掘数据中的潜在价值，无法为决策提供有力支持。

面向制造服务的智能仓储服务

面对这些管理难点，W 公司需引入智能仓储解决方案，提升物流管理水平，实现智能化升级。其主要改善需求如下。

（1）**提高仓储空间利用率。** 合理规划仓库布局，采用自动化立体仓库、密集存储货架等先进存储设备，充分利用仓库的垂直和水平空间，提高单位面积存储量。

（2）**实现精准库存管理。** 借助条码、物联网技术、传感器和智能仓储管理系统，实时监控库存货物数量、位置、状态等信息，确保数据准确及时，为生产计划和销售订单提供支持。

（3）**提升货物出入库效率。** 引入自动导引车（AGV）、自动分拣系统、机器人等自动化设备，优化出入库流程，实现货物快速搬运、装卸和分拣，减少人工操作，提高效率，缩短在库时间，加速资金周转。

（4）**增强仓储服务灵活性与可扩展性**。设计灵活的仓储系统架构，以适应企业生产规模变化、产品种类增减，能够快速调整布局和设备配置。预留系统扩展接口，便于引入新技术和功能，以满足市场需求的变化。

（5）**消除数据孤岛现象**。实现公司内部各部门数据的有效共享与协同，确保信息流通顺畅，为决策提供可靠依据。将供应商来料物流及发运信息共享至仓储收料部门，并从 PLM 系统将物流信息、产品主数据等共享至仓储及物流运输部门。

（6）**实现可追溯性管理**。建立物料全程追溯体系，记录物料的来源、入库时间、存储位置、出库时间、去向等信息。追溯产品生产过程，包括原材料使用、生产工艺执行、质量检测结果等，以提高产品质量和客户满意度，快速定位并处理问题。

（7）**与制造业务流程深度融合**。确保智能仓储业务与制造各环节紧密衔接，仓储系统根据生产需求及时准确地供应原材料，并接收存储成品，实现协同运作。

（8）**数据交互与信息共享**。与企业内部其他信息系统（如 MES、ERP、PDM 等）无缝集成，实时交互共享数据。仓储系统向其他系统提供库存数据、出入库信息，接收生产计划、采购订单等数据，实现信息一体化管理。MES 将生产计划传递给 WMS，仓储系统依计划准备物料并反馈库存状态；ERP 系统根据仓储系统出入库数据更新财务库存信息，实现财务与业务协同。

构建高效的智能仓储体系

构建高效、智能的仓储管理体系是一个系统工程，要从规划与布局、设备与技术应用、库存管理、人员管理、流程优化及安全与维护等多个方面综合考量并付诸实践。W 公司在引入智能仓储系统的同时，也重点推进了以下工作。

（1）工厂物流布局规划。W 公司结合自身产品及业务特点，考虑存储物资的类型、数量、出入库频率等因素，合理划分存储区域。例如，根据产品类别、周转率等设置不同的货架区、货位区和功能区。

同时，采用科学的货架布局和物流通道设计，如横列式、纵列式或混合式，确保通道顺畅，减少通道占用的空间，提高仓储空间及面积的利用率。W 公司成品仓物流布局规划示意如图 12-24 所示。

（2）引入自动化设备与技术应用。引入自动化货架（如立体仓库）、自动导引车（AGV）、自动分拣系统、机器人等自动化设备，可大大提高作业效率，减少人工操作错误。

（3）实施仓储管理系统（WMS）：采用先进的 WMS 软件，实现对仓库业务的全面管理，包括库存管理、出入库操作、货位分配、订单处理等，提高数据准确性和作业流程的规范性。

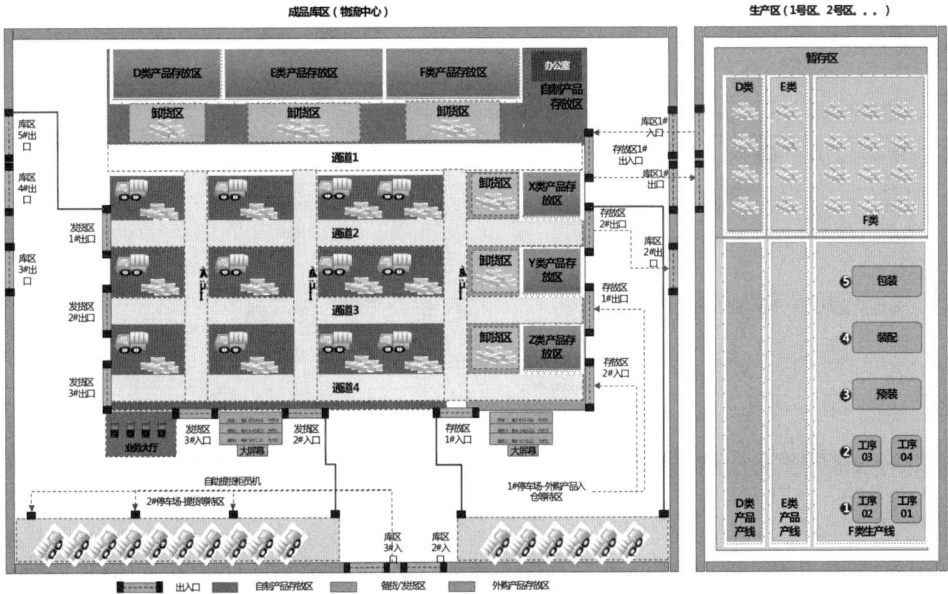

图 12-24 W 公司成品仓物流布局规划示意

（4）利用物联网（IoT）技术：通过在仓库设备、货物上安装传感器，实现对设备运行状态、货物位置、温湿度等信息的实时监测和采集，便于及时掌握仓库动态并进行精准控制。

（5）优化制造服务的"物"的流程。采用"拉"式物流策略，针对本地供应商，利用地理优势实现快速响应；对于外地供应商，提前规划采购计划和运输流程，结合生产进度和库存情况实施精准的库存控制。优化来料检验流程，提高检验效率。利用 WMS 实现物料的信息化管理，合理安排各车间的物料配送路线与配送计划。W 公司的制造物流规划如图 12-25 所示。

（6）推进仓储作业流程标准化。制定详细、标准化的出入库流程、盘点流程、分拣流程等，确保每个环节都有明确的操作规范。尽可能将可自动化的流程通过软件系统或自动化设备实现自动化。持续对仓储管理流程进行评估，收集员工和客户的反馈意见，发现问题及时进行调整和优化。

在引入 WMS 的过程中，W 公司采取了以下具体措施。

（1）构建统一规范的基础数据管理体系。统一管理原材料、半成品、成品等基础资料，确保数据一致。梳理批次属性用于追溯、周转规则设定，规范标签格式实现扫码作业，提高数据采集效率。建立先进先出管控与库存预警机制，保障产品质量与库存合理。

图 12-25　W 公司的制造物流规划

（2）优化原材料入库流程（见图 12-26）。通过 SRM 系统集成预收货，实现 WMS 与 SRM 协同收货。优化供应商预约装卸，确保月台装卸作业有序。优化上架策略，系统依据产品属性等推荐自动分配库位，实现快速上架。

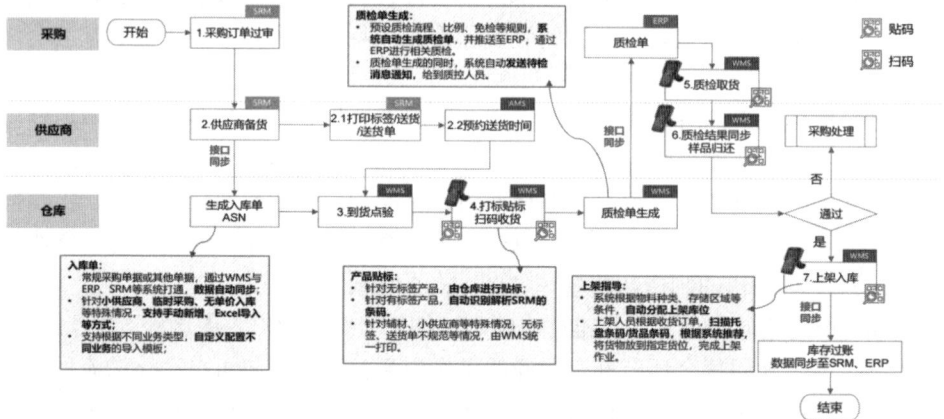

图 12-26　原材料入库流程

（3）强化生产拉动协同。引入三级拉动机制（见图 12-27），即采购来料拉动、工单拣选拉动、配送上线拉动，拉动各原材料仓、线边仓、JIT 直供件的物料需求。通过多种补货模式，保障生产线物料不断供。原材料发料时，系统预设领料拣货波次，自动分配库存并优化拣货路径，提高订单处理效率。

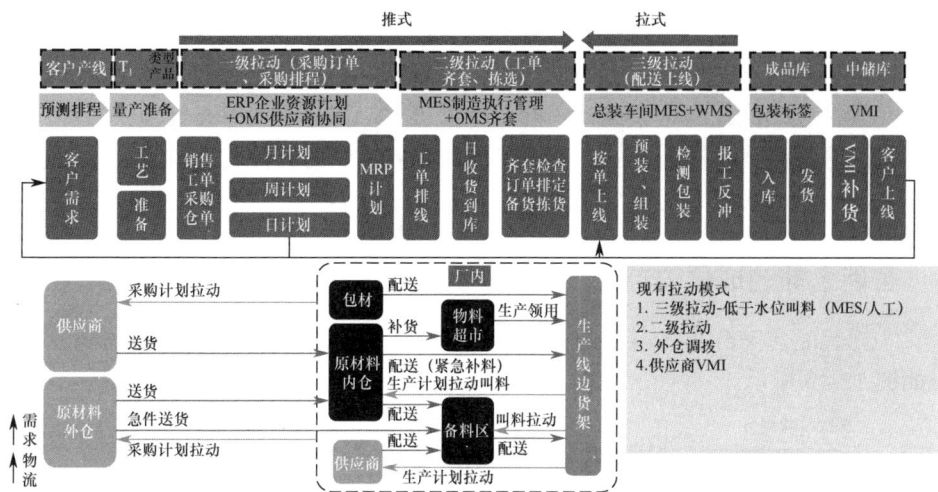

图 12-27　三级拉动机制

（4）改善成品出入库管理。 成品入库方面，通过系统智能推荐上架，提升上架入库效率。成品出库方面，根据成套产品的发货通知自动生成加工单，非成套产品直接拣货处理。装车时，通过 WMS 自动推送物流单号，通过 RF 扫描复核装车，并记录装车信息，满足产品串号的可追溯性要求。成品拣货及装车出库流程如图 12-28 所示。

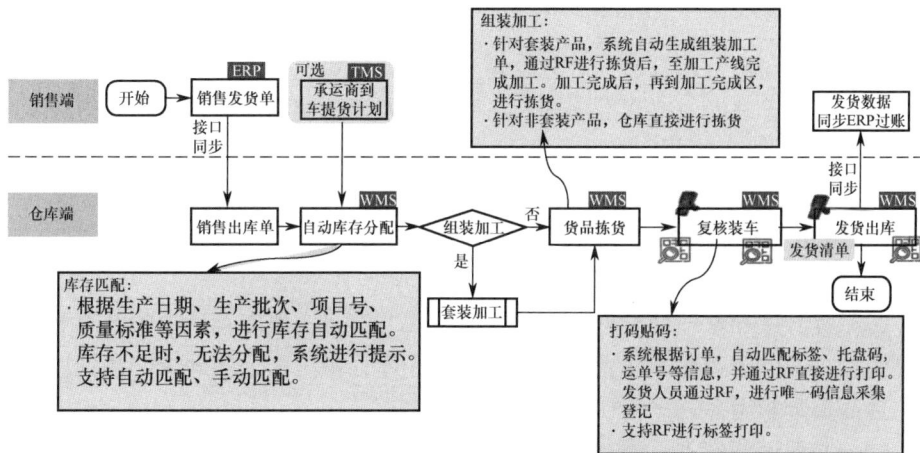

图 12-28　成品拣货及装车出库流程

（5）优化库内管理。

- 通过多维度交易查询与可视化展示，如库存、看板等。图形化展示库存，作业看板辅助监控，帮助仓储管理干部提升决策效率。

- 强化作业管控，规范移动、调整、盘点、跨货主物资调拨等作业流程，减少人为错误，保证库存数据准确、可追溯，提高货物管理规范性。
- 规范盘点流程与结果确认，确保数据可靠，支持企业库存管理决策。

通过这些关键举措的实施，企业能构建高效智能的仓储管理体系，提升整体竞争力，适应市场快速变化与发展。

智能仓储的成果收益

实施智能仓储解决方案可为企业带来多方面的收益。某公司智能仓储收益情况如图 12-29 所示。

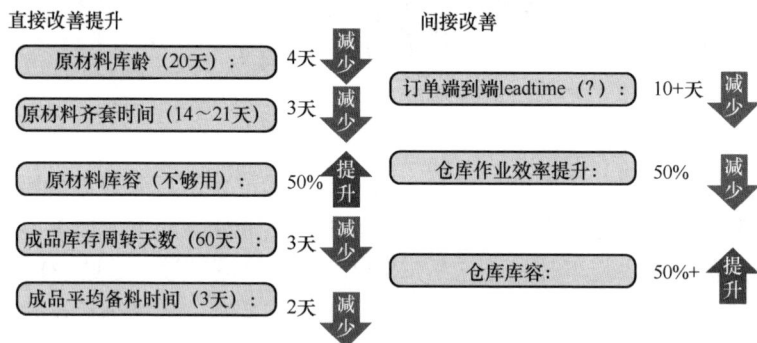

图 12-29　某公司智能仓储收益情况

（1）提升仓储管理效率：智能仓储解决方案可实现仓库作业的自动化和智能化，提升仓储管理的效率和准确性，从而减少人为错误和浪费，节约人力成本和时间成本。

（2）提升仓库运作效率：通过智能仓储解决方案可实现仓库作业的优化和自动化，提高仓库的运作效率和灵活性，缩短订单处理时间，提高订单准时交付率，提升客户满意度。

（3）提升库存管理精准度：智能仓储解决方案可实现库存信息的及时更新和实时监控，帮助企业精准掌握库存情况，减少库存积压和缺货现象，降低库存成本，提高资金利用率。

（4）降低运营成本：通过智能仓储解决方案，企业可降低人力成本、库存成本和运输成本，提高资源利用率，降低运营风险，从而降低企业的运营成本，提高企业的盈利能力。

（5）提升企业竞争力：实施智能仓储解决方案可提升企业的物流管理水平和服务质量，提高企业的响应速度和灵活性，增强企业的市场竞争力，赢得客户信赖，拓展市场份额，实现可持续发展。

销售物流数字化

销售物流概述

依据供应链业务价值流，通常可将物流划分为四类：供应商物流、制造物流、销售物流以及逆向物流，如图 12-30 所示。其中，销售物流亦称为面向客户服务的物流。

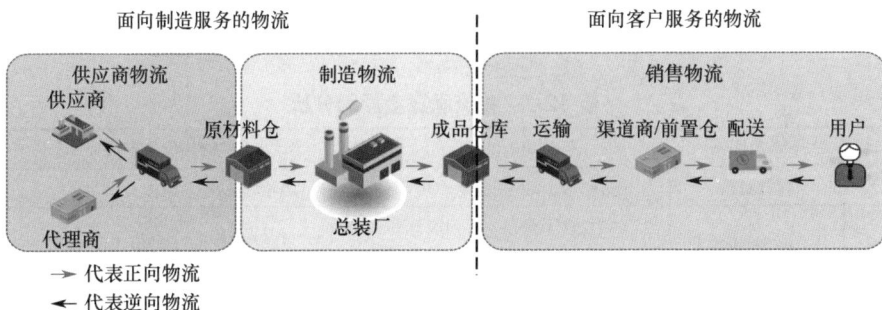

图 12-30　企业物流业务概览

面向客户服务的物流是发生在公司向客户交付产品过程中的物流活动，其产品或服务的销售，发生在顾客与物流企业之间的相互活动中。通过物流服务，公司可提供更多能满足客户要求的服务，扩大与竞争对手之间的差距，从而获得竞争优势。

物流数字化实施背景

W 公司是一家设备制造企业，产品广泛应用于多个领域。随着业务规模的发展，市场竞争加剧，各行业客户对透明化的物流服务需求越来越多。在一些头部客户的项目招标文件中，明确要求公司提供订单信息及物流节点信息，并对接其相关系统平台，实现信息的实时传输，以满足这类客户对物流可视化和物资交付的管理要求。这些需求，给公司物流交付管理带来巨大挑战，同时也为公司推动物流改善与物流数字化实施创造了一个重要契机。

因此，提升物流服务体验，确保客户满意，是推进供应链物流改善与物流数字化转型最重要的动力源泉。在公司领导的支持下，启动了物流改善与数字化物流专项工作，拟通过推进一系列的业务改善行动，并依托系统固化流程，提升整体物流服务能力。

销售物流主要问题

在项目实施过程中，项目组通过与一线团队沟通、与合作伙伴客户接触，以及通过满意度调查、物流问题交流会等方式，获得了大量一线资料。根据项目组对合作伙伴客户的调查结果，该公司的物流服务满意指数仅为48.13%，抱怨指数高达15%。通过调查结果分析，客户抱怨主要集中在以下四个方面。

（1）客户对物流到货时效不满意；

（2）货物包装破损、脏污及挤压，少件，错件；

（3）物流配送不及时、配送过程客户体验差；

（4）物流信息服务不及时。

物流满意度原因分析如表12-1所示。

表12-1　物流满意度原因分析

序号	不满意因素	公司内部原因	物流供应商原因
1	到货时效	到货时效监控不到位	运输/中转不及时
2	货物问题	包装设计不规范，厂内装卸作业不规范	运输/装卸/堆码/搬运作业不规范
3	物流配送	配送管控不到位，缺乏监控	未提前预约，配送服务中的争议问题
4	物流信息服务	响应处理不及时，缺乏信息化平台	无运输信息化系统，依靠人工监控物流运输状态信息

在了解客户及一线销售团队的物流服务需求后，针对销售物流的发运管理、物流状态跟踪与监控、物流配送及签收管理、物流商管理及物流费用管理等方面开展了业务调研工作。项目组进一步调研发现，公司在物流管理上存在一系列问题。

（1）物流跟踪监控不到位：对物流状态信息依赖于人工查询和管理。

（2）物流状态信息无法向一线销售团队及客户共享。

（3）对物流配送缺乏统一的规范，影响客户收货体验。

（4）配送时到货签收的合规性不足，难以满足内控需求。

这些问题之所以存在，主要是以下四个方面的原因。

（1）公司对物流管理的重视度不足。在日常物流管理工作中，公司忽视了客户的物流服务需求，这是导致客户对物流服务满意度低的重要因素。换言之，物流服务做不好，将直接影响公司的交付服务、口碑和公司形象。

（2）物流相关管理制度、流程规范严重缺失。盘点该公司现有制度文件，基本未发现任何与物流发运管理、物流供应商管理相关的资料。

（3）对现有物流供应商管理不到位。公司现有物流供应商较为分散，且物流商能力参差不齐，公司对物流商的准入、选择与评估缺乏标准，也从未对物流供应商推行过绩效管理。

（4）**公司物流信息化程度极低。** 物流信息化程度低主要体现在物流状态信息采集与共享管理，包括已发货物流状态信息的采集，以及物流状态信息的共享与分发。

目前，该公司对物流状态跟踪信息主要依靠 Excel 表格管理。其数据的准确性、及时性较差，且无法实现在线共享。现有系统中的物流状态信息数据无法实现动态更新。因此，该公司一线销售团队和客户只能通过电话或微信咨询订单发货的物流状态。

此外，该公司对物流状态信息的采集能力还受到物流商的物流信息服务能力的影响。与该公司合作的物流商中，还有一些是规模较小的物流公司或个体户公司，本身缺乏相关的运输管理系统，根本无法提供物流状态信息服务。

销售物流数字化的关键行动

针对以上调研的现状与问题，W 公司对物流管理体系建设进行了整体规划（见图 12-31），其目标是：建设以客户为中心的物流管理体系，以客户需求为导向，为客户提供优质的物流服务，同时合理控制整体物流费用率，提升发运效率，保证货物物流运输质量与安全。

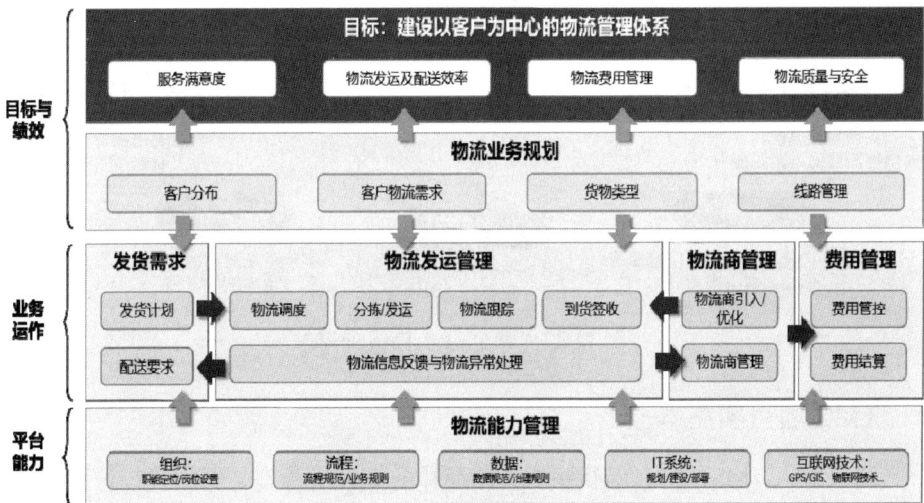

图 12-31　W 公司物流服务体系建设整体规划

根据项目目标要求，该公司项目组先从业务改善入手。从发货需求、物流发运管理、物流商管理、费用管理四个方面开展改善行动，优先聚焦业务痛点改善，再通过流程建设、数据治理、引入 IT 系统，结合 GPS/GIS、物联网等新技术，逐步提升物流管理与物流服务响应能力。该公司在项目中主要开展了以下改善行动。

（1）建立发运管理相关制度。对发货计划、发货通知、发货包装、备货等流程进行优化，缩短发货周期，提升发货效率。同时建立了物流发运、跟踪与监控、回访等管理规范，并组织专项物流培训，提升物流团队的专业能力和服务意识。

（2）优化物流承运商资源。通过约谈主要供应商，落实客户对物流服务改善的要求；建立物流供应商管理的相关制度；对现有物流承运商的管理体系重新组织评审，建立物流承运商的准入标准，重新组织物流招标，淘汰小型物流承运商企业，最终实现对物流供应商资源的优化。

（3）建立物流费用标准化。重新定义物流费用计价规则，并将这些规则应用于物流招标方案中的报价要求，有效规避二次物流费用谈判的发生概率，确保托运费用结算满足内控要求。

（4）引入 TMS，打通订单物流状态链条。在完成上述改善行动后，引入物流信息化系统工具——TMS，以便固化流程并支撑方案落地。物流运输信息化不仅是供应链物流管理自身的需求，还是为满足公司客户服务、营销支持以及财务与内控管理的需求。W 公司对 TMS 的需求如图 12-32 所示。

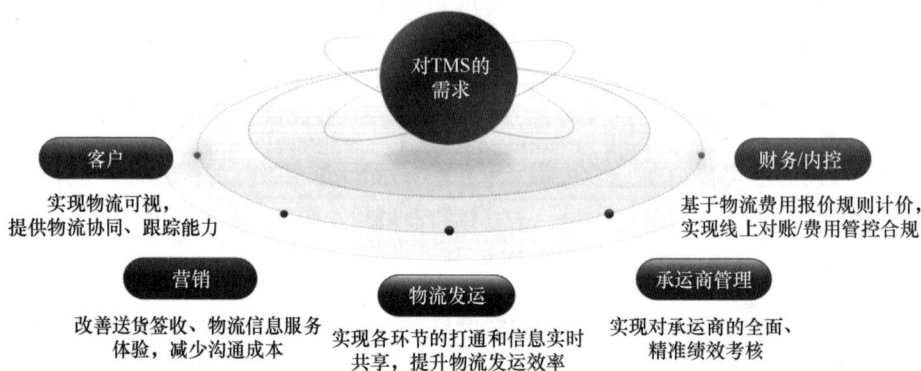

图 12-32　W 公司对 TMS 的需求

TMS 项目实施

通过引入 TMS，将在送货签收、信息服务、订单管理、费用管控、费用结算及物流商管理等多个方面，提升物流管理与物流服务能力。TMS 项目基本目标如图 12-33 所示。

TMS 项目实施后，该公司逐步建立起统一的物流运作流程及标准，并实现了物流业务高效协同和物流状态的实时监控，有效控制物流费用，从而实现销售物流管理的数字化转型。TMS 的蓝图规划如图 12-34 所示。

项目基本目标	
建立物流标准	通过制定统一、规范的物流操作标准和流程,确保发运时效更快,以及货物在途运输安全。
物流发运协同	实现各个相关方之间的协同合作:科华(发货方)、承运方、收货方(客户)等能够高效协同,确保货物按时、准确地发运。
物流签收简化	借助电子签收、优化签收凭证的处理等方式,来简化物流签收的流程,减少不必要的烦琐步骤和手续。
物流状态可视	能够实时、清晰地展示物流货物的状态信息。客户可以随时了解货物处于运输途中的哪个位置、预计到达时间等
物流费用可控	能实现对物流费用的有效监管,帮助管理者清晰地了解各项费用的构成和产生原因,确保费用的合理性和透明度

图 12-33　TMS 项目基本目标

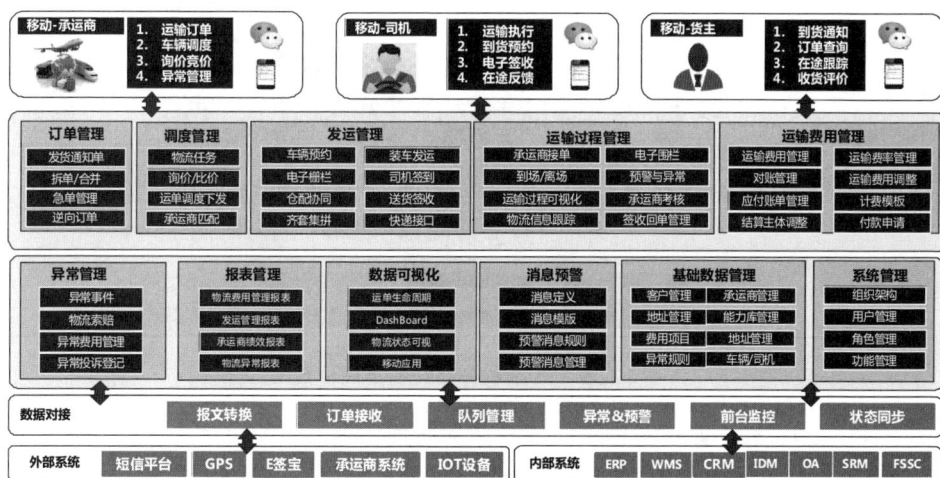

图 12-34　TMS 的蓝图规划

针对当前人工调度选择承运商无法实现时效和成本最优控制的问题,TMS 将通过自动优选承运商功能,实现运营成本可控,通过建立策略引擎,系统自动匹配最优承运商,保障物流时效性,降低运输费率。

在托运单物流费用合规性要求方面,将通过系统实现自动计算、线上对账,以提升托运单物流费用计价效率和准确性,确保过程合规。

对于物流齐套到货服务需求,通过公司齐套配送管理方案及标准化齐套发货与配送操作流程,改善客户到货服务体验。

在到货签收管理改善方面,通过对接物流商 TMS 签收状态和规范签收操作,实现物流签收线上化和商务签收简单化,提升效率和合规性。

对于物流信息不透明的问题,在本次项目中将集成主要物流承运商的 TMS 信息,同时提供小程序打卡,确保物流状态实时更新,通过物流状态信息同步和节点预警与提醒等功能,实现对物流状态的监控和物流全程可视可控。

在 TMS 实施阶段，W 公司提前识别了 TMS 与各系统的集成关系（见图 12-35），并确定了系统接口开发规划，梳理了数据流向。

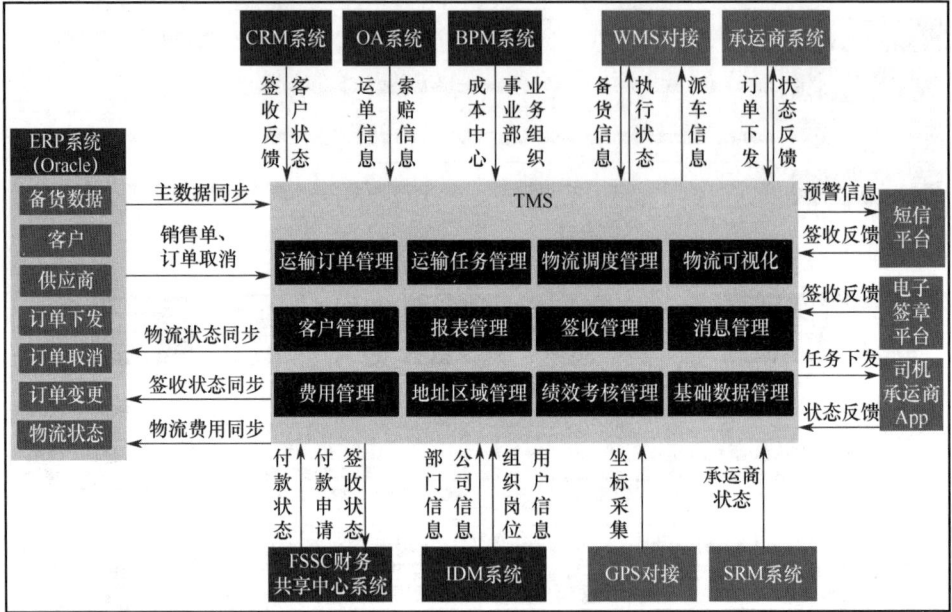

图 12-35　TMS 与各系统的集成关系

项目实施过程中，针对物流的核心业务场景实现全面的数字化管理，W 公司重点围绕主要业务场景的需求开展物流数字化变革行动，如图 12-36 所示。

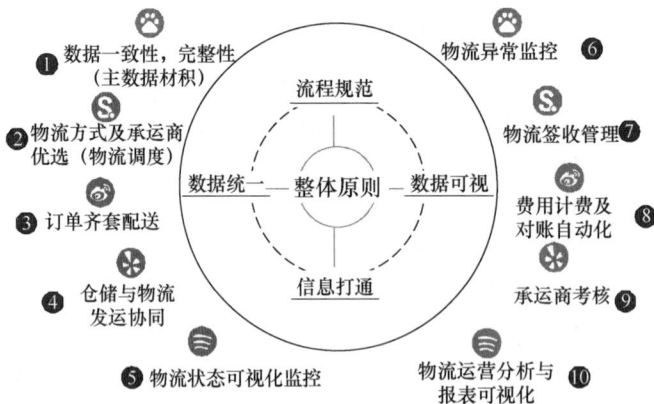

图 12-36　物流数字化变革行动

（1）保持数据一致性、完整性（主数据维护）。在项目实施过程中，通过统一的主数据管理模块，对物流相关数据，包括客户、供应商、承运商及产品等信息，都规定了标准化的录入格式和规范。例如，在管理收货人地址时，通过引入 AI 技术，实现了录入地址时的自动化按地址库的格式和规范进行解析的功能。

（2）物流调度时，实现自动匹配物流方式及承运商优选。在物流调度方面，TMS 集成了包含承运商详细服务能力（如车辆类型、数量、运输路线覆盖范围等）和服务质量（如准时率、货损率等）及价格信息的承运商数据库。通过智能调度算法，系统能够依据货物的重量、体积、运输距离和运输时间要求等因素，结合承运商数据，自动推荐合适的物流方式和承运商。

（3）实现订单齐套配送需求。TMS 与订单管理系统（OMS）的集成是实现订单齐套配送的关键。系统实时获取订单信息，包括产品种类、数量和交付时间等。其具备的订单齐套分析功能，能依据库存情况和物流配送能力，分析订单是否能齐套配送，并给出合理提示和建议。对于需要齐套配送的订单，TMS 能自动规划配送路线和时间，确保相关货物能同时到达客户手中。

（4）仓储与物流发运协同。TMS 与仓储管理系统（WMS）、ERP 系统深度集成，实现仓储和物流环节的数据实时互通，实现从发货订单下达、准备出库、拣货、装车到发运的全流程协同，确保了发货订单物流状态的准确更新和货物的顺利发运。具体如图 12-37 所示。

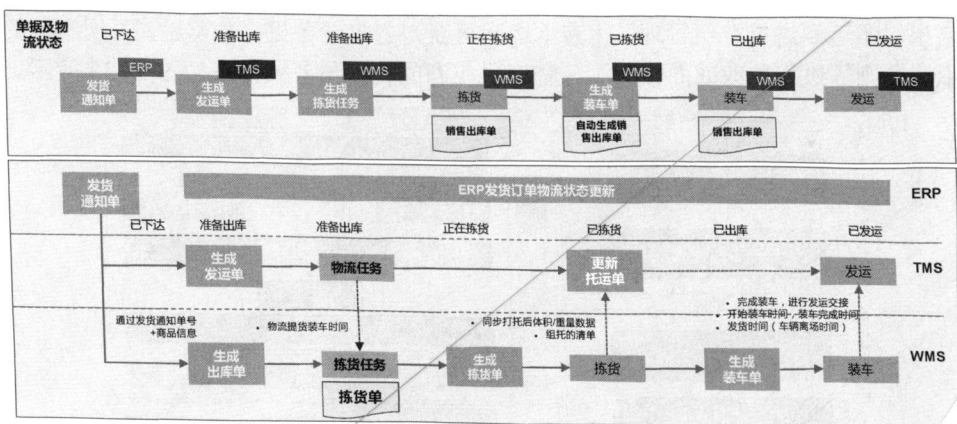

图 12-37　仓储与物流发运协同

（5）实现物流状态可视化监控。TMS 通过与第三方物流平台、车载物流电子标签（如 RFID）技术集成，实现对货物位置和状态信息的实通过物流可视化监控界面，以地图、图表等形式展示货物的运输轨迹时间和实时物流状态，方便管理人员和客户查看。同时，设置的异在货物到货延迟等异常情况下自动发出警报，通知相关人员及时

（6）强化物流异常事件管控。TMS 中的异常事件管理模块常情况（如车辆故障、交通事故、天气影响等）进行分类和

生时，系统通过人工或自动记录异常事件详情，包括时间、地点、事件类型和影响范围等，并进行预警。通过对异常事件的统计分析，帮助物流管理人员找出常见异常类型和原因，为优化物流业务运营改善提供数据支持。

（7）推进物流电子化签收。通过 TMS 的电子签名、拍照签收等多种签收方式，取代传统纸质签收。签收信息（包括签收时间、签收人、签收地点等）能实时回传至 TMS，并与相应订单和运输任务关联，确保签收数据的准确性和及时性。此外，签收数据的存储和管理方便后续查询和审计，也有利于评估承运商的服务质量。

（8）落实费用计费及自动化对账。TMS 设置了精确的费用计费规则，根据运输距离、货物重量、车型、运输服务类型等因素自动计算物流费用。与财务系统的集成能将计费数据自动传递给财务系统，进行费用核算、开票和收款。自动对账功能通过比对承运商运输服务记录和费用账单，快速发现和解决对账差异，提高财务处理效率。

（9）强化承运商管理与考核。通过 TMS 建立了全面的承运商考核指标体系，涵盖运输准时率、货损率、服务态度、异常处理能力等多个维度。系统依据每次运输任务的执行情况自动采集数据，计算承运商考核分数并生成考核报告。根据考核结果对承运商进行分级管理，优秀承运商可获得更多业务机会和奖励，表现不佳的承运商则需进行整改或面临淘汰。物流供应商的管理与考核体系如图 12-38 所示。

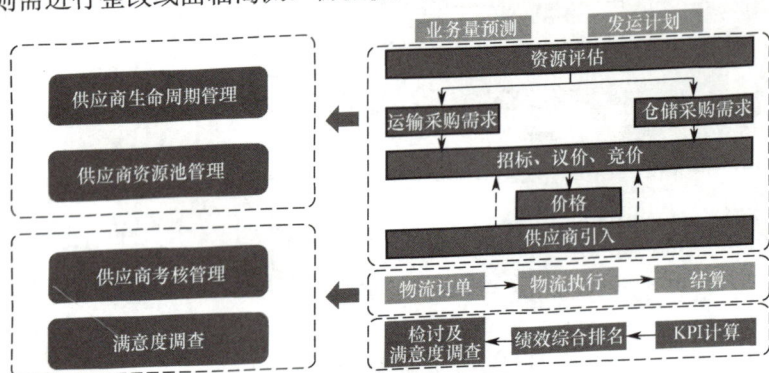

图 12-38　物流供应商管理与考核体系

（10）物流运营分析与报表可视化。在 TMS 中集成数据分析和报表工具，对物流运营数据进行深度挖掘和分析，包括运输量、运输成本、运输效率、客户满意度等。多样化的可视化报表（如柱状图、折线图、饼图等）直观展示物流运营状况和趋势，为决策提供有力的数据支持。

通过以上针对十大核心业务场景的数字化行动，TMS 能全面提升物流运作的效率和质量，在日益激烈的市场竞争中为 W 公司带来显著优势。

第 13 章

营销服数字化实践

营销服流程概述

MTL 流程框架

MTL（Market to Lead，市场到线索）管理流程框架是一个专注于从市场洞察到生成销售线索的系统化流程，旨在通过深入的市场分析和客户洞察，为产品上市提供明确的市场策略和方向，并通过一系列的营销活动激发客户购买意向，最终转化为销售线索，以支持销售部门实现业绩目标。

MTL 对营销的改变如图 13-1 所示。

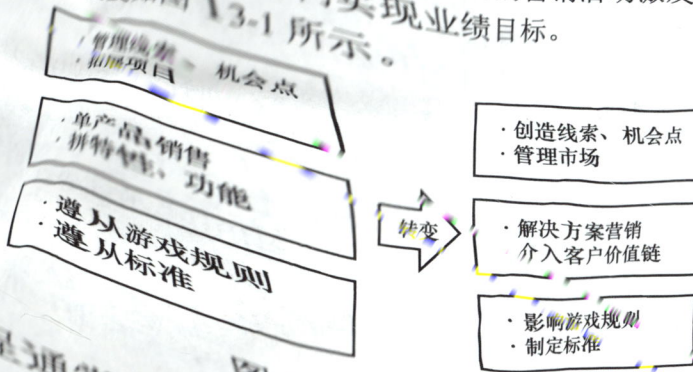

图 13-1　MTL 对营销的改变

MTL 管理流程通常包括以下几个主要阶段。

（1）市场洞察。

- 市场分析：通过收集和分析市场数据，了解行业趋势、竞争对手情况等，为产品策略制定提供依据。
- 需求预测：基于市场分析结果，预测目标市场需求，为产品开发和营销策略提供参考。

（2）市场管理。

- 目标市场选择：根据市场分析和需求预测

目标市场。

- 产品定位：明确产品在目标市场中的定位，包括产品特性、优势、价格策略等，以满足目标客户的需求。
- 市场细分：将目标市场细分为不同的客户群体或细分市场，以便制定更精准的营销策略。
- 营销策略：基于市场细分的结果，制定针对性的营销策略，包括产品组合、定价策略、渠道策略、促销策略等。

（3）联合创新。

- 强调跨部门和跨组织的合作，以开发新产品、服务或解决方案。
- 可能涉及研发、设计、市场、销售等多个部门，以及可能的外部合作伙伴（如供应商、客户或研究机构）。
- 通过共同创新，企业能够更快地响应市场变化，并开发出满足客户需求的产品。

（4）销售赋能。

- 销售赋能模块旨在为销售团队提供必要的工具、培训和支持，以帮助他们更有效地与客户互动并达成销售目标。
- 这可能包括销售材料、产品演示、市场情报、销售技巧培训等。
- 通过销售赋能，企业能提高销售团队的效率和业绩。

（5）激发需求。

- 激发需求关注如何通过营销活动和策略来创造或增加潜在客户对产品的兴趣和需求。
- 包括广告、公关、社交媒体营销、内容营销等手段。
- 通过精心策划和执行营销活动，企业能吸引更多的潜在客户，并为销售团队创造更多的销售机会。

（6）营销质量管理。

- 营销质量管理确保企业的营销活动符合预定的标准和期望，并持续改进以提高效率和效果。
- 这涉及设定营销目标、跟踪绩效指标、收集客户反馈及进行持续改进。
- 通过质量管理，企业能确保营销活动的一致性、有效性和可持续性。

MTL 管理流程架构如图 13-2 所示。

客户需求，为制定市场策略提供数据支持。

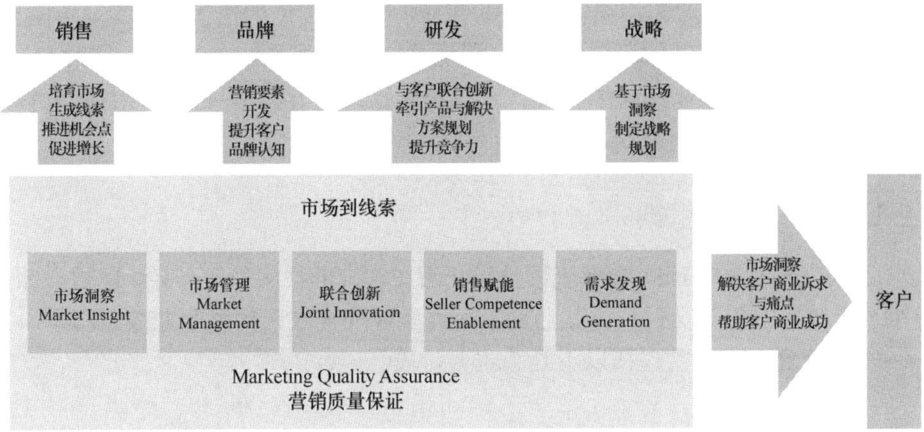

图 13-2　MTL 管理流程架构

- **市场定位**：基于市场分析结果，确定产品在目标市场中的定位，包括产品特性、优势和价格策略，为产品上市提供明确的市场策略和方向。
- **目标设定**：基于市场定位，设定明确的业务目标，包括市场份额、销售额、客户增长等关键绩效指标（KPI）。

（2）执行层面。

- **营销策略制定**：根据市场策略和细分市场策略，制定具体的营销策略，包括产品组合、定价、渠道和促销策略，确保营销策略与企业战略目标的一致性。
- **营销活动策划与执行**：策划并执行各类营销活动，如广告、公关、展会等，以吸引目标客户并产生购买意向，为销售部门提供高质量的销售线索。
- **线索生成与管理**：通过营销活动吸引客户并生成销售线索，对线索进行有效管理，包括线索的分类、筛选、跟进和转化，确保线索的高效利用和业务持续增长。

（3）优势与价值。

- **数据驱动决策**：MTL 管理流程强调基于数据的决策制定，通过市场分析和客户洞察为企业提供准确的市场信息和策略建议。
- **跨部门协作**：MTL 管理流程促进了营销、销售、产品等部门之间的紧密协作，确保战略和执行层面的一致性和高效性。
- **持续改进**：MTL 管理流程是一个持续改进的过程，通过收集市场反馈和评估营销效果，不断优化营销策略和执行活动，提高市场效果和效率。
- **业务增长**：通过精准的市场定位和营销策略，以及高效的营销活动执行和线索管理，MTL 管理流程有利于企业实现业务增长和市场份额的扩大。

MTL 在从战略到执行中的应用是一个全面、系统性的过程，它强调从市场洞察出发，通过制定有效的营销策略和执行活动，最终转化为销售线索和业务成果。这一过程需要企业内部的跨部门协作，确保战略和执行层面的一致性。同时，MTL 的应用也强调数据驱动和持续改进，通过不断收集和分析市场数据，优化营销策略和执行活动，提高市场效果和效率。

LTC 管理流程框架

LTC（Leads to Cash）管理流程是指从潜在客户的线索发现开始，经过一系列的市场营销、销售、交付和收款活动，最终实现现金收入的整个业务过程。

LTC 管理流程通常包括以下几个主要阶段。

（1）线索获取。

营销活动：通过各种市场营销活动（如广告、展会、社交媒体营销等）收集潜在客户的信息，形成销售线索。

（2）线索培育。

- 线索识别：对收集到的销售线索进行评估和筛选，识别出具有潜在购买意向的线索。
- 提供价值：在获取潜在客户后，通过提供有价值的内容、定期跟进等方式，与潜在客户建立信任关系，并逐步引导他们向销售转化

（3）机会转化。

- 需求分析：深入了解客户的具体需求，确保提供的解决方案能够满足其期望。
- 提供解决方案：基于客户需求，提供定制化的产品或服务解决方案。
- 商务谈判：与客户进行价格、交付方式等方面的谈判，达成购买意向。

（4）订单执行。

- 订单确认：包括产品规格、数量、价格、交付方式等。
- 合同签订：双方就订单细节达成一致后，签订正式的销售合同。

（5）产品交付。

- 订单跟踪：实时跟踪订单状态，确保产品按时交付。
- 质量管理：对交付的产品进行质量检查，确保符合客户要求。

（6）回款管理。

- 发票开具：根据订单金额和合同约定的付款方式，开具发票。
- 账务处理：核实支付信息，确保货款及时到账。

（7）客户关系管理。

- 售后服务：提供及时、专业的售后服务，解决客户在使用过程中遇到的问题。

- 客户满意度调查：定期收集客户反馈，了解客户满意度情况，及时调整销售策略和服务质量。

LTC 管理流程及规则如图 13-3 所示。

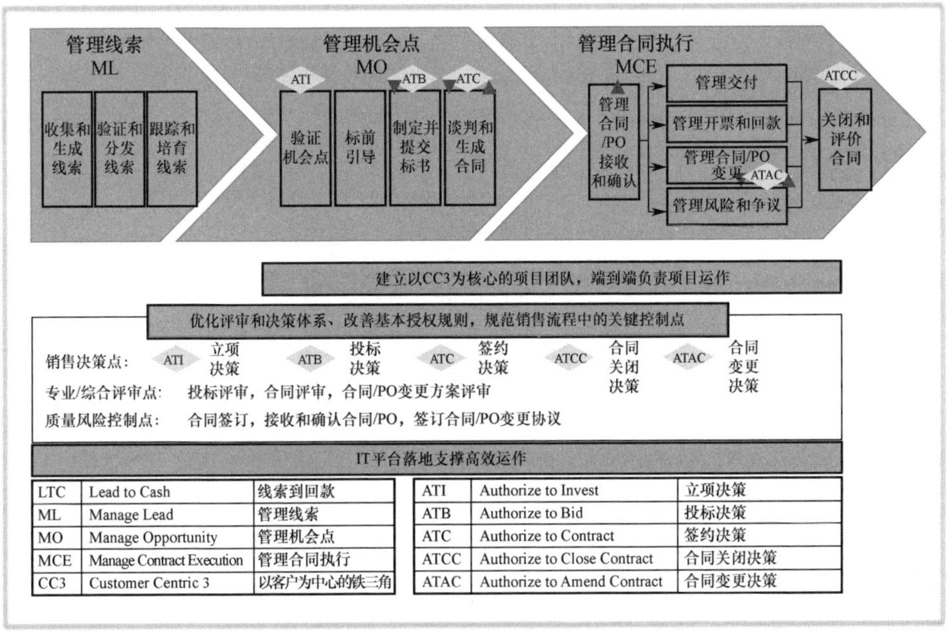

图 13-3　LTC 管理流程及规则

LTC 在从战略到执行中的应用

（1）战略明确。

- 战略解读：理解企业的市场战略，包括目标市场、目标客户、产品定位等关键要素。
- 流程设计：根据战略要求，设计与之相匹配的 LTC 管理流程，确保流程能支撑战略目标的实现。

（2）战略执行。

- 将 LTC 管理流程细分为线索获取、线索培育、机会转化、订单执行、产品交付、回款管理、客户关系管理等阶段。
- 为每个阶段设定具体的执行目标和关键绩效指标（KPI）。

（3）LTC 流程持续优化。

- 数据驱动：利用 CRM、ERP 等信息化系统收集 LTC 管理流程中的关键数据。通过数据分析，了解流程中的瓶颈和机会点，为优化提供依据。

- 流程优化：根据数据分析结果，优化 LTC 管理流程中的各个环节，提高流程效率。引入新的营销手段、销售技巧或交付方式，提升客户满意度和购买体验。
- 持续监控：定期对 LTC 管理流程进行监控和评估，确保流程始终与战略目标保持一致。根据市场变化和客户需求，及时调整和优化 LTC 管理流程。

（4）跨部门协作与执行。

- 团队组建：成立跨部门的 LTC 执行团队，包括市场营销、销售、交付、财务等部门的人员。明确团队成员的职责和目标，确保每个人都能为 LTC 管理流程的执行贡献力量。
- 沟通与协调：加强团队内部沟通，确保信息畅通，及时解决问题。定期召开跨部门会议，分享进展、讨论问题、制定解决方案。
- 责任明确：明确每个环节的责任人，确保每个环节都能得到有效执行。建立奖惩机制，激励团队成员积极投入 LTC 管理流程的执行。

LTC 战略到执行的转换是一个持续的过程，需要企业不断明确战略目标，规划、执行、优化 LTC 管理流程及加强跨部门协作。通过这个过程，企业可以确保市场战略得到有效执行，实现销售成果和业务增长。

ITR 管理流程框架

ITR（Issue to Resolution）管理流程框架是一个以客户为中心、以问题为导向的客户服务管理流程，旨在确保从问题发现到解决的全过程得到高效、专业的处理，从而提升客户满意度和企业服务质量。

ITR 管理流程通常包括以下几个主要阶段。

（1）问题提出

用户或其他相关方发现问题并提出问题报告，报告可以来自多种渠道，如电话、邮件、在线客服等。

（2）问题跟踪。

将问题按照类型、紧急程度、影响范围等进行分级分类，成立问题处理小组，确保问题得到专业的解决。

（3）问题处理分配。

指定问题处理负责人，对问题进行深入调查和分析，确定问题的根本原因，这一阶段可能涉及数据分析、现场勘查等手段。

（4）问题解决。

根据问题调查的结果，制定相应的解决方案。对于常见问题，可以制定标准解决方案；对于复杂问题，需要成立专门的问题解决团队，提供定制化的解决方案。

（5）测试验证。

对解决方案进行测试和验证，确保问题得到有效解决，这一阶段可能涉及产品测试、系统验证等步骤。

（6）关闭问题。

确认问题已得到彻底解决后，关闭问题报告，对问题进行总结和归档，便于后续分析和改进。

（7）跟踪反馈。

跟踪问题解决的效果，收集用户反馈意见，根据反馈对 ITR 管理流程进行持续改进和优化。ITR 管理流程中的关键活动及业务规则如图 13-4 所示。

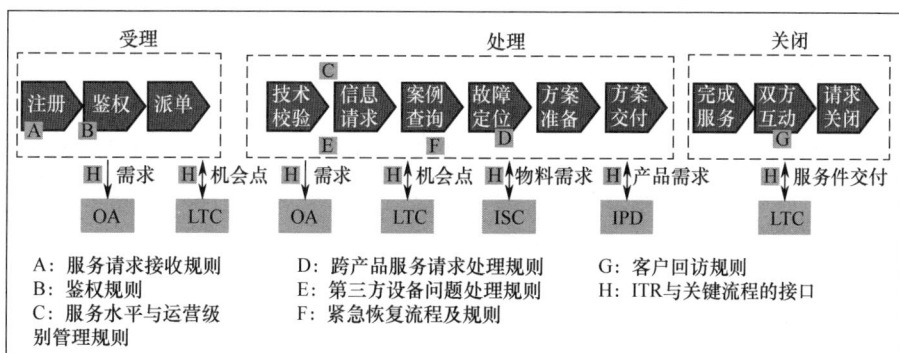

图 13-4　ITR 管理流程中的关键活动及业务规则

ITR 在从战略到执行中的应用

（1）战略明确。

- 理解企业的客户服务战略，包括服务目标、服务标准、服务创新方向等。
- 根据客户服务战略，制定详细的 ITR 管理流程规划，明确从问题发现到问题解决的各个环节和关键节点。

（2）战略执行。

- 将 ITR 管理流程细分为问题收集、问题分类、问题调查、问题解决、测试验证、关闭问题、跟踪反馈等阶段。
- 为每个阶段设定具体的执行目标和关键绩效指标（KPI）。

（3）执行优化。

- 设立明确的处理时限和要求，确保问题得到及时响应和处理。
- 通过数据分析和客户反馈，不断优化 ITR 管理流程，提升服务质量和效率。

（4）跨部门协作与执行。

- 团队组建：成立跨部门的问题解决团队，明确团队成员的职责和目标。

- 沟通与协调：建立沟通平台或定期组织跨部门协调会议，共同讨论 ITR 管理流程的执行情况、问题和解决方案，以便各部门之间能实时共享信息，有效解决问题。

（5）ITR 在战略执行中的作用。

- 提升客户满意度：ITR 管理流程通过快速响应客户需求、及时解决问题，有效提升客户满意度和忠诚度。
- 优化服务质量：ITR 管理流程强调对问题解决过程的监控和跟踪，确保服务质量和效果符合预期。
- 促进团队协作：ITR 管理流程要求企业内部各个部门紧密协作，共同解决问题，提升团队协作效率。
- 降低企业成本：通过提高问题解决效率，降低客户等待时间和服务成本，为企业创造更多利润。

ITR 在战略到执行中的应用，确保企业客户服务战略能够高效转化为实际执行。这不仅有利于提升客户满意度和忠诚度，还能优化服务质量、促进团队协作、降低企业成本。

营销数字化的背景和痛点

背景介绍

C 公司是一家以优质矿资源为原点，打通上下游产业链，实现全国深度分销复合肥+磷化工的产业链优势的高科技研发制造品牌企业。公司业务横跨 ToB 与 ToC 领域，既要考虑多渠道多品牌的分销，满足海量消费者的需求，又要针对大客户进行产品销售。

该公司的挑战与痛点：

- 如何扩展到全国市场，高效覆盖全国 21419 个乡镇地区，管理难度较大。
- 如何有效管理团队，保持服务质量，特别是在营销人员流失的情况下，确保客户不会流失，是一个重大挑战。
- 在 CRM 上线使用过程中，面临营销过程打卡及数据造假的困境。需要引入多方认证系统协同，以及引入 AI 能力进行双重赋能。
- 需要在体验度优化的基础上实现销售留痕，在销售人员管理方面，将拜访留痕作为提升销售效率与透明度的关键一环。
- 从市场开拓、商机挖掘、客户全生命周期管理来看，ToC 和 ToB 有明显不同，需构建多态的营销数字化系统。协同订单流、营销预算控制、费用报销控制、打造产品爆品，通过敏捷的系统及全流程的数据进行全方位的、快速的营销赋能。

营销效率持续提升的痛点：销售留痕

在 IT 数字化转型的征途中，营销与销售领域的数字化进程尤为关键，但也面临着诸多挑战与问题。首先，营销数字化的挑战在于数据孤岛与信息碎片化的普遍存在，导致销售目标难以精准进行层层分解。

由于业务稳健增长与销售流程的不完善，缺乏实时数据分析支持，使销售策略调整滞后，难以快速响应市场变化。同时，销售预测模型的不准确，也加大了销售目标达成的难度。

在销售人员管理方面，拜访留痕作为提升销售效率与透明度的关键一环，同样面临挑战。传统的手工记录方式不仅效率低下，还难以保证数据的真实性与完整性。在全过程拜访留痕上，企业 CRM 的平台弹性构建能力至关重要，需要 3 个月进行开发并自定义完成。构建强大的弹性平台，需要时可 1~2 周快速配置实现。这需要 CIO 理解业务战略，进行综合构建。借助数字化手段，实现拜访过程的自动化记录与分析，成为提升销售团队管理效能的重要课题。

订单管理的痛点

在企业的订单管理系统中，订单进度的透明度与效率是客户满意度的关键所在，然而，这一环节往往伴随着诸多痛点，严重影响了市场响应速度与客户体验。

（1）下达订单时的痛点在于信息传递不畅。客户下单后，若系统未能及时将订单信息准确无误地传达给生产、物流等相关部门，便会导致订单处理延迟，客户等待时间拉长，满意度下降。

（2）确认订单进度的过程中，客户往往面临信息获取难的问题。缺乏直观、实时的订单跟踪系统，使客户无法及时了解订单当前状态，增加了沟通成本，也降低了客户对品牌的信任度。

（3）机制不明确是订单进度管理中的另一大痛点。各部门间职责划分不清，流程衔接不紧密，导致订单在处理过程中频繁出现停滞、错误等现象。这不仅影响了订单进度，还增加了企业的运营成本。

（4）市场反应慢是订单进度管理不善的直接后果。由于订单处理效率低下，企业难以快速响应市场变化，调整生产计划与营销策略，从而在激烈的市场竞争中处于不利地位。

订单进度管理中的下达、确认、机制和市场反应等痛点，亟须企业采取有效措施加以解决，以提升订单处理效率与客户满意度，增强市场竞争力。

产品爆品的痛点

在打造爆品的征途中，痛点繁多且深刻，需细致剖析并逐一攻克。

（1）用户需求痛点：精准捕捉是基石。企业往往面临难以深入洞察用户真实需求的挑战，导致产品方向偏离市场。用户需求的痛点在于其隐蔽性、多变性和个性化，要求企业不仅要进行广泛的市场调研，还要建立用户反馈机制，实时捕捉用户需求变化。

（2）销量数据的痛点：数据的有效性和及时性。企业常常因为缺乏全面、准确的数据支持，难以判断哪些产品具备爆品潜质。销量数据的痛点在于其背后复杂的因素，例如季节性波动、营销策略的影响等。这些因素会对数据产生干扰，使得企业难以准确判断产品的潜力。因此，需要通过高级数据分析技术剔除这些干扰，提炼出真正反映产品潜力的信息。缺乏有效数据支持的痛点直接制约了决策的科学性。因此，建立高效的数据收集、处理和分析体系至关重要。

（3）在持续寻找和孵化爆品的过程中，企业常面临创新乏力、资源分散等问题。如何保持敏锐的市场洞察力，持续产出符合市场需求的新品，并在众多项目中有效分配资源，是打造爆品路上的又一痛点。

销售数据洞察的痛点

在打造销售数据管理体系的过程中，痛点重重，尤其体现在以下几个方面。

（1）营销销售情况的痛点在于数据的准确性和时效性。企业往往难以实时、准确地掌握营销活动对销售的实际影响，导致决策滞后或偏离。这要求企业建立高效的数据收集与分析机制，确保销售数据的及时性和准确性。

（2）对客户、产品、区域的销售情况进行分析存在诸多挑战。不同客户群体的购买行为、产品线的市场表现及区域市场的差异，都需要精细化的数据分析来揭示。然而，数据孤岛、分析维度单一等问题，使企业难以获得全面、深入的销售洞察。

（3）战略客户占比的提升关乎企业的长期稳定发展。战略客户是企业的重要收入来源，但其占比的波动往往预示着市场风险的增加。然而，缺乏有效的数据支持，企业难以准确评估战略客户的健康状况，更难以制定针对性的维护策略。

综合来看，缺少有效的数据支持是整个销售数据管理体系的痛点所在。数据是企业决策的基石，数据的缺失、不准确或难以获取，都会严重制约企业的决策效率和准确性。

营销数字化的关键举措

营销数字化业务理解力与稳健增长策略

编者多年的营销数字化经验表明，营销数字化是现代企业发展的必经之路，它可以有效提升营销效果、降低成本，增强企业竞争力。然而，要做好营销数字化工作，仅掌握数字技术是远远不够的，了解业务才是关键。

（1）企业数字化一把手，要积极参与企业营销战略会，深入理解企业战略方向。

参与企业战略会议可以让数字化一把手深入了解企业的整体战略方向和目标，帮助他们更好地理解企业的发展重点和优先事项。通过对战略会议的参与，数字化一把手可以将数字化战略与企业整体战略相结合，确保数字化发展与企业战略保持一致。

企业数字化一把手需要更好地理解业务，建立持续学习的心态。例如，参加MBA 课程的学习，对深刻洞察营销业务有很大的助益。MBA 课程涵盖了广泛的商业领域知识，包括商业战略、市场营销、财务管理、组织行为等方面，可以帮助企业数字化一把手深入理解企业运营管理和商业战略。

（2）采用业务稳健增长的营销模式。

传统营销方式逐渐被业务稳健增长所取代。业务稳健增长作为一种全新的营销模式，将传统营销活动与数字化技术相结合，实现了更精准、更高效的营销效果。本书将深入探讨业务稳健增长的基本概念、重要性及在企业中的作用和发展趋势，帮助大家了解业务稳健增长的核心理念和应用价值，提升在业务稳健增长领域的实践能力。

业务稳健增长策略的制定过程通常包括以下几个步骤。

- 市场分析：对目标市场进行深入分析，包括目标受众、竞争对手、市场趋势等方面，了解市场需求和竞争格局，为制定业务稳健增长策略提供依据。
- 确定目标：基于市场分析结果，确定明确的业务稳健增长目标，如提升品牌知名度、增加销售额、扩大市场份额等，目标应具体可衡量，并与企业整体战略相一致。根据这些举措定制数字化目标赋能的实现方式，构建起端到端的系统支持。
- 制定策略：根据市场需求和企业目标、营销业务的战略，制订适合的业务稳健增长策略，包括整体业务目标、CRM 系统、订单管理系统（OMS）、内容营销系统、社交媒体营销系统等，根据具体情况进行量身定制。
- 实施计划：在确定了业务稳健增长策略后，企业需要制定详细的实施计划,包括系统开发及运营计划、季度开发计划、双周敏捷计划等,采用瀑布开发模式,以及敏捷的项目开发方式,确保策略的有效执行。

- 监测评估:实施业务稳健增长策略后,企业需进行监测和评估,分析策略的执行效果,及时调整和优化策略,以提高营销效果和实现经营目标。

业务稳健增长的策略制定和实施是一个持续不断的过程,需要企业与时俱进,不断调整策略,适应市场变化和用户需求。通过科学系统的策略制定和执行,企业可以实现业务稳健增长活动的有效推广和营销效果的最大化。

营销数字化系统建设关键举措

需要理解企业是 TOB 还是 TOC,首先要理解客户从哪里来,即客户的行业细分。实现行业统一的管理。在数据化增长中,客户是核心,通过企业数字化方法更高效地掌握客户需求,通过数字化数据驱动企业的数字化、提高线上运营能力、提升客户满意度。

CRM 客户关系管理以客户管理为核心,目标是通过客户管理实现收入利润最大化、客户满意程度最大化。管理对象可分为四大象限:新客户、老客户、大客户、小客户,客户管理矩阵如图 13-5 所示。

管理对象	新客户	老客户	大客户	小客户
管理目标	提升新客户覆盖率和开发效率	提高老客户的满意度及体验	提高高价值大客户贡献的比例	吸引及最大化服务更多小客户
实现路径	LTC 管理流程	客户全生命周期(CLV)管理	客户分类分级管理,客户升级管理	自动化营销

图 13-5 客户管理矩阵

CRM 系统建设关键举措

行业数字化增长解决方案包括:营销云、销售自动化、低代码系统、BI 平台、RPA 平台、AI 平台。

客户关系管理(Customer Relationship Management,CRM)系统是一种通过技术和流程来管理和分析客户互动和数据的商业策略。CRM 系统旨在提升企业与客户之间的关系,通过更好地理解客户需求和行为,实现个性化沟通、增加客户忠诚度和促进销售增长。

CRM 系统通常包括以下功能及内容。

- 客户数据中心:包含客户基本信息、交易记录、互动历史等数据,实现客户 360° 视图。

- 市场营销模块：实现市场营销活动的规划、执行和跟踪，包括目标设定、推广渠道选择、营销内容创作等。
- 销售管理模块：管理销售流程、销售自动化、线索跟进、销售机会管理和销售预测，为销售人员提供支持和监控。
- 客户服务模块：提供客户支持、投诉处理、售后服务等功能，以提升客户满意度和忠诚度。
- 分析和报告模块：收集、分析和展示客户数据、销售业绩和市场趋势，为管理决策提供支持。

OMS 建设关键举措

OMS 是指订单管理系统，是企业销售流程中的核心组成部分，涵盖了从订单接收、处理、跟踪到完成的全过程管理。数字化 OMS 通过信息技术手段，实现订单数据的自动化记录、实时跟踪和分析，帮助企业实现订单处理的标准化、高效性和可靠性。

OMS 的架构通常包括以下几个核心模块。

- 订单接收与录入模块：通过多渠道接收订单信息，包括线上平台、电话订购、销售团队等，将订单数据录入系统。
- 订单处理与分配模块：根据订单类型和属性，系统自动进行订单处理、库存检查、订单分配，并将订单指派给相应的团队或仓库。
- 库存管理模块：实时监控库存情况，预警库存不足或超量，确保订单及时发货。
- 订单跟踪与通知模块：提供客户订单跟踪功能，实时更新订单状态和配送信息，同时发送通知邮件或短信给客户。
- 报表与分析模块：统计订单处理效率、客户满意度等指标，为企业管理决策提供数据支持。

MM 系统建设关键举措

MM（Marketing Management）指的是营销管理，包括市场调研、产品定位、促销活动、客户关系管理等方面。

MM 的架构通常包括以下几个核心模块。

- 市场调研与分析模块：进行市场调研，收集和分析市场数据，了解消费者需求和竞争格局，为营销策略制定提供支持。
- 数字营销渠道模块：利用数字化渠道，如社交媒体、短视频、搜索引擎、电子邮件等，进行精准定位和全渠道推广。

- 营销自动化工具：运用营销自动化软件，实现自动化营销流程，如邮件自动发送、客户行为跟踪等，提高营销效率。
- 数据分析和追踪模块：收集、分析和监控营销数据，实时跟踪营销效果，优化营销策略，提升 ROI。

营销数字化的成果

编者所在公司横跨了 ToB 资源行业和 ToC 领域，通过公司的营销年度战略讨论及起草，由公司形成年度战略后，分解为 IT 的营销数字化系统战略。通过管理类平台的创新机制，推动营销数字化工作的落地。

在农业方面的农资行业，市场环境的快速变化向 CRM 提出了快速迭代升级的新需求。编者所在公司经历了以下三大阶段。

（1）第一阶段：SAP 系统扩展。

- 4P 扩展：在 SAP 系统中实现对产品（Product）、价格（Price）、推广（Promotion）、渠道（Place）的扩展。
- 营销基础：以营销过程中的拜访为基础，实现产品对接、渠道对接、价格对接、客户对接。解决快速数据驱动运营的问题。
- 后期挑战：随着数据驱动和数据经营水平的提高，营销业务变革变得频繁，系统越来越复杂，技术开发周期变长。

（2）第二阶段：精细化整合数据运营。

- 模块化重构：进行模块化的系统重构，同时针对不同场景进行系统组件化重构。
- 数据埋点：配合精细化整合数据运营进行数据埋点，将原本同等量级需求的开发周期从两个月缩短到两周。
- 痛点：人员造假问题出现，AI 能力成熟，适合引入到营销中以提升效率。随后启动第三次的数据变革。

（3）第三阶段：CRM 的第三次变革，包括 AI 赋能、开发低代码平台等。

CRM 第一版发展：构建以 SAP 为基础的 CRM

营销业务体系尚未信息化，无法快速复制团队、实现快速扩张，且存在数据孤岛问题，未形成统一的客户和销售管理数据支撑。销售预测准确率低，生产排期管理缺乏依据，产能效率低，增加运营成本，降低客户满意度。

为解决上述问题，决定构建全渠道系统，涵盖以下功能模块：人员管理、考勤管理、客户管理、客户开发、拜访管理、专项工作、积分管理、目标管理、订单管理、人效分析等，并在以下模块整合 SAP ERP 系统，构建以 CRM 为核心的统一营销数字底座。

优化产品跨系统链接及客户专属产品权限：通过 CRM 与 SAP 系统的产品管理模块，实现产品信息的全面管理和跟踪，客户根据其产品权限，看到专属产品范围，提升产品对接的准确性和效率。

实时价格及价格策略：利用 SAP 系统的定价功能，CRM 读取价格信息，实现价格的灵活调整和实时监控，解决价格对接不实时、不准确的问题。

推广计划精细化管理：借助 CRM 系统的市场营销模块，实现拜访工作的计划、推广方案的精准制定和执行。

优化渠道对接效率：通过 CRM 系统的客户分销渠道管理功能，优化渠道选型和管理，提高渠道对接的效率和覆盖范围。

客户信息管理：建立完整的客户档案，包括客户需求、购买记录等信息，以便更好地对客户进行分类和定制营销策略。

客户沟通管理：通过系统实现客户信息的跟踪和沟通，提高客户满意度和忠诚度，促进再营销和交叉销售。

CRM 第一版的上线实现了营销数字化的功能，建议企业在上线第一版时，核心功能开发可在 3 至 6 个月内完成，通过业务流程梳理和产品高保真原型图，采取瀑布开发模式。

在持续运行 3 年后，营销体系逐步建成数据驱动业务。客户开发周期缩短22%，订单处理时效提高 40%，实现运营效率提升；交叉销售成功率提升 35%，客户生命周期价值增加 28%，实现经济效益增长；人工数据核对工作量减少 75%，渠道管理成本降低 18%，实现管理成本下降。在数据经营更高水平下，营销业务数字化变革变得频繁，对数字化的需求逐步提高，开发模式转为敏捷开发模式。技术开发周期因系统复杂度增长，从双周一迭代变成一个半月一迭代，个别需求要两个月迭代一次版本。营销针对不同类型的客户、不同渠道的客户，需要不同的LTC。将从线索到成交细分成不同的 LTC 建模时，需要大量的开发。原有较粗放建模的产品底座难以承担快速变化的营销需求。CRM 第二版被提上了日程。

CRM 第二版发展：新上线模块化、整合化 CRM

全面分析原有系统，进行数据建模，将需支持的功能进行模块化、最小单元的划分组合。实施方式论，数据在线、全盘复核需要在线的数据。

围绕业务人员的日常工作场景，实现专项工作、客户开发、业绩目标追踪、积分管理的功能，提高人员的作业规范性。

构建系列整合系统，包括车辆定位系统，可实现根据车辆行驶的里程进行专项的补贴，实现多走访客户多进行补贴。并与 CRM 拜访功能整合。

拜访模块精细化，实现不同的客户类型和不同的拜访方式。以前需要进行定制开发进行实现。现在抽取出来成为模块，根据不同的人员角色构建不同的拜访动作，将系列拜访动作抽取成组。构建人员与组织之间的关系。

CRM 第三版发展：搭建低代码平台和 AI 平台

围绕 AI 能力进行构建，针对基于图像识别和语音识别的应用。这包括在拜访过程中，对营销人员的人脸模型进行识别和判断。

京东出现万人代打卡现象，形成了"打卡产业链"。我们更早地洞察到了这一挑战，相信所有推动 CRM 过程管理的公司都会遇到类似问题。关键是采取管理手段还是技术手段来更好地解决。当时，我们审视了公司的数字化战略及管理效率。通过技术赋能管理，加强系统安全性，优化管理流程，并培养员工的数字化素养和合规意识，以应对代打卡现象带来的挑战，推动企业的健康数字化转型。在 CRM 第三版中，数据的真实性技术赋能被提到了更重要的位置。

结合 AI 图像能力，进一步优化过程管理，实现拍照终端信息即可上传并分析终端布局。这将实现赋能营销、信息自动化和构建全新的营销数据中台。 CRM 第三版的价值点如图 13-6 所示。

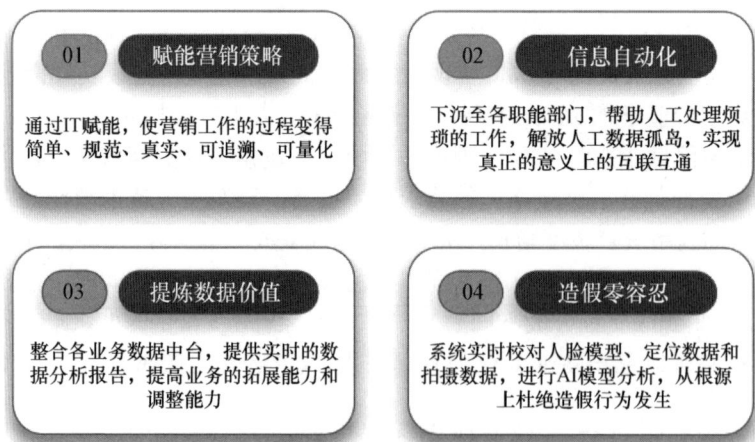

图 13-6　CRM 第三版的价值点

CRM 第三版引入了工商营业执照校验系统，对零售门店常见的门头进行识别，进行稽核人脸比对，提升拜访的真实性，精准识别目标零售店，开展真实的拜访工作。同时，构建品牌企业、渠道伙伴、零售终端、会员及消费者的专属数字化平台，打通从品牌商到客户的渠道。具体举措如下。

（1）实现四大类数据的整合与标准化：建立统一的数据平台，实现数据标准化存储与管理。同时，对建立的专属数字化平台进行数据建模。

（2）进行业务场景与价值挖掘：体系化设计与规划数字化场景，深度发掘业务价值点，确保数字化能最大化地赋能专属的模块应用。并与 OA、HR、电商、ERP、TMS、WMS 等信息化场景与系统整合融通。专属数字化平台的整体系统架构如图 13-7 所示。

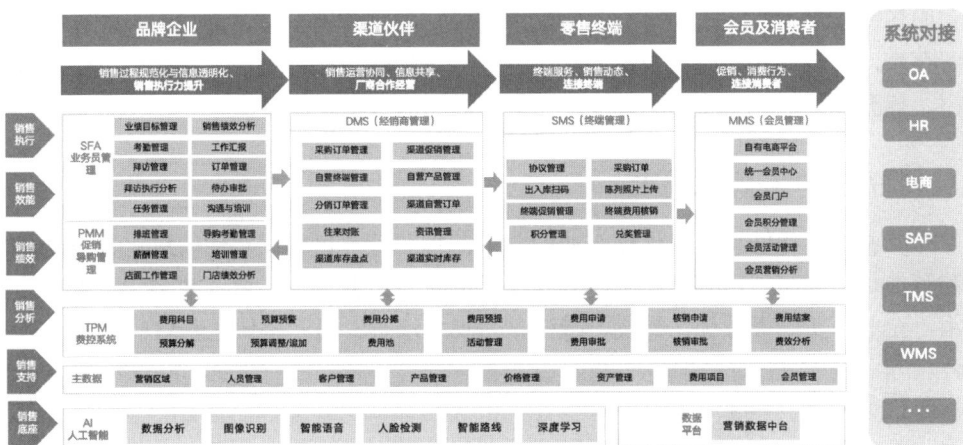

图 13-7　整体系统架构

（3）实现会员运营体系构建：利用数字化手段，构建精准有效的会员画像体系，并基于此构建智能化会员运营体系。

（4）实现全渠道数字化升级：对线下分销和线上直销渠道进行数字化升级，增强竞争力，解决传统通路中的诸多问题。形成一个全面、协同的数字化生态系统，有效连接品牌企业、渠道伙伴、零售终端及会员和消费者，实现业务的高效运营和持续增长。

提升竞争力

随着营销数字化技术的快速发展和应用，传统企业需通过营销数字化转型来提升竞争力。数字化转型可以帮助企业实现生产管理的智能化、客户需求的个性化和市场营销的精准化，从而更好地适应市场变化、提高产品和服务质量，保持竞争优势。未来业务稳健增长将更加注重数据的应用和分析，通过大数据分析、人工智能等技术手段，实现精准和高效的营销。

加速创新

数字化转型可以带来更快的创新周期和更高效的创新过程。传统企业通过数字化技术的应用，可以实现更快速的产品开发、更快速的市场反馈和更快速的业务调整，推动企业创新能力的提升，更好地应对市场竞争和变化。

拓展市场和客户群体

营销数字化转型可以帮助企业拓展市场和客户群体，实现线上线下融合营销和服务，满足不同渠道和平台上的客户需求，扩大营销渠道，增加客户转化率和留存率，实现业务规模的快速增长。营销数字化转型还可以加强品牌的宣传和推广，提高品牌的知名度和美誉度，在竞争激烈的市场中取得优势地位。

提高效率和降低成本

营销数字化转型可以优化企业的业务流程和管理体系，实现信息化、自动化和智能化，提高工作效率和生产效率，降低企业运营成本。通过数字化技术的应用，企业可实现资源优化配置、减少人力物力浪费，提升整体运营效益。

提升客户体验

营销数字化转型可以帮助企业提升客户体验，通过数字化技术提供更便捷、个性化、多样化的产品和服务，更好地满足客户需求，提升客户满意度和忠诚度。

未来发展趋势

随着数字化技术的不断演进和普及，叠加中国人口红利见顶，企业经营成本上升。未来营销将是精细化、精准化的数字营销，数字化将成为企业发展的必然趋势。从触达客户、开拓客户、服务客户、客户留存复购到产品促销，都需要数字化的支持。传统企业如果不进行数字化转型，构建可以快速支持企业营销业务发展的营销数字化智能体 AI 系统，可能会被新兴数字化企业取代，失去市场竞争力。这将影响效率和决策质量。

第 14 章

财经领域数字化实践

财经业务流程概述

数字化转型是企业适应数字经济时代的必然选择。对于依赖单一 ERP 系统的公司来说,实现财经管理的全面自动化,不仅能极大提升工作效率,还能为企业决策提供强有力的数据支持。本章以杰智科技在财经领域的数字化实践为例进行介绍。

财经数字化背景

杰智科技为响应公司未来的发展,提出了 3*3 战略和 5 大智能新战略。这些战略同时引出了降本增效、优化流程制度、加强费用和资金管控的新需求,以支持企业发展的财务转型。在财务共享实践中,已充分证明其作用和成效。本项目将推进杰智科技财经管理中心由服务响应型向精细管控+柔性共享转型,为业务发展赋能。

财经数字化面临的挑战与问题

转型中的挑战

(1)变革管理。公司制订了变革管理计划,通过有效沟通和培训,减少了员工对新系统的抵触。管理层强调了转型的重要性,并确保所有员工都理解并支持这一变化。

(2)数据安全与隐私保护。公司加强了数据安全和隐私保护措施,确保了财务数据的安全。通过实施严格的安全协议和使用先进的加密技术,公司保护了敏感财务信息不受威胁。

（3）技术选型与集成。公司谨慎选择了技术解决方案，确保了新旧系统的无缝集成。通过与技术供应商紧密合作，公司确保了系统的兼容性和集成的顺利进行。

数据孤岛、流程效率低下

在转型之前，公司依赖单一的 ERP 系统进行资源规划和管理，面临数据孤岛、流程效率低下、决策支持不足等问题。手工核算占据了财务工作的大部分时间，限制了企业的发展。

财经数字化战略规划的挑战

（1）明确转型目标。公司首先明确了数字化转型的目标，包括提升操作效率、增强数据分析和决策支持能力、优化资源配置等。

（2）评估现有 ERP 系统。对现有 ERP 系统的功能进行了深入评估，确定了其在数字化转型中的基础性作用和潜在的改进空间。

逐步实施数字化转型

（1）引入费控系统。在 ERP 系统的基础上，公司引入了费控系统，最初目的是希望实现财务共享，实现费用管理的自动化和精细化。这一步骤通过自动化的费用审批流程和发票的自动识别，减少了手工操作的烦琐性，提高了费用管理的透明度和效率。

（2）构建资金管理系统。公司引入了资金管理系统，实现了资金流的实时监控和优化配置。通过这一系统，公司能更有效地管理现金流，预测资金需求，从而提高资金使用效率。

（3）整合税务系统。公司整合了税务系统，自动化了税务申报、筹划和合规性管理。这一措施不仅提高了税务处理的效率，还降低了因手动错误导致的税务风险。

（4）开发合并报表及管报系统。公司开发了合并报表及管报系统，自动化了报表编制，提供了深入的财务分析和业务洞察。这一系统的实施，使管理层能快速获取关键财务数据，为决策提供支持。

关键技术的应用挑战

（1）大数据分析。公司利用大数据分析技术，对财务数据进行深入挖掘，为决策提供了数据支持。通过分析历史数据，公司能识别趋势，预测未来表现，从而做出更明智的业务决策。

（2）云计算平台。公司采用云计算平台，提高了系统的灵活性和扩展性，支持了更多用户和数据量的处理。云计算的弹性资源分配，使公司能根据实际需求快速调整资源，降低成本。

（3）人工智能。公司应用了人工智能技术，如机器学习算法，提高了财务预测和风险管理的准确性。AI 的引入使公司能够自动化复杂的分析任务，释放财务人员的时间，让他们能专注于更有价值的工作。

对于仅有单一 ERP 系统的公司，通过逐步引入费控、资金管理、税务整合和报表自动化等系统，结合大数据分析、云计算和人工智能等技术，可有效实现财经管理的数字化转型，提升企业的竞争力和市场适应能力。

财经数字化关键举措

企业数字化建设一直是非常热门且非常复杂的课题。所谓数字化建设，即通过**新一代数字技术**的深入运用，构建一个**全感知、全链接、全场景、全智能**的数字世界，进而优化再造物理世界的业务，对传统**管理模式、业务模式、商业模式**进行创新和重塑，最终实现业务成功。[1]

实际上，杰智流程 IT 发展这么多年，数字化建设已涉及我们工作的方方面面。从投简历或者接到面试通知的那一刻起，就已经在公司的人力资源系统留下了个人数据，后续安排面试、定岗、评级等都有了参考依据；从在 OA 发起项目立项的那一刻起，就在多个关联系统同步了项目数据，后续采购、报销、收入、回款、成本核算等都有了参考依据；从公司每年度发出的第一份公告起，流程 IT 就配合完成了诸多流程和组织架构调整的工作，为后续各项事务流程的管理和审批打通了路径。

当然，尽管流程 IT 已经完成了很多工作，仍有很多地方做得不够完善需要持续改进。为此，我们结合杰智数字化建设过程中一些成功的经验或失败的教训，从"如何打好数字化建设基本功"的角度归纳出适合杰智的数字化标准方法论，如图 14-1 所示。

战略牵引，要大处着眼、小处着手

企业发展至今，任何战略举措或管理变革都离不开数字化工具的支撑，数字化建设应是整个组织层级的战略，应作为组织总体战略的重要组成部分。然而，任何高明的管理举措都要落实到具体的事务上，数字化建设也不例外。再宏大的

---

1 摘自《华为行业数字化转型方法论白皮书（2019）》。

目标也需要分解为具体行动，层层推进，逐步实现。

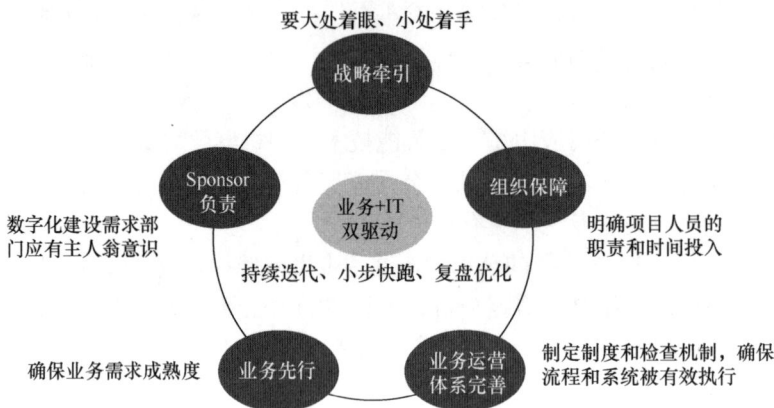

要大处着眼、小处着手

战略牵引

Sponsor
负责

组织保障

数字化建设需求部
门应有主人翁意识

业务+IT
双驱动

明确项目人员的
职责和时间投入

持续迭代、小步快跑、复盘优化

业务先行

业务运营
体系完善

确保业务需求成熟度

制定制度和检查机制，确保
流程和系统被有效执行

图 14-1　杰智数字化标准方法论

2024 年 5 月 6 日，公司发布了最新的行业及业务板块分类，要求按行业、业务类型、专业设置三级分类，并要求与商机管理及经营管理模块打通。这种战略层面的顶层设计变革对管理的影响是多层面的。接到信息后，流程部迅速从流程、元数据、系统、报表等维度全面分析了需要配合修改的事项，并从审批流程、业务功能、分析报表等三个模块梳理出共 36 个需要配合修订的管理要点；之后，流程部组织营销管理部、财经管理中心、交付管理部等相关部门进行了横向打通，确定了销售合同评审、项目立项流程等流程使用最新的行业及业务类型分类，同时，对历史尚未完结的合同和项目基于最新的行业分类进行了初始化处理，确保了交付/研发项目立项、销售合同评审过程中使用新发布的行业数据，相关管理报表能够基于新的行业及业务类型归集。至此，本次涉及行业和业务分类的管理要求由顶层设计落实到了各项具体的管理工作上，确保了本次管理要求的顺利落地。

Sponsor 负责，数字化建设需求部门应有主人翁意识

任何重大系统建设都需要有推动者，即 Sponsor。Sponsor 应由负责该业务领域的责任人承担，因为企业数字化建设的本质是利用数字技术支撑业务开展和管理的需要，而不仅是系统工具的升级换代。因此，需求部门要有主人翁意识，将数字化建设与优化视为自己部门的事情，而不是全部委托给 IT 部门。

这也是流程 IT 在数字化建设过程中的一大痛点。在数字化建设过程中，经常遇到有业务需求但没有业务责任部门的情况。大家虽然都预测到问题，但又都不愿意承担责任，因此，即使 IT 部门提出了系统实施方案，也很难找到责任部门确

认。甚至在系统开发完成后，也很难找到责任部门验收。但在系统使用过程中，又反复提出各种问题，如系统不好用、数据不能用等，流程 IT 不得不重复进行需求调研、方案设计、优化开发，最终又陷入无人验收的困境。例如，PMS-项目看板建设在年度需求调研时，很多项目经理反馈需要看到项目的过程信息。IT 部结合项目经理的需求及内外部项目管理经验设计并开发出项目看板，推送给项目经理后，却反响寥寥。

针对这种情况，杰智的流程与 IT 部门希望建立数字化建设责任机制，明确系统 Owner、数据 Owner，争取实现无论哪个层面发现问题，都能快速定位责任人，并快速定位问题形成解决方案，避免问题无人负责的现象。

组织保障，明确项目核心成员的职责和投入

数字化建设需要强有力的项目团队来支撑，在明确数字化建设的责任部门后，在适合的情况下还应成立专门的项目团队，明确项目核心成员在项目中的关键职责，确保项目核心成员在该项目上的时间投入。同时，应完善项目团队及项目成员的考核和激励机制，确保项目团队能够充分协调业务与技术间的协同运作机制，统筹推进数字化转型落地。

在这方面，杰智既有成功的经验也有失败的教训，都证实了这一点的必要性。例如，在费控系统建设过程中，财经管理中心和流程 IT 部均指派了专人负责该项目。因此，在项目实施的关键环节，如确定系统业务需求、制定系统实施方案、系统开发测试验收及上线前培训等各个环节都运作得非常顺畅。即使过程中发现问题，也能被快速解决，最终该项目按计划如期上线，并且上线后用户普遍反馈较好。

而失败的教训则恰恰与之相反，在某核心业务系统建设的过程中，团队核心业务成员一直在调整，导致业务管理逻辑和系统实施方案也一直在反复调整，最终导致项目无法按计划推进，项目上线时间屡次延迟，并且项目上线后用户反馈不佳。

业务先行，确保业务需求成熟度

尽管杰智的流程与 IT 部门提倡要拥抱技术，技术也确实可提供很多可选方案，但技术最终呈现的是业务能力，再好的系统要想发挥其价值，也离不开与之匹配的业务能力。因此，数字化建设的先驱因素一定是业务模型成熟，要保证业务模型成熟后，才能把技术开发好的功能引入上线。杰智的流程与 IT 部门希望将这一点作为杰智数字化建设坚守的底线之一。业务模式未经过充分论证不能急于

系统开发，要提防过度的系统建设阻碍业务运作。

交付项目变更管理的功能便在这一点上栽过不少跟头。交付项目变更管理一直是交付项目管理的重要工作之一，但该工作长久以来一直是线下管理，系统无法获取其结构化数据，影响交付项目很多数据的准确性，也影响很多经营报表的直接输出。因此，在 PMS 建设时，便把交付项目变更管理过程线上化提上了日程，希望通过提取项目变更过程结构化数据，拉通整个项目过程数据。然而，项目变更涉及的方面很多，引发项目变更的因素很多，项目变更对项目本身的影响点也很多、项目变更涉及的项目角色也很多。如何在管理颗粒度和业务运作效率上找到平衡点是变更管理的老大难问题。该事项自 2021 年被提出后，反复出了几版方案，在开发完成试运行后发现要填报的信息太多、审批流程过于复杂，影响项目对变更的快速反应，不得不被反复推翻并重新设计。这就是非常典型的业务模型不成熟就急于开发上线而影响业务运作的案例。接下来，我们会与交付管理部一起重新设计变更管理的方案，这次一定要经过业务充分论证后再安排系统开发，未经业务充分验证就不能再轻易上线了。

配套业务运营体系，确保流程和系统被有效执行

完善的业务运营体系不仅包含文件化的业务运作机制，还应包含结构化的经营指标、相关的管理和考核要求等，形成一个完整的体系。业务运营体系既是系统建设的终点，又是系统建设的起点，业务系统的价值在于辅助各项业务运营要求的落地。完善的业务运营体系能充分利用系统功能优化日常管理动作，利用系统中结构化的数据监控业务日常运营、预警业务风险、定位问题原因。各类业务人员和管理人员都应了解业务的指标体系，这样才能更好地利用指标开展工作，进行数据化运营。因此，完善的业务运营体系是系统能被充分利用的重要因素。

以 CRM 系统为例，该系统在 2015 年就开发完成并上线了，尽管各相关部门陆续发布了系统管理制度并多次组织该系统的使用培训，但由于没有把营销管理数据持续系统化输出，该系统的使用情况并不理想。今年公司提出"一五一"营销作战计划，要求建设一个可以随时调取的资料库，并强调使用 CRM 系统强化"一五一"标准化动作，提示未完成的动作，强调建设知识库和案例库，强化客户档案和项目复盘输入质量。这些措施逐渐引发了大家对 CRM 系统的关注和重视，CRM 的使用率得到显著改善。通过将系统的功能及成果应用在业务日常运营中，该系统的功能和价值才逐渐得以体现。

持续迭代，小步快跑、复盘优化

快速实现业务价值是数字化建设的重点，也是实施过程中的难点。在组织的数字化建设过程中，我们通常面临业务需求快速多变、新功能层出不穷的情况，而数字化系统需稳定扩展与平滑演进，需在系统平稳建设与业务快速响应之间找到平衡。因此，我们要坚持将数字化建设作为长期持续性工作，对业务需求进行整体评估，以短期解决业务痛点与流程堵点、中期拉通各业务领域、长期实现业务系统集成为导向，制定合理的优先级实施路线、设置合理的 IT 预算、保障 IT 资源投入，小步快跑，持续迭代，最终实现端到端的业务整合。

在响应 IT 财务变革需求的过程中，杰智便采用了这种小步快跑、持续迭代的方式。去年杰智提出 IT 财经变革，要求将所有 IT 服务分公司的财务统一由总部管理，以达到降本增效的目标。然而，IT 服务的业务量大且没有明确的规则，导致 ERP 核销工作难度大，工作量大且特别依赖人工。且各分公司使用的系统相对独立，并未与总部各系统打通，这给业务管理带来了极大的挑战，迫切需要利用技术的手段打破这个系统孤岛。这次变革涉及的工作内容、人员和系统很多，如何快速支撑业务顺利开展是重要而紧急的目标。在全面了解需求和问题后，决定先从量大且耗时的收款核销工作切入。基于这个目标，我们快速规划了一个门店系统，在各门店创建工单，每张工单生成独立的收款二维码，自动生成 ERP 销售订单和收款信息，通过工单编号关联应收和收款信息，实现了收款自动核销，顺利解决了这个量大耗时的难题，顺利实现了增效的目的。同时，这个新的门店系统通过与总部 ERP 打通，直接减少了在 ERP 手工录单的过程，优化了销售订单的工作。由于 IT 服务各分公司当前使用的系统也是相互独立的，没有跟总部的其他系统对接，对统一经营管理造成很大的障碍，因此，接下来会进一步整合各分公司的系统，计划通过门店系统整合外包、保内、保外、金牌销售等业务，最终实现系统整合、数据统一。

💡 财经数字化的成果

流程自动化

杰智实现了从手工核算到自动化处理的转变，显著提高了工作效率。自动化流程不仅减少了人为错误，还加快了财务处理的速度。

决策效率提升

通过自动化报表和数据分析，公司提升了决策的效率和质量。管理层能基于实时数据做出快速决策，响应市场变化。

成本节约

杰智减少了对人工核算的依赖，有效降低了运营成本。自动化系统的引入，减少了对财务人员的需求，从而降低了人力成本。

财务共享项目成果

根据杰智科技信息系统规划，将建设财务共享平台，整合现有财务资源，实现业务报账、审核、审批、支付功能。平台包括电子报账系统、费用移动端、票联系统、共享运营系统、预算系统等。功能上支持业务单据填报、审批，财务审核，会计凭证生成和付款不落地处理，并通过系统设定规则实现预算校验，提高业务处理效率，加强财务管理。

财务共享中心的建立将分散各业务单位、重复性高、易于标准化的财务业务进行标准化、流程化、系统化的流程再造，实现财务业务工作的统一、规范处理。通过各项制度规范和管理要求的内嵌，进一步规范杰智科技的财务工作；通过业务流程和报账信息的系统化，让财务人员由账务核算的操作岗位向更具价值的业务财务及战略财务岗位转化；通过业务标准的统一和各项刚性制度的控制，进一步降低和防控财务风险。

电子报账系统作为财务共享平台的核心信息系统，承载了员工自报账初始至业务领导审批、财务审核、付款会计支付的全程业务及财务信息，支持纳入共享中心范围的分支单位的财务业务的流程化、标准化、高效率处理。费用移动端集事前申请、发票采集、发票查重验真、费用报销、业务审批、费用分析等功能于一体，为员工提供个人费用移动报销的全流程服务。预算系统支持预算执行过程管控，保证业务部门各项开支均在预算范围内进行。

整体来看，本次项目的建设目标可总结为以下几个方面。

（1）规范审批审核，提升风险防控能力。

- 统一业务审批，在系统中规范、固化审批流程，实现内控制度的系统管理。
- 统一财务审核，系统内置财务制度及标准，减少财务人员自行判断的工作量，尽可能通过系统进行规范和控制。
- 统一预算管控，杜绝无预算、超预算列支的情况，并实现预算的事前管理和过程管理，真正将预算管控落实到业务控制中。

（2）提升专业化水平，降低财务运营成本。

- 专业分工，通过同质业务整合归并，由专业的人员处理专业的事项，提升规模效益。
- 通过流程、系统、管理模式的创新优化，降低整体运营成本。

（3）改善数据质量，实现财务向信息化、智能化的转型。

OA 系统、费控系统、EBS 与共享相关系统之间建立业财融合的对接与数据共享。此次 OA 系统、EBS、费控系统（电子报账系统、共享运营系统、出纳工作台）、CBS 的数据互联互通，实现了各系统间的信息共享。

（4）提高系统效率，改善用户体验。

- 通过系统平台的数据交互与信息共享，降低报账人员信息重复录入的数据填报量。
- 加强系统提醒与帮助，减少系统财务语言，提升系统友好度和易用性。
- 细化业务类型，实现单据报账、预算管控、财务核算的映射关系，提高系统自动化处理程度。
- 支持移动办公，提供便捷的审批查询处理方式，提升整体业务处理效率。
- 最终实现行政财务工作的运营集中化、流程标准化、信息一体化、监控系统化和数据信息化。

业财一体化系统架构设计如图 14-2 所示。业财一体化系统的核心功能如下。

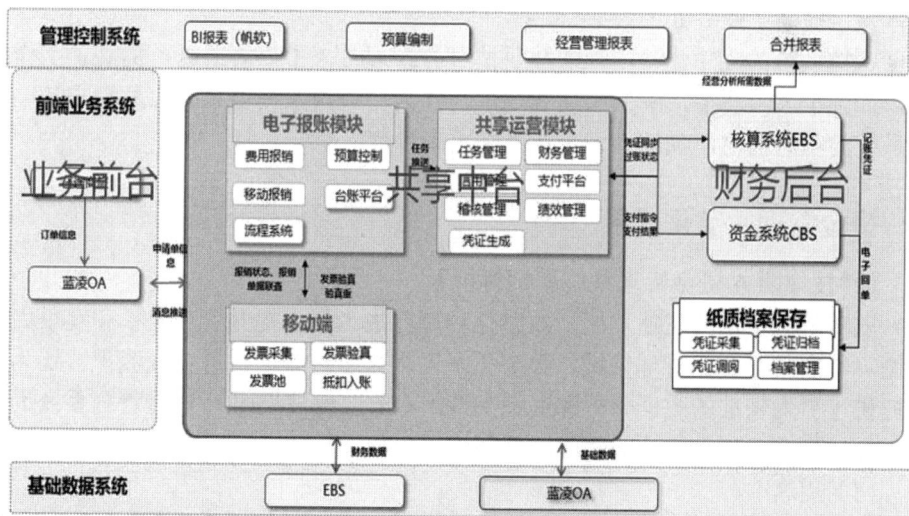

图 14-2　业财一体化系统架构设计

- 集团管理：在单一系统环境中管理多个集团，确保数据隔离和定制化配置。

- **共享中心**：定义服务范围和主体，确保服务共享性和一致性。
- **公共数据**：提供城市信息和币种等基础数据维护。
- **基础数据**：维护公司结构和员工信息。
- **财务数据**：管理会计科目和账套信息。
- **基础配置**：定义业务类型，分类配置业务流程。
- **流程配置**：设计和配置业务流程模板。
- **权限管理**：管理用户和角色，分配系统访问权限。
- **费用报销**：管理个人财务信息和单据。
- **共享运营系统**：管理任务分配、审核和凭证创建。
- **预算控制系统**：管理预算数据，确保预算合理分配。
- **报表平台**：管理报表配置，提供数据可视化功能。
- **接口平台**：管理数据导入和接口，集成外部数据源。
- **发票池**：管理发票数据，提供查询和分析。
- **财务云门户**：提供系统入口和消息管理功能。
- **机器人客服**：提供智能客服，自动回答问题。
- **规则引擎**：定义和执行业务规则，确保合规性。

费控系统的实施，实现了财务流程的自动化和优化，加强了费用控制，提升了数据质量，并推动了财务信息化、智能化转型。系统支持移动办公，改善了用户体验，提高了业务处理效率。

费控系统的成功建设，为杰智科技财务管理带来了显著改进，提高了工作效率，加强了风险防控，降低了运营成本，并为企业决策提供了有力数据支持。随着系统的不断优化，预期将为企业带来更多价值。

资金管理数字化成果

【科技集团 A 资金管理系统案例解析】

随着信息技术的飞速发展，数字化转型已成为企业提升管理效率和竞争力的关键。特别是在资金管理领域，数字化不仅优化了传统的财务管理流程，还为企业提供了更为精准的数据分析和决策支持。本节以科技集团 A 资金管理系统为案例，探讨资金管理数字化的实际应用和潜在价值。

（1）引言。

在数字化浪潮的推动下，企业资金管理正经历着前所未有的变革。科技集团 A 作为行业内的先行者，通过建立资金管理系统，实现了资金流、信息流和决策流的有效整合，为集团的稳健运营和快速发展提供了有力支撑。

（2）资金管理数字化的背景与意义。

数字化转型的必然趋势。随着大数据、云计算、人工智能等技术的应用，数字化转型已成为企业发展的必然选择。资金管理作为企业运营的核心，其数字化转型对提升企业整体管理水平具有重要意义。

集团的发展需求。科技集团在快速发展过程中，面临着资金管理的多重挑战，如资金使用效率低下、风险控制难度大等。通过数字化转型，可有效解决这些问题，提高资金管理的效率和安全性。

（3）资金管理系统概述。

系统建设目标。科技集团 A 的资金管理系统（见图 14-3）的建设目标是实现资金业务的流程化、标准化和信息化管理，为成员公司提供网络化、自动化和实时化的服务。

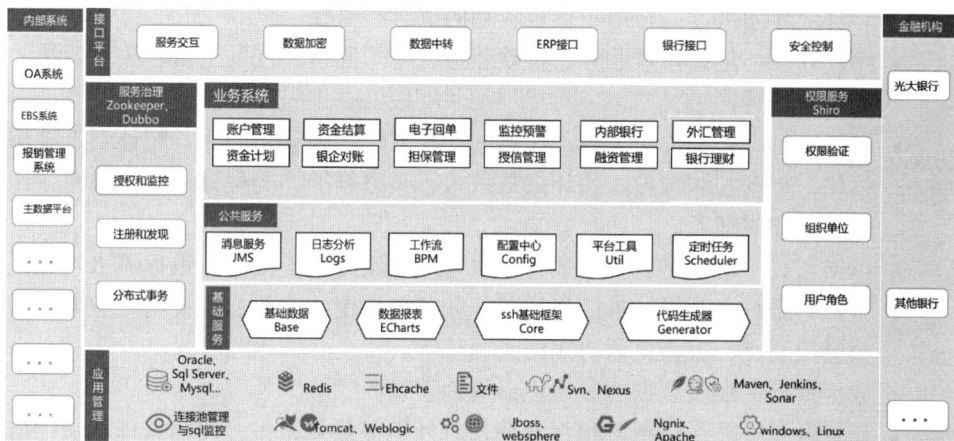

图 14-3　杰智资金管理系统

系统主要功能和架构设计。系统涵盖了统一银行账户管理、资金计划管理、融资管理、资金运营管理和担保管理等多个方面，通过先进的管理模式和信息技术，提高了工作质量和效率。

（4）资金管理系统的主要功能。

经过与业务部门的详细沟通和痛点分析，设计的资金管理系统的主要功能目标如下。

- 总体资金业务架构：介绍了资金管理系统的整体架构，包括基础管理、多组织架构管理、单位管理、角色管理、权限管理、基础数据维护、业务类型维护、审批管理、基础数据管理、系统参数配置、系统日志监控、定时任务管理等。
- 资金管理模式。

- 集团资金管理模式现状：分析了现有资金管理模式，并指出了存在的问题。
- 集团资金管理模式解决方案：提出了解决这些问题的方案。
- 资金管理组织结构：详细描述了集团资金管理的组织架构。
- 集团银行账户管理。
  - 集团银行账户管理解决方案：介绍了如何优化银行账户管理。
  - 账户开、改、销户管理：说明了账户的开设、变更和销户流程。
  - 离线账户余额明细管理：描述了如何处理离线账户的余额和明细。
  - 账户信息查询：介绍了账户信息查询的流程。
- 资金计划。
  - 资金计划上报：阐述了资金计划的上报流程。
  - 资金计划执行：介绍了资金计划的执行和监控。
- 结算管理：包括收款业务、付款业务、电子回单、代发工资、头寸调拨、支付控制等。
- 内部计息：详细说明了内部计息的计算方法、余额初始化、超计划余额初始化、年度利润转投、超计划数录入、类型维护、类型分配、数据源、计息方法和明细表。
- 单据勾兑：包括付款单与银行流水勾兑、银行电子回单与银行流水勾兑。
- 银企对账：介绍了业务应用场景、业务流程图、业务流程说明、业务流程关键控制点、银企直联对账结果回传等。
- 票据管理：涉及票据的整个生命周期管理。
- 信贷融资管理：包括被担保业务、对外担保业务、银行授信管理、银行借款等。
- 理财管理：包括银行存款理财申购、理财赎回等。
- 外汇管理：介绍了外汇管理的相关流程和要求。
- 用户工作台：包括到期预警、待办任务、任务跟踪等。
- 资金监控预警：介绍了资金监控预警的设置和功能。
- 自定义报表与统计报表：说明了如何创建自定义报表和查看统计报表。
- 金融机构对接－银行：详细描述了与银行对接的接口，包括银企直联接口、电子承兑汇票接口、银行电子回单接口等。

（5）资金管理数字化的实施策略。

制定详细的实施计划。 集团在实施资金管理系统时，制定了详细的计划，包括系统设计、开发、测试和上线等各个阶段。

强化风险管理。 在系统实施过程中，集团特别注重风险管理，通过设置多重安全机制，确保资金安全。

加强人员培训。为确保系统的有效运行，集团对相关人员进行了系统的培训，提高了他们的操作技能和风险意识。

（6）资金管理数字化的效果分析。

提高了资金使用效率。数字化的资金管理系统使资金调配更加灵活高效，有效提升了资金使用效率。

加强了风险控制。系统通过实时监控和预警机制，加强了对资金流动的风险控制。

优化了决策支持。数字化系统提供了丰富的数据分析和报告功能，为企业决策提供了有力支持。

（7）案例分析：资金管理系统的具体应用。

统一银行账户管理。集团通过资金管理系统实现了对所有银行账户的统一管理，简化了账户管理流程。

资金计划管理。系统支持资金计划的上报、追加和执行动态控制，提高了资金计划的管理效率。

银企对账。通过银企直联和电子回单技术，集团实现了与银行的快速对账，减少了人工对账的工作量。

（8）面临的挑战与对策。

技术更新的挑战。随着技术的快速发展，资金管理系统需不断更新以适应新的技术环境。

数据安全的挑战。在数字化过程中，数据安全成为企业关注的焦点，需采取有效措施保护数据不被泄露或损坏。

人员适应性的挑战。数字化转型要求员工具备新的技能和知识，企业需加强培训，帮助员工适应新的工作方式。

（9）结论。

科技集团 A 的资金管理系统案例表明，资金管理数字化是企业提升管理效率、加强风险控制、优化决策支持的重要途径。随着技术的不断进步，资金管理数字化将继续深化，为企业带来更多的价值。

税务管理系统成果

（1）财务管理模式。

目前，杰智科技总部设有财务共享服务中心，总部税务管理部门设置了 3 名税务专岗（专家、经理、会计各 1 名），负责广州区域各主要主体公司及外地暂无业务的各子公司的日常税务工作（发票开具及管理、纳税申报），全部公司涉税事项处理（纳税评估、稽查等）和税务工作监管统筹。

非广州区域主要业务主体（重庆杰智、山东公司）设有会计岗位和兼职税务人员，专职负责财务核算和税务申报工作。

非广州区域无业务发生额的分公司（零申报），委托中介统一代办申报工作。

（2）税费审批流程现状。

各级税务岗位人员按公司业务规定执行各项税费的计提、申报，主要通过数据稽核校验管控申报质量，无特别审批流程。

（3）信息系统。

信息系统各组成部分如下。

- Oracle EBS 系统：企业财务系统。
- 帆软系统：报表系统。
- OA 系统：工作流程审批；为税务管理系统推送相关外经证信息。
- 销项管理系统：本期同步建设；销项开票，发票信息与项目信息、外经证信息关联。
- 进项管理系统：本期同步建设，包含发票查验、发票认证等功能。
- 拜特资金系统：提供税金实缴情况，为实缴税统计提供数据源。

（4）核算账套设置。

除广州新科杰智科技有限公司外，其他每家独立法人公司、分公司均设立单独的核算账套。广州新科杰智科技有限公司设有"杰智地铁""杰智网络"两个账套。

（5）税务管理现状。

目前，经财团队下设一个专门的税务小组，负责公司的税务筹划、纳税申报等工作。目前主要面临以下问题。

- 手工处理：大量税务工作依赖手工操作，如发票的核对、税额计算和税务报表填写。
- 纸质文档：依赖纸质发票和税务文档，存储和检索效率较低。
- 效率低下：税务申报和数据处理耗时长，容易出错。
- 数据孤岛：不同部门或系统间的数据共享困难，导致信息孤岛现象。
- 合规风险：手工处理税务事务，合规性检查主要依靠人工，存在疏漏风险。
- 决策支持弱：税务数据分析能力有限，难以为管理层提供及时准确的决策支持。
- 更新滞后：税法变更和政策更新的响应速度慢，依赖人工学习和适应。

如何利用数字化手段解决现有问题、提升工作效率、减少风险，是税务系统的核心目的。于是集团在 2022 年提出，上线公司的税务管理系统，成立工作小组，确定项目的整体目标："实现税务开票自动化、申报自动化，以及涉税资料归档的影像收集，提升税务管理效率和效益。"

具体目标如下。

- 解决手工开票工作量巨大、手工容易出错、开票信息归集不及时等管理弊端，实现开票自动化、开票信息归集的自动化。
- 实现纳税申报自动化，避免纳税申报缴纳的遗漏。
- 实现涉税资料、数据的自动归集及归档。
- 提升税务风险管控能力，挖掘税务管理效益。

分别与国内本领域的专业公司（航信、百望、云励）进行沟通和选型。在这个过程中，确定了项目的基本模块和功能要求：税务系统中的进项管理、销项管理、纳税申报及外经证等概念，是企业税务活动的关键组成部分，它们之间相互联系，共同构成了企业税务管理的全貌。

- **进项管理**。进项管理是企业对其购买商品或接受服务时支付的增值税（进项税额）的管理。企业要保存好相关的增值税发票，并在规定的时间内进行认证，以便在计算应纳税额时抵扣。
- **销项管理**。销项管理涉及企业销售商品或提供服务时收取的增值税（销项税额）。企业要在销售发票上正确标注税额，并确保发票的合规性，以便在税务申报时准确报告。
- **纳税申报**。纳税申报是企业根据税法规定，定期向税务机关报告其应纳税额的过程。企业要根据销项税额减去进项税额后的余额来计算应缴纳的增值税。纳税申报通常需填写特定的税务申报表格，并在规定时间内提交给税务机关。
- **外经证**。外经证（对外经营许可证）是指企业在进行跨国经营活动时，需要获得的一种行政许可证。它允许企业在境外开展业务，包括但不限于销售商品、提供服务、签订合同等。外经证的管理涉及企业境外业务的合规性，与税务申报紧密相关，因为境外业务产生的收入可能需要在企业注册地进行税务申报。

它们之间的关系：**进项税额**和**销项税额**是计算企业应纳税额的基础。企业通过销项管理确保销售时正确计税，通过进项管理确保购买时正确记录可用于抵扣的税额。**纳税申报**是企业税务合规的核心活动，它将进项管理和销项管理的结果综合起来，形成企业的税务申报表，反映企业的税务状况。**外经证**与税务申报相关，因为企业的境外业务可能涉及跨境税收问题，需在纳税申报中体现，确保符合税法规定并避免双重征税。

税务管理系统整体架构设计如图 14-4 所示。

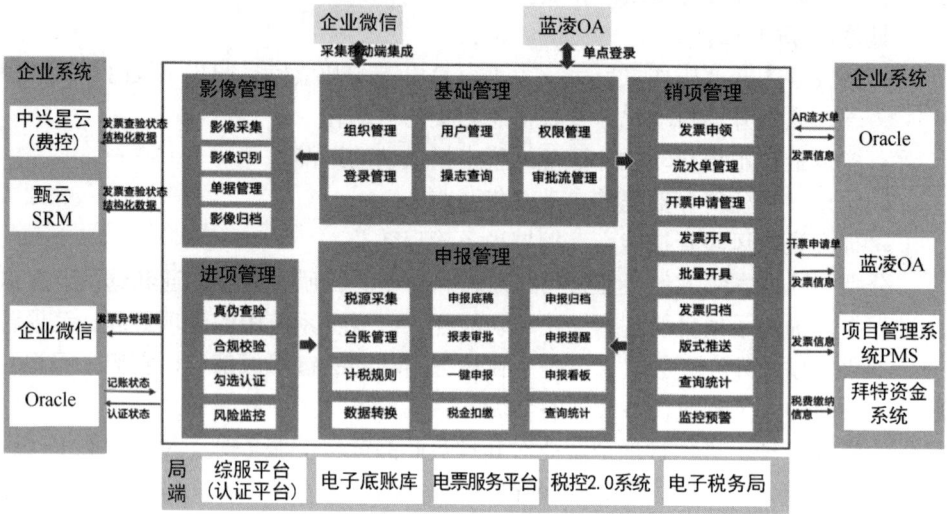

图 14-4　税务管理系统整体架构设计

销项管理系统架构如图 14-5 所示。

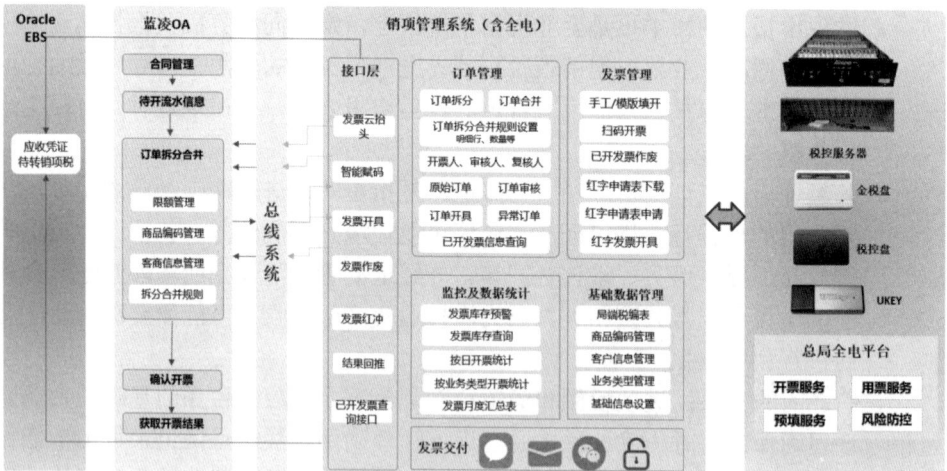

图 14-5　销项管理系统架构

增值税进销项系统架构如图 14-6 所示。

纳税申报管理系统架构如图 14-7 所示。

外经证管理系统架构如图 14-8 所示。

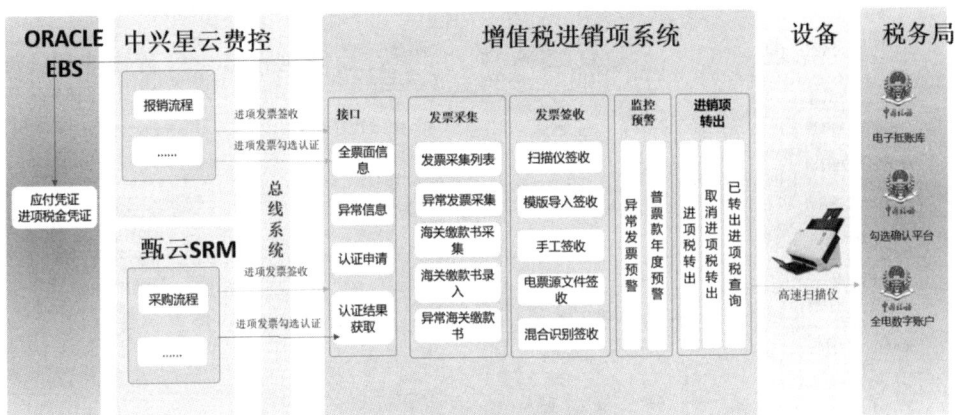

图 14-6 增值税进销项系统架构

图 14-7 纳税申报管理系统架构

经过四个月的紧张实施，杰智的税务系统已顺利上线，并迅速展现出显著的正面效应。系统自动化的进项和销项管理大幅提高了税务计算的准确性。同时，一键纳税申报功能极大缩短了申报周期，确保了税务合规性。此外，系统的数据分析工具为管理层提供了深入的洞察，辅助做出更明智的决策。用户友好的界面和电子化文档管理系统也大幅提升了用户体验和工作效率，实现了成本的有效节约。展望未来，杰智计划进一步优化系统功能，扩展税务筹划和预测分析等高级功能，以持续提升税务管理的智能化水平。我们将持续收集用户反馈，定期进行系统升级和用户培训，确保系统长期稳定运行，满足企业不断变化的税务管理需求。通过这些措施，我们相信税务系统将成为推动企业税务管理创新和提升企业竞争力的重要力量。

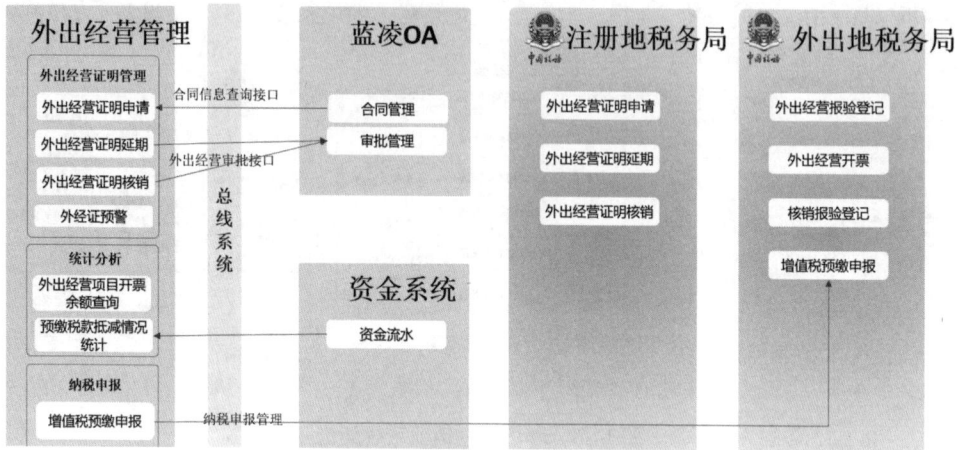

图 14-8　外经证管理系统架构

杰智科技公司财经信息化规划成果

杰智科技公司的数字化架构如图 14-9 所示。

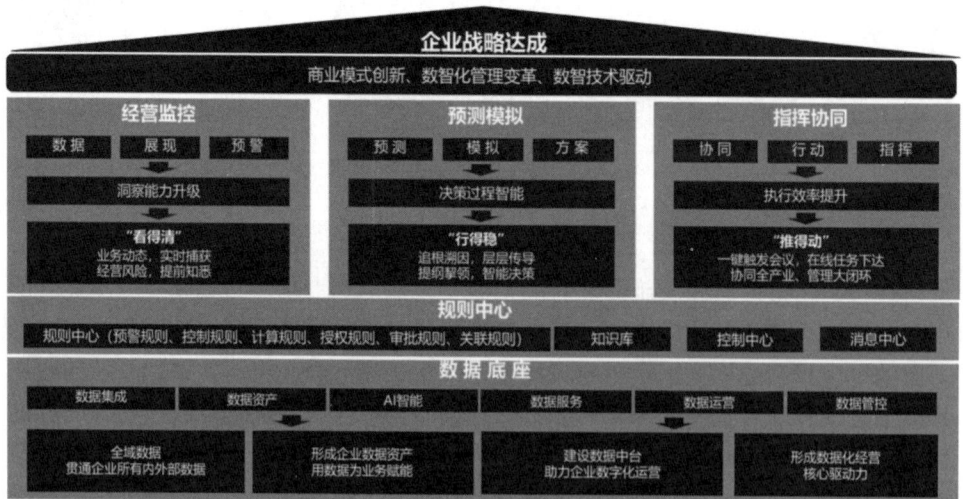

图 14-9　杰智科技公司的数字化架构

杰智科技公司的数字化系统分布如图 14-10 所示。

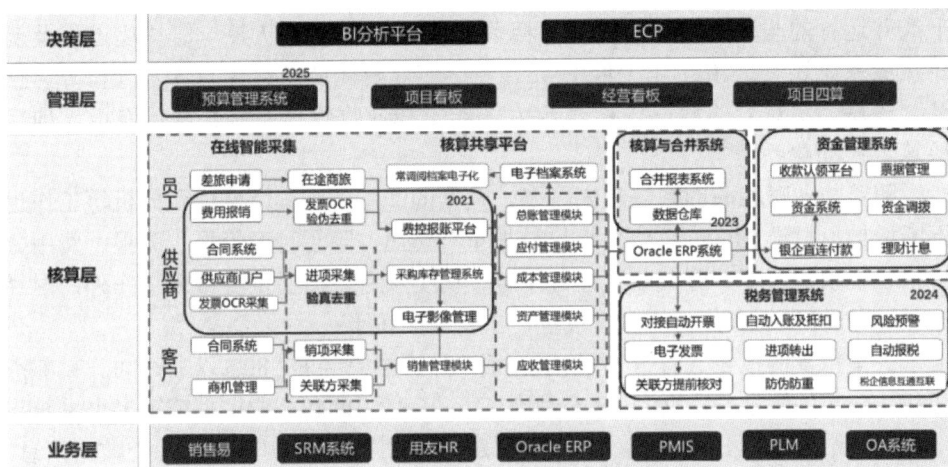

图 14-10　杰智科技公司的数字化系统分布

杰智科技公司的管报信息化平台规划如图 14-11 所示。

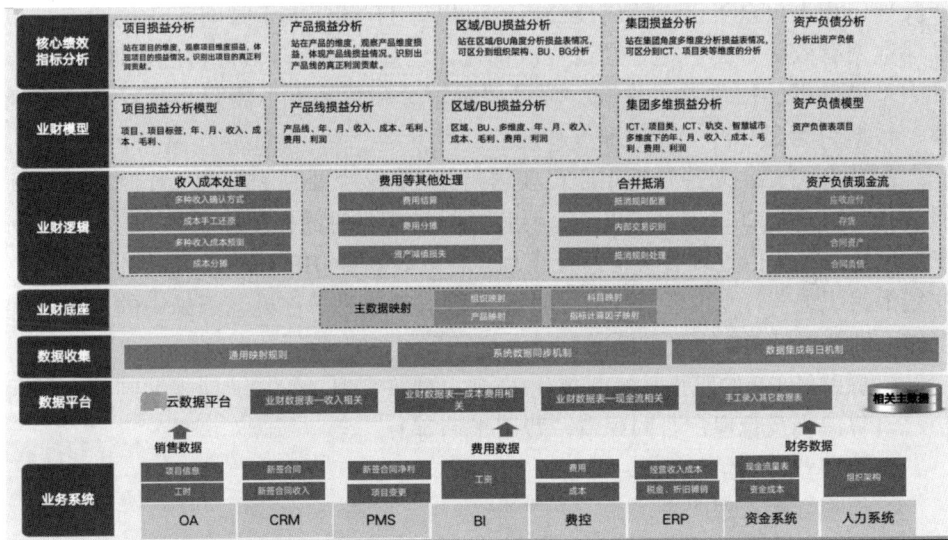

图 14-11　杰智科技公司的管报信息化平台规划

（1）管报信息化平台立项申请。

立项背景：2021 年，随着杰智科技公司各大"战区"等业务经营组织的设立，5 月起财经中心开始组建业财团队，杰智科技公司业财融合体系正式启动，同时也开启了财经信息化的规划与实现，包括 2021 年上线费控系统，2022 年上线资金管理系统，2023 年上线税务管理系统。同期，杰智科技公司职能平台上线并运行的与项目、经营管理等相关，且业财/财经团队参与信息化过程及初始化的系统还有：2022 年上线 PMS，下半年业财团队承接项目四算（概算、预算、核算、决算）的后三算管理；2023 年上线应收管理系统、项目看板、项目核算半自动化系统等。

随着与业财相关的系统越来越多，数据的产生、归集、整理和分析等工作也不断增加，财经 BP 的工作负担日益加重。然而，除了月度管报、简报、费用分析报告、项目四算、区域业绩经营统筹、历史项目数据提供等常规工作外，财经 BP 能额外提供的有价值的工作较少，主要原因在于：

大量重复的报表（管报）、数据加工工作占据财经 BP 80%以上时间。目前杰智科技公司的管报是由财经 BP 分别从 OA、ERP、PMS、费控系统等多个系统导出数据，结合人力 BP、资金 BP、行政 BP 等分别手工编制提供的各类数据信息，再分工进行部分科目的手工还原、部分科目的集中计算再分派等工作后，财经 BP 再编制形成各自经营组织的管理报表，并进行整理以提供经营分析简报、费用分析报告等。由于数据分散在各个环节、各个系统，整个报表编制环节时间冗长、涉及部门和人员众多，杰智科技公司的流程与 IT 部门大量时间花在拉通信息和确保数据有效等方面。尽管经过数次优化，已基本没有时效性再度提速的空间，且因基础数据的提供过于分散、项目档案管理和项目人员离职交接管理的不规范，数据的溯源分析一直是难点和痛点。

2023 年开始，财经管理中心已要求财经 BP 至少要有 25%的工作时间在现场服务；2024 年开始，财经 BP 至少要有 75%的工作时间在现场服务，25%的时间在总部培训及集中处理各类信息化事项。同时，财经 BP 将承接原计划经营角色的统筹组织经营计划的管理工作，并新增现金流管理等在经营组织中的落地管理工作，即新财经 BP 的职责包括：

- 原财经 BP 的职责（经营单元/分公司预算管理，管报、简报编制，项目四算编制及管理，合同评审，费用报销等）；
- 原经营计划角色职责；
- 原现金流管理职责。

为支撑业务经营对财经数据的及时性、准确性需求，财经 BP 需向数智化、价值创造的智慧财经 BP 升级，才能真正在有效数据的支撑下，赋能业务与经营。

为满足以上新增工作要求、赋能业务经营组织，迫切需要改变目前管理报表及基础数据、底层数据手工核算的实际情况，整合公司目前分散在各个系统中与管报核算相关的数据、并提升数据的完整性和准确度，以便释放财经 BP 一定的工作时长，为经营组织提供更有价值的业财工作。

（2）管报信息化平台功能目标。

结合公司经营数据分析需求及职能平台综合人效提升的要求，管报信息化的上线运行将实现以下功能目标。

- 以项目为主维度进行数据归集与计算。建立项目全生命周期分析模型、实现项目滚动预测机制、资金滚动预测机制等，并以项目为中心构建风险预警机制，实现风险自动识别、评估、预警和风险事件上报，满足定量和定性条件的合规保障，强化重大风险监测预警和响应工作机制建设，实时动态监测风险因素变化及其传导过程的预警模型和指标体系。
- 组织架构调整对应管报数据的调整及追溯。对组织架构调整进行锁定与追溯，满足调整、经营管理与考核需求。
- 以经营管理结果为核心导向，构建贯穿绩效管理闭环的指标体系。实现经营管理规则制定、分级管理并支持各考核调整场景；梳理并系统化、流程化经营管理指标体系；建设分析指标库。
- 图形化展现分析结果，实现从报表合并到财务分析的一站式覆盖。

其中，具体数据相关的功能主要应实现：

- 梳理并固化核算规则原则及指引。围绕业务管理闭环，明确数据源管理责任，从数据源实现自动归集与取数，解决报告质量问题。
- 业财数据底座建设。构筑丰富、完整的业财数据底座是管报多维度分析及管理支撑的基础。通过明确维度及数据标签承载内容及方案，统一数据标准，规范数据传递，贯通业务流程。通过信息标准和记录规则沉淀，为管报履行反映业务、支撑业务决策提供坚实的数据基础。
- 业财数据层建设：统一数据来源、口径、规则，自动刷新，构建唯一决策数据基础；以主数据+分析维度搭建多维度、多层级的数据基础；统一数据获取来源、口径和规则，搭建用于经营决策、财务测算、利润规划的多维度损益分析平台；与业务系统互联互通，经营及财务数据自动刷新汇总、成为公司、区域、BU/BG、项目进行日常管理、经营决策的唯一数据来源。
- 业财模型层建设：针对考核规则、调整事项进行全量梳理，实现标准化调整事项，为自动化调整规范打下基础。
- 业财应用层建设：建设管报平台输出指标库和智能多维自定义分析表单，并实现可视化图表在 BI 的统一呈现。

管报信息化平台建设思路如图 14-12 所示。

（3）实施范围与工期计划。

建议对上市公司主体范围内的业务经营组织、业务服务组织和公司支撑平台统一上线实施。

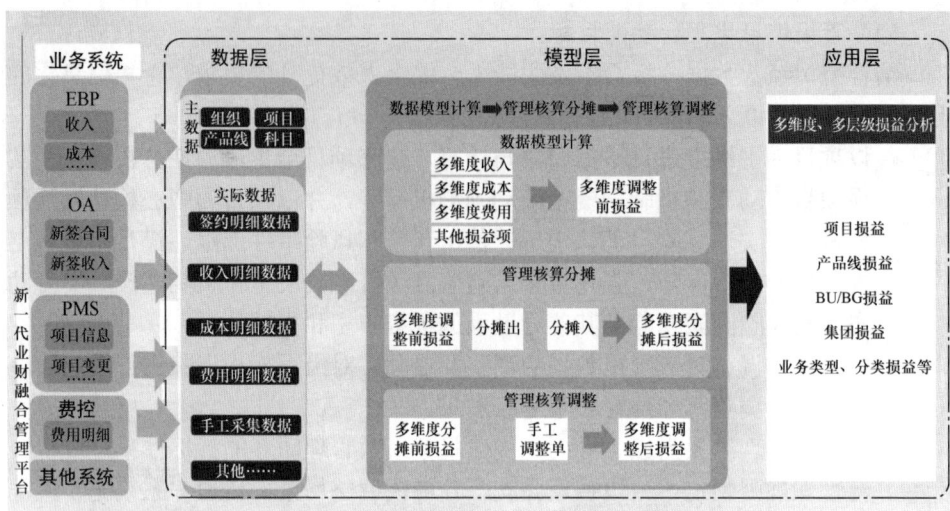

图 14-12　管报信息化平台建设思路

结合职能平台组织架构调整安排，建议管报信息化平台可分为两期实施。

- **第 1 期**（**3 个月，2024 年 3 月 31 日前实现上线试运行**）：解决各类数据取数、归集及手工计算的重点难点问题，并实现主要经营组织管报自动化编制目标。

- **第 2 期**（**3～5 个月，整个项目在 2024 年 8 月 31 日前完成上线**）：实现剩余目标及功能。

其中，子公司在费用、坏账、现金流等模块暂未与战区、运维等全面统一使用公司各类系统，如统一上线有困难，可考虑放到二期实施上线。新疆主体在财报上做了隔离设置，是否统一上报信息化平台需公司评估决策。

（4）管报信息化平台的功能需求。

全面预算管控及归集需求。有前端预算管控的功能，实现全面预算管控（相关管控额度对接费控系统）；预算导入后，能有灵活的预算管控方式；归集需求：公司有两个核算口径（管理口径和会计口径），因此，需按照管理口径归集 BU / BG 的费用数据（数据源可从费控报账平台获取）。

客户化的智能终端和界面：客户端界面应尽量图形化并具备智能逻辑，根据不同角色提供定制化的操作体验。设计上应尽量减少业务信息的录入量，并在页面上提供辅助引导语句，以及即时的数据逻辑和管理标准校验提示控制。此外，业务端和审批端均需支持智能手机和移动终端应用。

智能信息归集。主会计科目、现金流明细、费用明细、会计凭证摘要，以及有需要的核算维度或管理维度辅助项等，能依据业务信息及预设规则，灵活地进行映射、归集，并传送至管报信息化平台。

建立数据仓库。需梳理主数据规则、取数规则、字段与标识等，并与公司 OA、费控系统、PMS、CRM、资金系统等稳定对接，形成字段完整、及时、准确的数据仓库数据。

灵活配置管报核算规则。包括但不限于分摊规则、考核剔除规则、特殊管理需求规则等，并允许修改规则设置，实现目前手工核算的自动化。

第 15 章

人力资源数字化实践

🖊 人力资源管理流程概述

人力资源的发展阶段

人力资源的发展可概括为以下几个关键阶段，这些阶段反映了人力资源管理在组织中的角色和职能不断演变和完善的过程。

- 传统人力资源管理阶段。传统人力资源管理主要侧重于员工的行政管理和基本的人事工作，如招聘、薪酬管理、员工福利和劳动关系管理等。在这个阶段，人力资源部门主要承担着记录和维护员工信息的职责，以及处理与员工有关的日常事务。传统人力资源管理注重维持组织的稳定和秩序，但缺乏战略性和创新性。

- 战略人力资源管理阶段。随着组织环境的变化和竞争加剧，人力资源管理逐渐转向战略性方向。战略人力资源管理强调人力资源部门应该与组织的高层管理层密切合作，制订并实施与组织战略目标相一致的人力资源策略。在这个阶段，人力资源部门开始扮演更具战略性的角色，参与战略规划和决策，以支持组织的长期发展和成功。

- 人才管理阶段。随着人力资源管理的发展，人才管理逐渐成为人力资源管理的重要焦点。人才管理强调组织应将人力资源视为战略性资产，重视人才的招聘、培养、发展和留住。在这个阶段，人力资源部门开始采取更积极的方法来吸引和留住优秀的人才，包括实施创新的招聘策略、提供个性化的培训和发展计划，以及建立良好的员工关系和企业文化。

- 数字化人力资源管理阶段。随着信息技术的快速发展，数字化人力资源管理逐渐成为人力资源管理的重要趋势。数字化人力资源管理利用信息技术来提高人力资源管理的效率和便利性，包括实施人力资源管理系统、人才管理软件、数据分析工具等。在这个阶段，人力资源部门开始利用大数据和人工智能等技术来分析员工数据、预测人力资源需求、优化招聘流程等，提高人力资源管理的质量和效率。

- 全球人力资源管理阶段。随着全球化的深入发展，全球人力资源管理逐渐成为人力资源管理的新趋势。全球人力资源管理强调人力资源部门应该具备跨文化管理的能力，能有效地管理跨国企业的多样化人力资源需求和挑战。在这个阶段，人力资源部门需了解不同国家和地区的法律法规、文化习俗和商业环境，制定并实施适合全球化发展的人力资源策略和实践。

综上所述，人力资源的发展经历了从传统人力资源管理到战略人力资源管理、人才管理、数字化人力资源管理和全球人力资源管理的演变过程。随着组织环境的不断变化和发展，人力资源管理也在不断地创新和完善，以适应新的挑战和机遇。

人力资源领域的业务流程涵盖了从员工招聘到离职的整个员工生命周期，以及与员工相关的各种管理活动。以下是人力资源管理的主要业务流程。

（1）招聘流程。

- 职位需求确认：确定组织的招聘需求，并编写详细的职位描述。
- 招聘策略制定：确定招聘渠道（如招聘网站、社交媒体、校园招聘等），并制定招聘广告和宣传材料。
- 候选人筛选：收集和筛选应聘者的简历，初步评估其是否符合职位要求的能力和经验。
- 面试和评估：安排面试，并评估候选人的技能、文化适应性和团队匹配度。
- 录用决策：选择最合适的候选人，并发出录用通知书。

（2）入职流程。

- 入职准备：安排新员工的入职培训计划、提供必要的工作设备和资源。
- 法律和合规：确保新员工填写所有必要的法律文件和雇佣合同。
- 介绍和融入：介绍公司文化、政策和团队，帮助新员工尽快融入工作环境。

（3）员工发展与绩效管理。

- 目标设定：与员工一起制定明确的工作目标和发展计划。
- 定期评估：定期进行绩效评估和反馈，评估员工的工作表现和进步。
- 发展规划：根据评估结果制定个性化的职业发展计划和培训需求。

（4）薪酬与福利管理。

- 薪资结构设计：设计和管理组织的薪资结构和薪酬政策。
- 福利计划：管理员工福利，包括医疗保险、退休计划、假期等福利项目的实施和管理。

（5）员工关系与沟通。

- 员工支持和咨询：提供员工支持，处理员工关系问题和提供咨询服务。
- 团队建设：组织团队建设活动和文化活动，促进团队合作和员工参与。

（6）离职流程。

- 离职申请和批准：处理员工的离职申请和审批流程。
- 离职手续：安排离职面谈，收回公司资产和访问权限。
- 离职调查：进行离职调查，获取员工反馈和意见。

（7）数据管理与分析。

- HR 信息系统（HRIS）管理：使用 HRIS 管理和记录员工信息、薪资数据和其他相关数据。
- 分析和报告：分析员工数据，如流失率、绩效表现等，为管理决策提供数据支持和建议。

这些业务流程展示了人力资源管理在组织中的广泛作用和职能，通过有效的流程管理，可帮助组织优化员工管理，提高员工满意度和绩效，支持组织的战略目标的实现。人力资源流程模板如图 15-1 和图 15-2 所示。

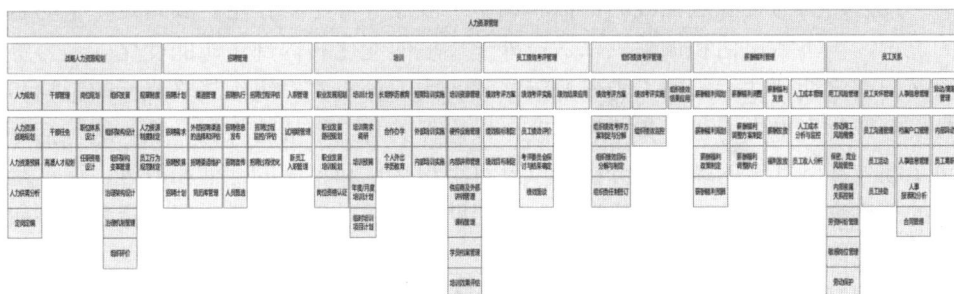

图 15-1　人力资源流程模板（1）

图 15-2　人力资源流程模板（2）

人力资源与战略落地的关系

人力资源与战略落地的关系密不可分，它在战略执行过程中扮演着关键角色。

战略是组织长期目标和愿景的指引，而人力资源是实现这些目标的重要驱动力。本节将深入探讨人力资源与战略落地之间的关系，并详细阐述其在不同阶段的作用。

首先，人力资源部门在战略制定阶段就应该发挥作用。在制定战略的过程中，人力资源部门应参与战略规划和决策，以确保人力资源策略与组织战略保持一致。人力资源部门需了解组织的战略目标和需求，分析组织现有的人力资源情况和能力缺口，提出相应的人力资源计划和策略。通过与高层管理层密切合作，人力资源部门能确保人力资源策略与组织战略相互支持，为战略的顺利执行奠定基础。

其次，人力资源在战略执行阶段发挥着关键的作用。一旦战略确定，人力资源部门就要负责将战略转化为可执行的行动计划，并将其落实到每一个员工和部门。这包括招聘和培训适合战略目标的人才，激励员工为实现战略目标作出贡献，以及建立绩效评估和激励机制，确保员工的工作行为与战略目标保持一致。人力资源部门还要与各个部门和团队合作，协调资源和支持，解决战略执行过程中的问题和挑战。通过有效的战略执行，人力资源部门能够确保组织的资源得到最大化利用，顺利实现战略目标。

此外，人力资源还在战略评估和调整阶段发挥着重要作用。战略是一个动态的过程，需不断评估和调整，以适应外部环境的变化和内部资源的变化。人力资源部门需定期评估组织的人力资源策略和实践，分析其对组织战略执行的影响和效果，及时调整人力资源策略和实践，以确保其与组织战略保持一致。这包括对员工绩效和满意度的调查和分析，以及对组织文化和氛围的评估和改进。通过持续的战略评估和调整，人力资源部门能帮助组织及时应对变化，保持竞争优势和持续发展能力。

总的来说，人力资源与战略落地的关系是紧密相连的。作为组织的重要部门，人力资源在战略制定、执行和评估的各个阶段都发挥着关键作用。它不仅负责将战略转化为可执行的行动计划，还负责与各个部门和团队合作，解决战略执行过程中的问题和挑战。通过有效的战略执行和评估，人力资源部门能确保组织的人力资源策略与组织战略保持一致，为组织的长期成功和持续发展作出贡献。

人力资源数字化背景

人力资源数字化背景的形成是多方面因素共同作用的结果，包括技术进步、业务需求、员工期望、法规合规及数据安全等。接下来我们将详细探讨这些背景因素，并分析它们如何推动人力资源数字化的进程。

技术进步

近年来，自动化技术和人工智能（AI）在各个领域的应用不断扩展，人力资源管理也不例外。AI 技术的进步使人力资源管理中的许多任务可由智能系统来完成，从而提升工作效率并减少人为错误。例如，AI 可以自动筛选大量的简历，帮助招聘人员从中筛选出符合职位要求的候选人。AI 驱动的聊天机器人可以在招聘过程中与候选人进行初步沟通，回答常见问题，并安排面试。

大数据技术的引入为人力资源管理提供了新的视角和工具。通过收集和分析大量的员工数据，公司能获得对员工行为、绩效和满意度的深刻洞察。这些数据可用于预测员工离职风险、评估培训效果、优化薪酬结构等。例如，数据分析可帮助公司识别那些高离职风险的员工，并制定相应的留人策略，减少员工流失率。

效率需求

传统的人力资源管理依赖大量的纸质文档和手工操作，处理效率低且容易出错。数字化工具的应用可以大幅提升工作效率。例如，电子化的员工档案管理系统可减少纸质文件的使用，简化数据录入和检索流程。自动化的薪资处理系统可减少手工计算的错误，并加快薪资发放速度。

数字化系统能提供实时的数据访问和处理能力，使人力资源部门可以快速响应各种业务需求。例如，员工可以通过自助服务平台随时查看工资单、申请休假或更新个人信息。人力资源部门也能实时跟踪员工的考勤情况、处理福利申请等，提高了整体管理效率。

业务需求

随着企业的全球化发展，跨国管理成为一项重要挑战。不同国家和地区的员工有着不同的文化背景和法律要求，企业要有效地管理这些差异。数字化工具可以支持多语言、多时区的管理需求，帮助企业实现全球范围内的高效人力资源管理。例如，全球人力资源管理系统（HRMS）可以统一管理跨国员工的考勤、薪资和福利，确保合规并提升管理效率。

现代员工对工作灵活性的需求不断增加。数字化技术支持远程办公、弹性工作时间等新型工作模式，使员工可以在不同地点和时间高效工作。例如，基于云计算的协作平台可以支持远程团队的合作与沟通，确保工作顺利进行。企业通过数字化工具能更好地适应这种工作方式，提高员工的满意度和工作效率。

员工期望

新一代员工习惯使用各种数字工具，期望在工作中也能享受到类似的数字化体验。数字化人力资源系统可提供便捷的自助服务，如在线申请休假、查看福利信息、参与培训等。这种数字化体验不仅提高了员工的工作满意度，还增强了员工对公司的归属感。

数字化工具可以增强员工的参与感和满意度。在线反馈系统和员工调查平台可以让员工更积极地参与到公司的决策过程中。例如，通过定期的员工满意度调查，企业可以了解员工的需求和意见，并据此制定改进措施。这种参与感有利于提升员工的工作积极性和对公司的忠诚度。

法规合规

随着数据保护法规（如欧盟的 GDPR）和隐私保护要求的严格化，企业需采取措施确保人力资源数据的安全性和合规性。数字化系统必须具备强大的数据加密和保护机制，以防止数据泄露和非法访问。例如，企业要确保所有的员工数据在存储和传输过程中都经过加密处理，并定期进行安全审计。

不同地区的劳动法规各不相同，企业要确保其人力资源管理活动符合当地的法律要求。数字化工具可以帮助企业跟踪和遵守这些法规，例如，自动生成符合规定的工资单、休假记录和劳动合同，减少法律风险。通过集成法规合规模块，企业可以及时更新和适应新出台的法规要求。

数据安全

人力资源数据通常包含大量的敏感个人信息，如薪资、健康状况和家庭背景等。因此，数据安全成为企业人力资源数字化的重要考量。企业需实施严格的访问控制，确保只有授权人员能够访问敏感信息。同时，数据加密和备份措施也必不可少，以防数据丢失或被非法获取。

数字化系统的引入也带来了新的风险，例如系统故障、网络攻击等。企业需建立完善的风险管理机制，包括定期进行系统维护、漏洞修补和安全审计，确保系统的稳定性和安全性。应急响应计划和数据恢复方案也是保障数据安全的重要组成部分。

竞争压力

人力资源数字化已经成为行业发展的趋势，企业需跟上这一发展潮流，以保持竞争力。如果竞争对手已经在数字化方面取得了领先地位，企业可能会在人才管理方面处于劣势。因此，加快数字化转型的步伐，提升人力资源管理的效率和效果，成为企业维持和增强竞争力的关键。

在数字化时代，企业不仅要追求效率，还要通过创新驱动业务发展。例如，利用人工智能技术进行员工培训和发展，或通过数据分析优化人才招聘策略。通过不断创新和优化人力资源管理，企业能在激烈的市场竞争中脱颖而出。

结论

人力资源数字化的背景是多方面因素共同作用的结果。技术进步、效率需求、业务需求、员工期望、法规合规、数据安全和竞争压力等因素共同推动了这一进程。通过数字化转型，企业能够提升人力资源管理的效率和效果，增强员工满意度，保持法规合规，确保数据安全，并在竞争中获得优势。然而，数字化转型也伴随着挑战，企业需综合考虑这些因素，制定合理的战略和实施方案，以实现人力资源管理的全面数字化。

人力资源领域数字化面临的挑战与问题

人力资源领域面临着多种问题和挑战，这些挑战可能因不同的组织和环境而异，但以下是一些普遍存在的问题和挑战。

- 人才招聘和留住人才：招聘合适的人才并留住他们是许多组织的重要挑战。竞争激烈的市场使找到合适的候选人变得更加困难，同时保持员工的满意度和忠诚度也是一项挑战。
- 员工发展和培训：组织需要不断发展员工的技能和知识，以适应快速变化的市场和技术环境。制定有效的培训计划和发展路径是一个挑战，特别是在预算和时间限制下。
- 绩效管理和激励体系：设计和实施有效的绩效管理体系，以及激励员工发挥最佳水平，是 HR 领域的另一个挑战。如何公平地评估和奖励员工的表现，是需要认真考虑的问题。
- 多样性与包容性：管理多样化的工作场景，以及文化背景、性别、年龄和能力的多样性，是一个重要的挑战。确保所有员工都感到被尊重和包容，需要制定有效的政策并开展相关培训。
- 法律合规和劳工关系：遵守法律法规，并管理好与员工和工会之间的关系，是 HR 专业人士必须处理的重要问题。法律的变化和复杂性使这一挑战变得尤为严峻。
- 技术和数据驱动决策：随着技术的进步，HR 领域越来越依赖数据进行决策。管理和分析大量的人力资源数据，并从中提取有价值的见解，对许多组织来说是一个新的挑战。
- 变革管理和组织发展：在快速变化的市场中，组织必须能灵活应对变化。HR 部门需要领导和支持组织变革，确保员工能适应新的工作要求和文化。

人力资源领域数字化发展趋势

人力资源领域的数字化发展趋势正在迅速改变传统的 HR 管理方式，以下是一些主要的数字化发展趋势。

- 人力资源信息系统（HRIS）和云计算：组织越来越多地采用云计算和 HRIS 来管理员工数据、薪酬信息、绩效评估等。这些系统能提高数据的可访问性、安全性和分析能力，帮助 HR 团队更有效地管理人力资源。
- 人才管理和招聘自动化：招聘管理系统（ATS）的普及使招聘流程更自动化和高效。从简历筛选到面试安排，再到候选人跟踪，这些系统可以大大减少人工工作量，并提高招聘效率和候选人体验。
- 数据驱动的决策：HR 部门越来越依赖数据进行决策。通过人力资源分析（HR analytics），可以从大数据中提取洞察，帮助优化招聘策略、提升员工满意度和绩效管理，以及预测人才流动等。
- 人工智能（AI）和机器学习应用：AI 技术在 HR 领域的应用日益增多，例如候选人匹配、自动化面试、员工福利管理等。AI 可帮助提高招聘的准确性和速度，同时优化员工体验和管理流程。
- 员工体验和沟通平台： 数字化正在改变员工与企业之间的沟通方式。从员工入职流程到培训和绩效管理，各种数字化工具和平台（如内部社交网络、移动应用等）都在提升员工参与感和满意度。
- 远程工作和灵活工作制度的支持：数字化工具的发展促进了远程工作的普及。HR 部门需提供支持和管理远程团队的工具和政策，确保员工的生产力和福利。
- 学习和发展平台：组织越来越倾向于提供在线学习和发展平台，以支持员工的自主学习和技能提升。这些平台能根据员工的个人需求和职业发展目标，提供个性化的学习路径，并为员工提供实时反馈和评估。
- 数据隐私和安全：随着数字化程度的提高，数据隐私和安全成为 HR 管理的重要挑战。组织需采取措施确保员工数据的安全性和合规性，防止数据泄露和违规使用。

人力资源管理在面对利益格局冲突和变革惯性时，常常遇到以下挑战和情况。

（1）利益格局冲突。

- 利益相关者之间的差异：不同利益相关者（如高管、员工、股东、工会等）可能有不同的利益和优先级。例如，高管可能更关注成本控制和业绩，而员工则可能更关心福利和工作条件。HR 必须在这些不同利益之间找到平衡点，以维护组织整体利益。
- 部门之间的竞争：不同部门可能会竞争有限的资源，例如预算、人力资源等。HR 需要在这些竞争中斡旋，确保资源的合理分配，同时推动整体组织目标的实现。

（2）变革惯性。

- 组织文化和传统惯性：有些组织可能对变革持保守态度，尤其是涉及人力资源管理方式的改变时。传统的管理方式和文化习惯使引入新的 HR 实践和技术更加困难。

- 员工抵抗和适应：员工可能会抵制新的 HR 政策或系统，特别是对于他们感知到对个人权益或福利有潜在负面影响的变化。HR 需通过有效的变革管理和沟通，减少员工的抵抗，促进变革的顺利实施。

解决利益格局冲突和克服变革惯性的关键策略包括：

- 建立共识和沟通：确保所有利益相关者都理解和认同 HR 决策的背景、目的和长远利益，通过开放和透明的沟通渠道减少误解和抵制。
- 寻求共赢方案：在处理利益冲突时，寻找可以满足多方利益的解决方案，避免以一方为中心的决策，从而增强支持和合作。
- 引入变革管理实践：采用系统化的变革管理方法，包括识别和理解变革的阻力点，制定有效的应对策略和计划，帮助组织克服惯性，顺利实现变革目标。
- 持续评估和调整：HR 需不断评估和调整策略，以适应变化的外部和内部环境，确保人力资源管理实践能够持续地支持组织的战略目标和员工的需求。

通过有效地应对利益格局冲突和变革惯性，人力资源管理可以更好地发挥其在组织中的战略作用，推动整体绩效和员工满意度的提升。

💡 人力资源数字化的关键举措

人力资源管理（HRM）涵盖了许多关键的业务场景，这些场景对于组织的成功和员工的发展至关重要。以下是几个重要的人力资源管理业务场景。

- 招聘与选聘管理：招聘是 HR 管理的基础，涉及职位描述撰写、招聘渠道选择、候选人筛选、面试安排及最终的选聘决策。有效的招聘策略能帮助组织吸引并留住高素质的人才。
- 员工培训与发展：员工的持续培训和发展是提高员工技能、增强团队效能的关键。HR 管理涉及制定培训计划、评估培训需求、组织培训课程，并通过评估和反馈持续改进培训效果。
- 绩效管理与奖励制度：绩效管理帮助评估和促进员工表现，包括设定明确的绩效目标、定期评估和反馈、奖励和激励措施的实施。有效的绩效管理能激发员工的动力和自我发展。
- 员工福利与福利管理：提供符合法律法规和员工期望的福利计划，如医疗保险、退休计划、假期等，有利于提升员工满意度和忠诚度。

- 员工关系与劳动法合规：管理员工关系，包括解决员工纠纷、促进团队合作和提高工作满意度，同时确保遵守劳动法和法规，是 HR 管理中不可或缺的一部分。
- 多样性与包容性管理：确保组织内部文化和政策支持多样性和包容性，包括文化背景、性别、性取向、能力等方面的管理和促进。
- 变革管理与组织发展：协助组织变革和发展，通过领导力发展、组织文化塑造、员工参与和沟通策略，确保组织能适应和成功应对变化的市场和环境。
- 人力资源信息系统（HRIS）管理：使用和管理 HRIS，以高效记录和管理员工信息、薪资数据、福利计划等，从而提升数据的安全性、可靠性和分析能力。

这些业务场景共同构成了人力资源管理的核心内容。通过有效的管理和协调，HR 部门能支持组织达成战略目标，同时保障员工的福祉和发展。

人力资源管理（HRM）与其他业务的集成对于组织的整体运作和战略实施至关重要。以下是几个重要的方面，说明了 HRM 如何与其他业务功能集成。

- 战略规划和业务发展：HRM 在战略规划中的角色是确保人力资源策略与组织的长期业务目标和发展战略保持一致。HR 需了解组织的战略需求，为各个部门提供支持，并配备适配的人力资源，以助力组织实现其战略愿景。
- 财务和成本管理：HRM 要与财务部门紧密合作，特别是在预算编制、员工薪酬和福利成本管理方面。HR 管理要确保人力资源投资的效益，同时遵循财务控制和预算要求。
- 市场营销和品牌管理：HRM 在市场营销和品牌管理中的作用主要体现在员工作为品牌大使的角色上。吸引和留住优秀人才不仅仅是 HR 的职责，更是通过员工的积极参与和推广来增强组织品牌形象的关键。
- 运营管理和生产效率：HRM 通过招聘、培训和绩效管理等方式，支持运营管理以提高生产效率和员工满意度。有效的员工管理和团队合作可显著提高组织的运营效率和效果。
- 技术和信息技术管理：HRM 与信息技术部门合作，管理和优化人力资源信息系统（HRIS），确保员工数据的安全性和可靠性，以及信息技术的支持和集成，为 HR 流程提供有效的工具和平台。
- 法律和合规事务：HRM 需要与法律和合规部门密切合作，确保组织的人力资源政策符合当地和国际的劳动法规和法律要求。合规性的管理能力对于组织的长期稳定和发展至关重要。
- 项目管理和变革管理：在组织变革和重大项目实施期间，HRM 通过有效

的变革管理和项目管理支持，确保员工理解并能适应新的工作要求和环境
变化，从而促进变革的成功实施。

这些集成点强调了 HRM 在整个组织中的关键作用，不仅涉及管理员工日常
事务，还涉及支持组织战略目标的达成和持续发展。通过有效的协作和集成，HRM
能够最大化其对组织价值链的贡献，推动整体业务的成功和持续增长。人力资源
管理（HRM）与其他系统集成案例如图 15-3 所示。

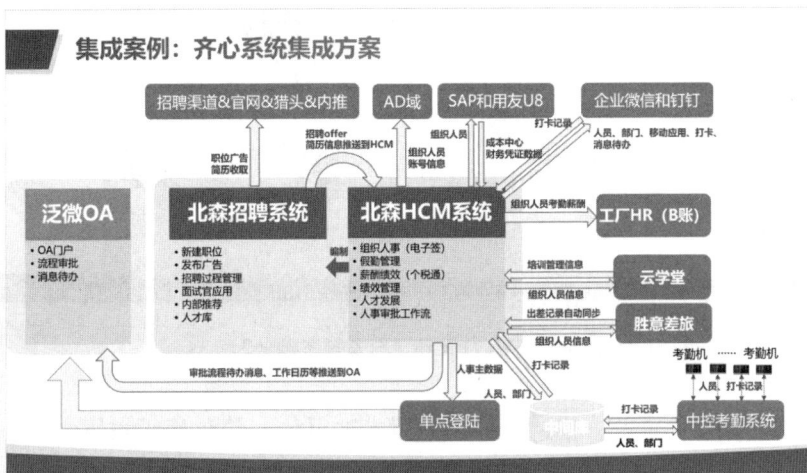

图 15-3　人力资源管理（HRM）与其他系统集成案例

人力资源管理系统案例如图 15-4～图 15-7 所示。

图 15-4　人力资源管理系统案例（1）

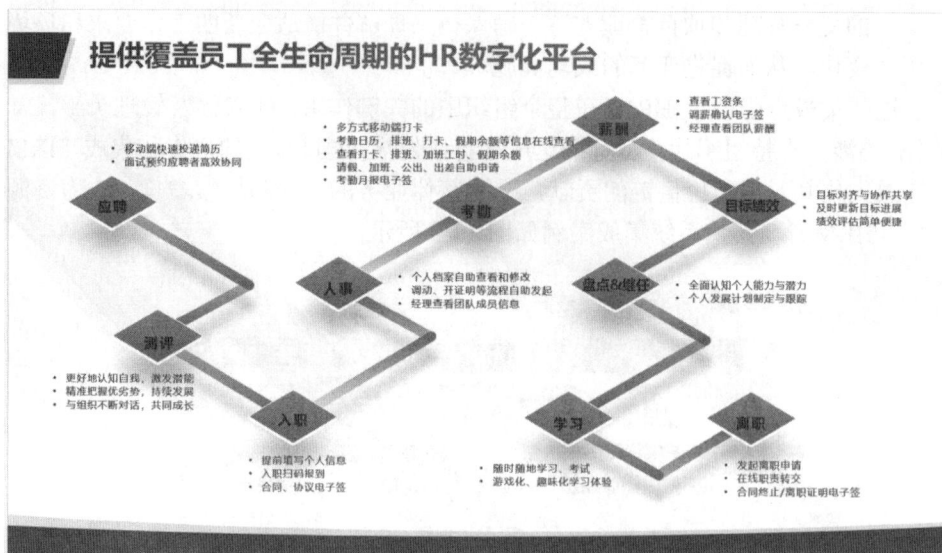

图 15-5 人力资源管理系统案例（2）

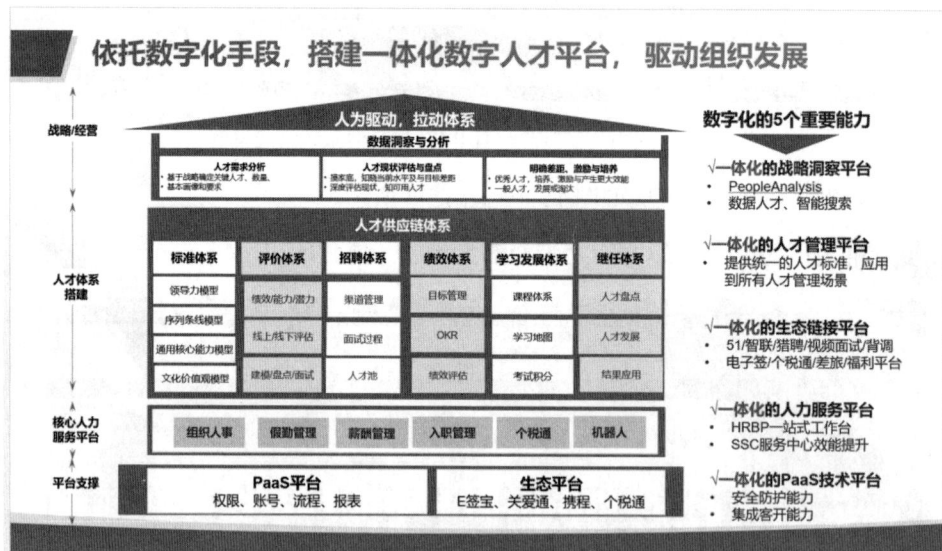

图 15-6 人力资源管理系统案例（3）

企业培训系统案例如图 15-8 和图 15-9 所示。

实施人力资源管理系统（HRMS）时，需配套一系列举措来确保系统的有效运作和成功实施。以下是针对组织职能和绩效方面的主要配套举措。

图 15-7　人力资源管理系统案例（4）

图 15-8　企业培训系统案例（1）

（1）组织职能及配套举措。

- 项目管理和团队建设：指定一个项目管理团队或委员会负责 HRMS 的实施。团队应包括关键的 HR 代表、信息技术专家及其他关键利益相关者。确定项目的范围、目标和时间表，并制定详细的实施计划和里程碑。

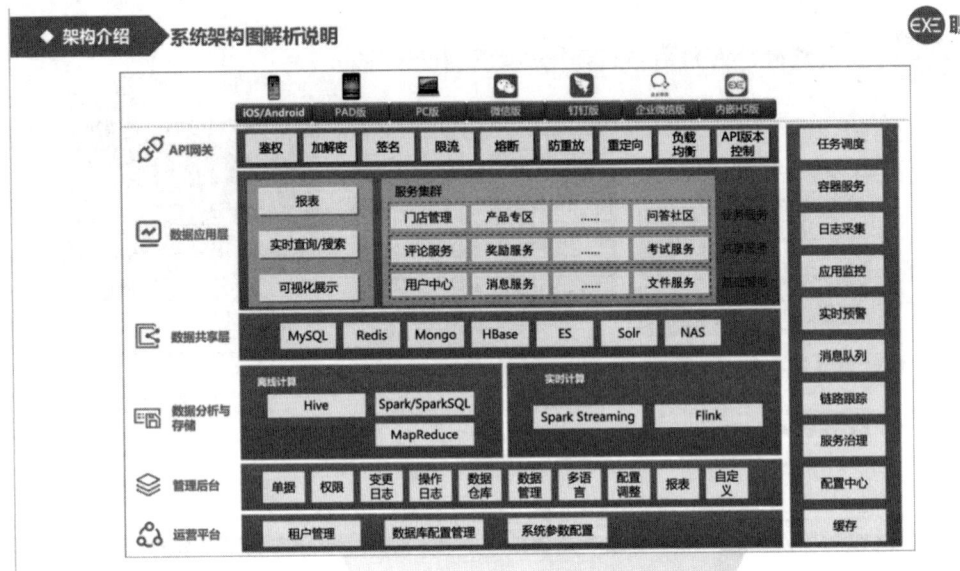

图 15-9　企业培训系统案例（2）

- 需求分析和系统选择：进行全面的需求分析，理解组织当前的 HR 流程和系统痛点，明确实施 HRMS 的目标和期望结果。基于需求分析，选择适合组织需求的 HRMS。考虑系统的功能、定制性、成本和实施难度等因素。
- 系统集成和测试：确定系统集成的范围和方式，例如与现有 ERP 系统或其他关键系统的集成。进行系统的测试和验证，包括功能测试、性能测试和用户验收测试，确保系统能满足预期的业务需求。
- 培训和沟通：为所有系统用户提供详细的培训计划，包括管理员、HR 团队和其他员工。召开定期的沟通和意见反馈会议，解答员工对系统的疑问，增强员工的参与和支持。
- 变革管理：制订变革管理计划，识别可能的变革阻力和挑战，制订应对策略。通过有效的沟通、培训和激励措施，促进员工对新系统的接受和使用。

（2）绩效配套举措。

绩效管理流程设计：重新审视和优化组织的绩效管理流程，确保与新系统的集成和支持。确定明确的绩效评估标准和指标，确保能在系统中进行有效的记录和跟踪。

- 绩效目标设定：改进和标准化绩效目标设定的流程，确保目标与组织战略一致，并能在系统中进行有效管理和跟踪。为员工和管理者提供指导，以确保每个人都理解和参与到新的绩效管理流程中。
- 持续反馈和发展：确保系统能支持实时或定期的绩效反馈和发展对话。系统应提供便捷的工具和功能，支持员工与经理之间的持续沟通和反馈。

- 数据分析和报告：确保系统能生成绩效数据的详细分析和报告，为管理层提供基于数据的决策支持。建立仪表板和报表，用于监控绩效目标的达成情况和员工表现的变化趋势。
- 绩效奖励和激励措施：优化绩效奖励和激励政策，确保其与绩效评估结果紧密相关，并能在系统中有效实施。确定和实施合适的激励措施，以奖励优秀表现，促进员工的持续发展和动力。

通过以上配套举措，组织可以更加顺利地实施和整合人力资源管理系统（HRMS），提升人力资源管理的效率和效果，支持组织的长期发展和战略目标的实现。

人力资源领域数字化的成果

人力资源业务的运营管理和经营决策

人力资源（HR）业务的运营管理在组织中起着至关重要的作用，它不仅关注员工的日常管理和服务，还通过数据分析和战略支持，与经营决策密切相关。以下是人力资源业务运营管理与经营决策之间的关系和作用。

（1）招聘与员工入职管理。

- 招聘流程优化：确保招聘流程高效，以吸引和保留优秀人才。
- 入职体验管理：确保新员工顺利融入并快速提升工作效率。

（2）绩效管理和发展。

- 绩效评估和反馈：管理绩效评估流程，以支持员工发展和组织目标的实现。
- 培训与发展计划：设计和执行培训计划，以提升员工技能和能力。

（3）薪酬和福利管理。

- 薪酬结构和福利计划管理：管理薪酬结构和福利计划，确保其公平性和竞争力。
- 员工福利政策：制定并执行符合法规和员工期望的福利政策。

（4）员工关系与沟通。

- 员工支持和咨询：提供员工支持和咨询服务，解决员工关系问题。
- 内部沟通：确保有效的内部沟通，促进员工参与和团队合作。

（5）数据管理和分析。

- HR 信息系统（HRIS）管理：管理员工数据和 HRIS，支持数据驱动的决策。
- 数据分析和报告：分析员工数据，提供洞察和建议，支持管理层决策。

（6）人力资源规划。

- 人力资源需求预测：分析组织的人力资源需求，支持业务增长和战略扩展。
- 人才供应链管理：确保有足够的人才储备，以满足业务发展的需求。

（7）绩效和业务成果

- 绩效评估与业务目标对齐：确保员工绩效评估与业务目标对齐，支持业务绩效提升。
- 奖励和激励政策：设计奖励和激励政策，促进员工对业务成功的贡献。

（8）风险管理和法律合规。

- 劳动法和法规遵从：确保人力资源管理符合法律法规，减少潜在法律风险。
- 员工福利和工作条件：确保员工福利和工作条件符合法律法规，并符合公司的道德和社会责任。

（9）变革管理与组织发展。

- 变革管理支持：支持组织变革和发展，确保员工能适应和响应变化。
- 组织文化和领导力发展：塑造和促进积极的组织文化，发展领导力和团队合作。

实施人力资源管理系统（HRMS）能为组织带来多方面的成果和益处，这些成果不仅提升了人力资源部门的效率和效能，还直接支持了组织的整体发展和战略目标的实现。以下是实施 HRMS 后可能实现的成果。

（1）提升运营效率和流程优化。

- 自动化和标准化流程：HRMS 可实现招聘、入职、离职、绩效管理等流程的自动化和标准化，减少手工操作和重复工作，从而提升操作效率。
- 减少错误和延误：通过系统化的流程管理和电子化数据录入，减少了人为错误和信息延误，提高了数据的准确性和及时性。

（2）增强员工体验和满意度。

- 更好的员工自助服务：HRMS 提供员工自助服务功能，如在线查看工资单、申请假期、更新个人信息等，提升了员工的便利性和满意度。
- 快速响应和支持：员工能更快速地获得人力资源部门的支持和问题解决方案，增强了员工与人力资源部门的互动和沟通效果。

（3）数据驱动的决策支持。

- 实时数据访问和分析：HRMS 提供实时的人力资源数据访问和分析能力，帮助管理层基于数据做出更加精准和及时的决策。
- 洞察力报告和预测分析：系统能生成各种报告和分析，如员工流失率、绩效表现、培训成效等，为管理层提供战略洞察和预测能力。

（4）支持组织战略目标的实现。

- 人力资源规划和优化：HRMS 支持人力资源规划，确保组织拥有足够的人力资源以支持业务增长和发展。

- 绩效管理和激励政策：系统化的绩效管理能够帮助管理层优化绩效评估和激励政策，提升员工的工作表现和忠诚度。

（5）合规性和风险管理。

- 劳动法和法规合规：HRMS 能帮助组织确保人力资源管理的合法合规性，减少法律风险和合规成本。
- 数据安全和隐私保护：系统提供数据安全措施，保护员工和组织的个人数据及隐私。

（6）促进组织文化和员工参与。

- 文化塑造和领导力发展：HRMS 通过有效的沟通和培训工具，支持组织文化的塑造和领导力发展。
- 员工参与和反馈：系统化的员工调查和反馈机制，提升了员工的参与感和满意度，有利于建立积极的工作环境。

综上所述，实施 HRMS 能显著提升人力资源管理的效率和效能，支持组织在人力资源战略上的成功实施和整体业务目标的达成。

第 16 章

流程与 IT 数字化实践

🖋 流程与 IT 管理数字化背景

公司的数字化转型是一个系统工程,流程和 IT 部门作为数字化转型的主要负责部门,其自身的数字化至关重要。

流程和 IT 部门不仅是公司数字化转型的推动者,也是业务部门,随着企业的发展日益复杂,IT 部门管理的要素也不断增加。从早期的管理电脑、服务器和系统等 IT 设施,到如今的云基础设施管理、应用系统管理、数据管理,以及企业架构管理、流程管理、变革管理、IT 服务管理等,管理要素越来越多,越来越复杂。因此,IT 部门也要进行内部流程规划和数字化,以减少对个人能力的依赖,通过数字化手段管理数字化转型。

🖋 流程与 IT 管理数字化的问题和痛点

职能化组织单独规划

职能化的组织通常依赖自上而下的指令作为驱动力,而非以市场和客户需求为导向。在这种模式下,员工对领导负责,而非对客户负责,难以激发员工的自发性和积极性,导致组织协同效率低下。同时,职能化的组织和部门实行垂直管理,流程、应用和数据各自独立规划,缺乏协同性,导致流程无法相互衔接,系统也无法实现互联互通。

分段式的业务流程

华为早期的业务流程也是割裂的,2007 年以前,全球技术服务部(GTS)的项目交付人员要先后登录 20 多个 IT 系统才能完成一项交付任务,客户服务交付部门需打开 26 个不同的 IT 系统，经过 30 多步甚至近 40 步的操作才能完成日常工作，员工出差则需完成 5 到 6 个不同的电子流程。

另外，由于流程缺乏统一的管理和规划，各部门独立规划自身流程，缺乏整体流程体系和有效管理，流程分段和断点，流程绩效低下，客户和员工满意度不高，运营效率也受到严重影响。

烟囱式的 IT 应用

各部门自行规划、建设和运营应用系统，例如营销部门规划建设 CRM，供应链管理部门规划建设 ERP，每个应用系统采用一套独立的数据标准，导致数据孤岛的形成，给企业的数字化转型、整体分析和财务报表出具带来重重困难。

另外，由于缺乏整体的企业级统筹规划设计和拉通，IT 系统呈现条块化和烟囱化，交付方式以项目型为主，形成了一个个孤立的 IT 系统。数据无法共享，流程无法协同。组织的职能化导致 IT 烟囱化，而 IT 烟囱化又加剧了组织的条块化，形成恶性循环。IT 系统逐渐变得难以维护、扩展和灵活定制，成为生产的阻碍而非助力。

运营和分析效率低

2014 年，华为的账实一致率仅为 78%左右，由于数据不统一、标准不一致，约 600 亿元的账目和货物需要耗费大量时间和人力进行手工核对后才能确认。主要原因是物流和供应链管理效率低下，缺乏集成的供应链管理体系，以及统一的标准数据中心。

💡 流程与 IT 管理流程数字化的关键举措

流程与 IT 管理是现代企业中不可或缺的两个方面，二者之间存在密切且相互依赖的关系，类似于"左右脚"的关系，意味着二者需要协调一致、同步前进，以确保企业的高效运行和持续优化。

流程管理概述

流程决定组织的运行方式。战略是数字化工作的输入，企业的战略选择和商业模式设计决定了其业务及运营方式。业务涵盖价值流、业务能力、业务流程、组织架构、资源、绩效、属地和治理等方面。

流程决定了岗位与岗位职责。有什么样的业务就决定了应该有什么样的业务流程。组织是执行业务流程的主体，资源是业务流程运用的对象，业务流程的执行需纳入绩效考核体系。鉴于业务与业务流程的紧密关系，在上述模型中，为表述方便，"业务"一词既指代业务本身，也涵盖业务流程。例如，"我们生产调味品"中的"生产"表明"我们"是一家制造企业，若将"生产"改为"使用"，则表明"我们"可能是一家服务业餐厅。此外，"生产"的方式因主体而异，"我们"可以是公司、车间或具体操作者；"调味品"则是"我们"提供的产品，用于满足客户和消费者的需求。业务通常可以拆解为"主语、谓语、宾语"，不同业务场景会有不同的"主语、谓语、宾语"组合。

流程的指标决定了岗位 KPI。流程节点的执行要求（指标）直接决定了岗位的 KPI。例如，订单处理流程的核心指标是订单处理效率与准确性。因此，订单处理岗位（通常称为销售助理）的关键 KPI 应包括订单处理效率和订单处理准确性。

流程管理是对企业内部业务流程进行设计、实施、监控和持续改进的过程，旨在提高效率、减少浪费、确保质量和提升顾客满意度。流程管理的关键要素包括：

- **流程识别与映射**：确定关键业务流程，明确流程的起点和终点，以及涉及的所有步骤和活动。
- **流程设计**：基于业务需求设计流程，包括活动的顺序、执行人、所需资源和时间框架。
- **流程执行**：实施流程，并确保所有相关人员了解并遵循流程规定。
- **流程监控**：通过 KPI 和其他度量指标跟踪流程性能，识别偏差和瓶颈。
- **流程改进**：基于监控数据进行分析，不断调整和优化流程，以提高效率和效果。

IT 管理概述

IT 管理专注于信息技术的规划、实施、运营和支持，确保 IT 服务能够有效支撑企业的业务流程。IT 管理的核心框架，如 ITIL（信息技术服务管理），涵盖了多个关键流程，包括：

- **服务策略**：确立 IT 服务如何支持企业战略目标，包括服务组合管理、财务管理、需求管理等。
- **服务设计**：将服务策略转化为具体的服务方案，包括设计服务解决方案、服务级别管理、容量管理等。
- **服务转换**：确保新服务或变更的服务能够平滑上线，涉及变更管理、发布管理、配置管理等。
- **服务运营**：日常的 IT 服务交付和管理，如事件管理、问题管理、服务台功能等。

- **持续服务改进（CSI）**：通过反馈循环不断优化服务，提高服务质量、效率和价值。

流程与 IT 的融合

在实践中，流程与 IT 管理的整合体现在多个层面，例如：

- **共同规划**：业务流程优化与 IT 系统的升级和部署同步规划，确保技术能有效支撑业务流程的需求。
- **集成平台**：通过采用 IT 平台（如 ERP、BPM 软件）实现流程自动化，提升流程执行效率。
- **数据驱动决策**：利用 IT 收集和分析数据，为流程改进提供依据。
- **灵活响应变化**：通过敏捷方法，使流程与 IT 能快速适应市场和内部变化，支持业务创新。

综上所述，流程与 IT 管理的有效整合是企业实现高效运营、快速响应市场变化和持续改进服务的基础。

参考 ITIL 框架，我们提出以下分层的数字化流程架构，如图 16-1 所示。

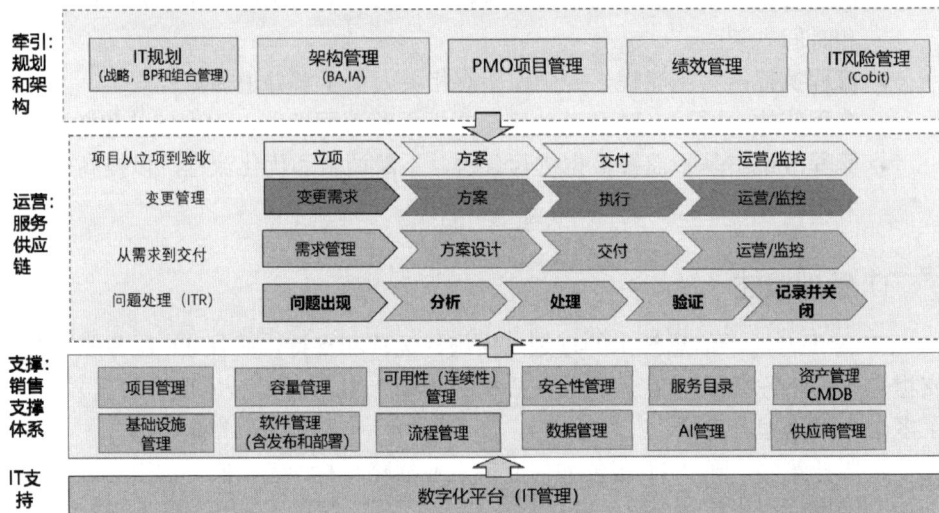

图 16-1　数字化流程架构

（1）牵引规划层。

包括 IT 规划、架构管理、PMO 项目管理、绩效管理和 IT 风险管理等。

- IT 规划：根据业务战略、能力需求和各部门需求，归纳出 IT 规划，并报企业战略委员会（ESC）批准。

- 架构管理：管理 EA 架构，包括 4A 架构元素的定义、描述及其要素之间的对应关系。
- PMO 项目管理：涵盖项目规划、立项、批准，项目组成立，项目计划，项目执行，项目验收等阶段和流程。
- 绩效管理：管理服务对业务的价值、经济性、可用性、安全性、连续性和性能等指标，主要包括目标设定、过程数据统计与分析、考核及应用等。
- IT 风险管理：识别 IT 资产和服务的风险，定义风险程度，设置风险预警、控制和解决措施，进行 IT 风险闭环管理。

（2）运营层（主价值流）。

- 从需求到交付流程：IT 需求到实现流程包括需求提出（流程、系统、数据、基础设施等）、需求分析、需求分配、设计方案、交付、需求验证和需求关闭等全过程。同时，通过 IT 需求库有效管理 IT 需求。在企业内部，有效管理 IT 需求并非易事。企业内常见的问题是：IT 开发人员开发了大量的功能与报表，但使用率却很低，导致宝贵的 IT 开发资源浪费严重。这种情况大多因为企业缺乏有效的 IT 需求管理。业务部门确实有需求，需要 IT 通过开发相应的功能与报表来解决，但他们又不知道如何表达，或者误以为在某个系统中增加一个功能或报表就能解决问题，而实际上并未真正把问题说清楚。
- 问题处理流程（ITR，主要是服务台+运维部门）：本流程的主要目的是处理各部门用户提出的 IT 服务问题，涵盖 IT 服务平台、IT 服务流程、问题接收和处理流程，以及客户的服务请求（包括咨询、投诉、故障申报、需求提出等），主要负责从问题提出、分析、一线处理、二线处理到问题解决及验证的全过程。
- 项目从立项到验收流程：主要目的是解决项目从立项、概念、设计、开发、测试到验收发布的全过程管理，该流程可扩展至项目群管理，适用于项目建设阶段。
- 变更管理流程：包括变更的提出、变更请求（RFC）审批、变更执行、变更评估和验收等环节。变更管理是 ITIL 框架中较为重要的流程，需根据变更的级别和紧急程度，采用不同的处理方式和授权方式。

（3）支撑层（能力层）。

- IT 资源和资产管理（CMDB）：从资产规划、投资预算、资产采购（或开发）、资产交付到资产运维的全过程管理。
- 应用管理：管理应用软件和系统的规划（应用架构）、应用开发、敏捷项目及应用运维（APM）的全生命周期。

- 数据管理：管理数据资产规划（数据架构）、数据集成和开发、数据体系、数据治理及数据服务的全生命周期。
- 流程管理：管理流程资产规划（流程架构）、流程设计、流程定稿、流程部署实施、流程验证、流程发布、流程运营和审计的全过程。
- 基础设施管理：管理基础设施规划、技术架构、基础设施及服务的全生命周期。
- 服务目录管理：管理服务目录，提供服务查询和服务导航等功能。
- 监控管理：监控信息设施的运行情况，负责数据采集、监控预警、识别事态和问题，并衔接问题处理流程。
- 部署管理：管理新系统、数据、设施和流程的部署。
- 供应商管理：供应商的引入、采购、交付及服务的管理和评价。
- 安全管理：端到端管理 IT 安全指标，识别和控制安全风险，并设置安全应急措施。
- 性能管理：性能度量和现状分析、性能需求和目标设定、解决方案制定、扩容方案执行及交付运维等。
- 可用性管理：监控信息化设施的可用性指标，设定改进目标，设计并交付解决方案，进行运营管理。

变革与 IT 管理流程架构如图 16-2 所示。

变革与IT管理流程架构

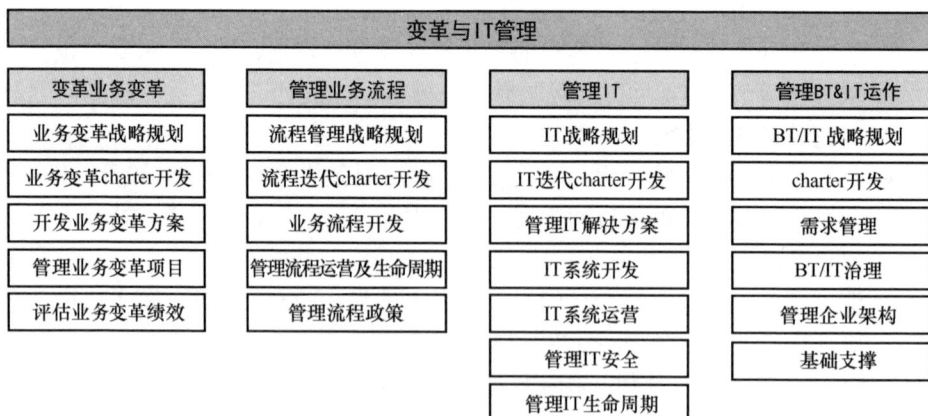

变革与IT管理			
变革业务变革	**管理业务流程**	**管理IT**	**管理BT&IT运作**
业务变革战略规划	流程管理战略规划	IT战略规划	BT/IT 战略规划
业务变革charter开发	流程迭代charter开发	IT迭代charter开发	charter开发
开发业务变革方案	业务流程开发	管理IT解决方案	需求管理
管理业务变革项目	管理流程运营及生命周期	IT系统开发	BT/IT治理
评估业务变革绩效	管理流程政策	IT系统运营	管理企业架构
		管理IT安全	基础支撑
		管理IT生命周期	

图 16-2　变革与 IT 管理流程架构

流程与 IT 管理的组织

企业的效率持续提升部门主要负责提供数字化服务，其主要客户为公司内部各部门及管理层。因此，该部门应定位为职能部门或支撑部门。鉴于数字化部门的服务性质，参考华为、海尔、美的等企业的 IT 部门设置，我们提出了上述数字化部门的通用架构，如图 16-3 所示。各组织单元说明如下。

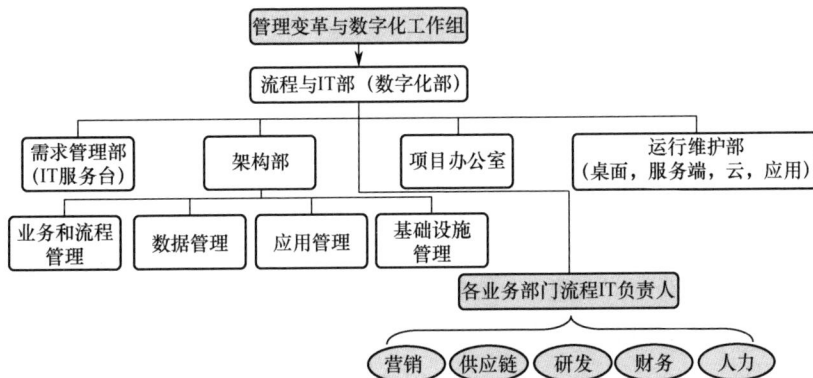

图 16-3　数字化部门的通用架构

（1）管理变革与数字化工作组。

由董事长、CEO、数字化部门、各部门负责人及各流程负责人组成，是企业管理变革和数字化转型的主要领导机构，其职责包括制定和颁布数字化及管理变革战略、路径和预算、进行重大项目决策，并依据总体战略督导、考核和监控各项目组的工作。

（2）流程与数字化部门。

负责具体的流程和数字化规划建设落地工作，满足组织要求。主要包括需求管理组、架构组（业务、数据、应用、基础设施）、运行维护部和项目办公室，主要职责是统筹推进变革和数字化项目、整合各领域业务、流程、技术架构，设计、实现和运营数字化平台。对流程与数字化服务水平、业务支撑水平和内部客户满意度负责，具体团队包括：

- **IT 服务平台**：为内部客户提供全面的数字化服务，包括信息系统升级、故障处理、资源提供、问题咨询等，负责提高客户满意度和 IT 服务水平。
- **需求管理组**：负责数字化需求管理，涵盖需求（如流程、IT 系统、基础设施、IT 服务等）的接收、筛选、分析、优先级设定、分类和分配给 IT 部门内部各小组实现需求，并端到端管理需求从提出到交付和关闭的全过程，确保需求实现的有效性和合理性。

- **架构管理组**：负责企业架构管理和规划落地，包括架构规划、架构愿景、业务架构、信息架构等。
- **项目管理组**：负责信息化项目管理办公室（PMO）和项目群管理，涵盖数据项目、系统开发项目、基础设施项目、流程项目的协同推进。
- **运行维护组**：管理现有信息化设施（包括基础设施服务、系统服务、数据服务、存储服务）的运行维护，解决客户保障问题，确保资产的有效利用，保障设施的正常、高效、可靠运行。

业务部门流程和 IT 负责人（ITBP）

受数字化部门的专业领导，同时对本部门的流程 IT 应用和效果负责。在部门内部负责流程和 IT 工作，包括具体领域的流程和 IT 系统规划、设计、管理和运营。小组领导应为牵头业务部门流程 IT 负责人，向集团流程 IT 汇报需求、举措和任务进展，并获取集团流程 IT 的资源支持。

典型的 ITBP 的岗位职责如表 16-1 所示。

表 16-1 典型的 ITBP 的岗位职责

文件名称	IPD-ITBP 岗位职责、任职资格				
编制人		批准人		归口部门	流程与 IT 管理部	实施日期	

第一部分 岗位说明					
一、基本资料					
岗位名称	IPD-ITBP		所在部门		流程与 IT 管理部
直接上级	流程与 IT 需求管理部主管	职位		职级	直接下级 /

二、岗位职责

概述

根据 IPD 业务领域的战略规划与业务计划（SP&BP），建立业务全景图，负责业务需求挖掘、分析、组织评审、提出解决方案、跟进方案落地、应用推广、应用效果评估与持续优化或停用，支撑业务发展，促进管理规范，提高运营效率。

（二）工作职责

序号	工作职责	基本工作要求
1	管理业务全景图	（1）根据 IPD 领域的 3～5 年 IT 规划，输出业务全景图 （2）依据业务全景图进行需求挖掘和业务梳理 （3）收集 IPD 领域 IT 发展趋势信息

2	管理 IT 需求	（1）接收 IPD 领域 IT 需求，完成业务现状和问题调研
		（2）输出解决方案并组织评审
		（3）定期评估 IT 功能或报表应用效果
		（4）为 IT 运营工程师、业务部门人员提供培训和技术支持
3	IT 项目实施	（1）协助业务部门完成 IT 项目立项，参与 IT 应用系统选型
		（2）参与 IT 应用系统项目实施

（三）监督及岗位关系

1. 所受监督及所施监督。

（1）所受监督：接受流程与 IT 管理部部长及相关业务部门的日常监督。

（2）实施监督：指导开发工程师按照需求文档开发，监督用户按照操作规范操作。

2. 与其他部门关系。

（1）内部联系：协同集团销售、生产、采购、计划、物流、研发、财务等各职能部门。

（2）外部联系：与外部软件供应商保持有效沟通。

三、职业通路

（一）本岗位职务胜任方向：胜任 ITBP 职能

（二）本岗位职位转换方向：暂无

四、岗位权限：按照公司职责权限规定及各业务流程中的相关规定执行

五、劳动条件及环境

按照公司安排的工作环境执行。

六、工作时间

按公司规定的作息时间执行。

第二部分　任职资格

1. 本科及以上学历，财务或计算机相关专业优先。

2. 熟悉软件开发流程和项目实施经验，具备相关 IT 项目实施经验者优先。

3. 熟悉对应业务领域的管理流程及相关知识。

4. 具有良好的沟通协调能力和项目实施能力。

5. 具备较强的学习能力和适应能力，能够不断学习和掌握新的技术和业务知识，适应 IT 行业的快速发展和变化。

6. 具备较强的目标责任感和团队合作能力。

7. 认同并执行公司文化价值观。

第三部分　考核内容及说明

绩效考核内容和方式

详见公司目标与绩效管理规定。

二、说明

1. 本岗位说明及任职资格需由员工本人签字确认，并归入员工个人档案。如有修改，需及时更新。

2. 除本岗位说明工作内容外，员工还需完成公司各项管理文件、流程及工作任务中规定的工作内容。员工已知悉的公司各项管理文件、流程、工作任务与本岗位说明具有同等法律效力。

效率持续提升的 IT 支撑

效率的持续提升离不开 IT 支撑，主要的数字化 IT 支撑系统如下。

（1）流程平台：BPM。

BPM 系统（业务流程管理系统）是一种能对企业业务流程进行建模、分析和优化的软件工具。通过对业务流程的全流程信息化管理，BPM 系统可提升企业运行效率并降低成本。其主要特点是以流程驱动为核心，实现端到端的全流程管理。

BPM 系统适用于重复性高、正在进行或可预测的任务和流程，它能帮助企业将战略目标转化为实际业务流程，并通过不断优化流程，提升企业效益。BPM 系统还可与其他业务系统（如 ERP、CRM 等）集成，实现数据和流程的统一管理。

通过使用 BPM 系统，企业能够更好地适应市场变化，提升竞争力，实现业务增长与市场份额的提升。同时，BPM 系统也有利于企业进行内部管理，提升员工的工作效率和满意度，从而提高企业的整体运营效率。具体而言：

- BPM 系统能帮助企业对业务流程进行建模和优化，实现端到端的全流程管理。
- 通过自动化流程，BPM 系统可显著提高生产效率和质量，同时降低运营成本。
- 系统提供流程监控、统计分析和优化功能，助力企业持续提升运作效率。
- BPM 系统支持跨部门、跨合作伙伴和客户的协同工作，有效提升沟通和协作效率。
- BPM 系统可与其他业务系统集成，实现数据和流程的统一管理。
- 借助移动端应用程序，员工可随时随地参与业务流程。
- BPM 系统提供报表分析功能，帮助企业深入了解业务运行状况，为决策提供支持。

常用的 BPM 系统包括杰诚 ePros、泛微平台、蓝凌、炎黄盈动等。

（2）基础设施运维平台。

在当今信息技术发展的浪潮中，云管理平台系统扮演着重要角色。随着云计算的兴起，其应用范围越来越广泛，不仅能有效提升企业管理效率和灵活性，还能为用户提供高效、可靠的服务。

云管理平台系统是基于云计算模式的信息化管理工具，用于对云计算环境中的资源、应用和服务进行统一管理和监控。它是一个集中管理和控制云计算资源的平台，帮助用户实现对云计算资源的有效利用和监控。云管理平台的主要特点包括：

- 高度集中化：集中管理和控制云计算资源，充分利用云计算优势，提升资源的利用率和效率。

- 灵活性：可根据不同需求进行定制和扩展，适应各类企业管理需求。
- 可视化管理：提供直观、易用的管理界面，使用户能清晰地了解和管理云计算环境中的资源、应用和服务。
- 安全性：采用多层次安全机制，保护用户的数据安全和隐私。

云管理平台应具备的功能如下：

- 资源管理：云管理平台应实现对云计算环境中各类资源的集中管理，包括虚拟机、容器（如 Docker）、存储、网络、安全等资源的分配、监控和调度。
- 用户管理：云管理平台应具备用户身份认证和授权管理功能，确保用户仅能访问其被授权的资源和服务。
- 配置管理：云管理平台应支持对云计算环境中的各项配置进行管理，包括网络配置、安全策略等。
- 性能监控：云管理平台应能监控云计算环境中资源的使用情况和性能指标，及时发现并解决性能问题。
- 故障管理：云管理平台应能监控云计算环境中的故障情况，提供故障诊断和恢复功能，确保云计算环境的稳定运行。

（3）数据治理平台。

数据是企业架构中的核心元素，数据治理是管理企业数据资产全过程中的决策、监督和执行控制的活动，旨在引导和影响组织内所有其他数据管理活动。其核心目标是确保数据按照既定的管理制度和行业最佳实践得到妥善管理。无论企业是否设有正式的数据治理职位，那些确立了正式数据治理流程并有意识地执行数据控制的组织，更能有效提升数据资产的价值。数据治理的关键在于规范组织内的数据使用行为，而不仅仅是依赖技术手段。尽管如此，工具在数据治理过程中的辅助作用不可或缺，同时还要对治理活动及其管理的数据进行有效监督。工具的运用不仅可以提高任务执行效率，还能支持相关性能指标的跟踪。数据治理平台提供了一系列工具和流程，支持组织定义数据管理策略、确保数据质量、保护数据安全并符合法规要求。

数据治理平台架构如图 16-4 所示，其核心功能通常包括：

- **数据质量管理**：确保数据的准确性、完整性和一致性。
- **数据安全与合规性**：保护数据免受未授权访问，同时确保数据使用符合相关法律法规。
- **数据标准和分类**：定义和实施数据标准，对数据进行分类，以支持有效的数据使用和分析。
- **数据生命周期管理**：管理数据从创建到退役的整个生命周期。

- **元数据管理**：收集和管理关于数据的描述信息，以支持更好的数据理解和使用。

这些功能共同构成了数据治理平台的基础，使组织能建立一个全面的数据治理框架，从而提高数据的业务价值，降低风险，并支持合规性。不同的数据治理平台可能会提供不同的功能集，企业在选择时应根据自身需求进行评估。

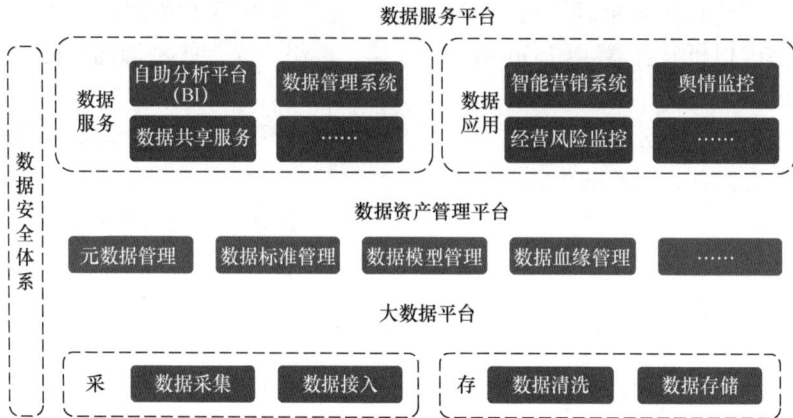

图16-4　数据治理平台架构

（4）云化应用底座。

云化应用底座架构如图16-5所示，其核心功能包括：

- **基础资源管理**：为实现多租户模式下应用的全自动化部署，业务管理平台需实现应用运行资源、数据库资源和其他资源的自动化运维管理。
- **运行资源管理**：涵盖运行中资源的分配方式，包括独占模式、共享模式、混合模式等，部署方式包括集群部署、自动伸缩、负载均衡、弹性存储等。
- **数据库资源管理**：支持添加多种类型和规格的数据库服务器，构成数据库资源池，可管理数据库集群、数据库安全、数据库配置等。支持的数据库的类型包括主流关系型数据库（如 PgSQL、MySQL、Oracle、SQL Server）及国产数据库（如人大金仓、达梦、神通）。
- **计算集群管理**：主要用于管理业务管理平台的分布式集群，包括集群的创建、部署、配置、监控和维护等功能。
- **自动化运维**：通过自动化技术对业务管理平台系统进行运维管理和维护，减少人工干预，提高运维效率和质量。可采用脚本自动化、自动化测试、自动化部署等技术和工具，及时发现并解决问题，确保系统高效运行。
- **应用基础服务**：在微服务架构下，为应用提供一组常用的公共业务服务，包括组织权限、工作流、报表、数据可视化、定时服务、消息服务、集成服务等。通过这些中台服务，让业务人员关注于自身业务功能的实现，支持快速搭建完整的应用架构。

- **应用市场**：为各种技术架构的云原生应用建立统一的资源发布规范，并提供简单易用的管理工具，实现应用发布、审核、部署、更新、升级、版本的全生命周期统一管理。

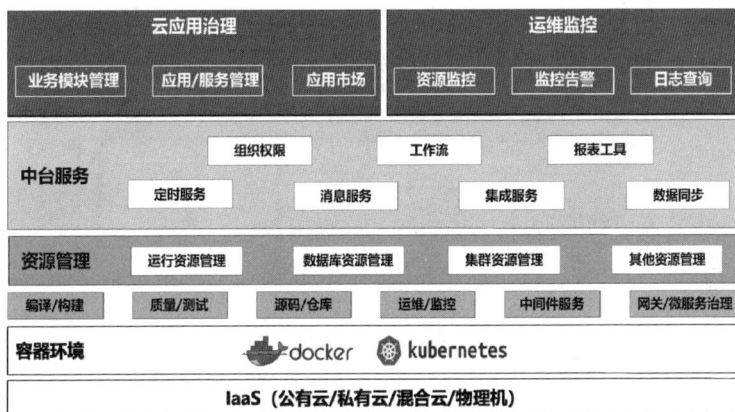

图 16-5　云化应用底座架构

（5）安全管理平台。

安全运营中心（SOC），也称信息安全运营中心（Information Security Operations Center，ISOC），是一个集人员、流程和技术于一体的中心，负责全天候监测端点、服务器、数据库、网络应用程序、网站和其他系统的所有活动，以实时发现潜在威胁。SOC 能对网络安全事件进行预防、分析和响应，从而提升企业的网络安全态势。此外，SOC 还可通过收集最新的威胁情报，跟踪基础设施和攻击团伙的情况，提前部署安全措施，在攻击者利用漏洞之前识别和修复系统或流程中的漏洞。安全管理平台界面如图 16-6 所示。

数字化成果

（1）支撑公司从 2 亿元到 50 多亿元的快速发展。

第一阶段：业务从手工到电子化，从手工审批到线上审批。这一阶段主要是将手工流程搬到线上，解决业务线上化的问题。然而，手工搬到线上并非简单的复制，而是要进行一定的流程梳理。例如，过去手工签字通常由文员拿着文件找主管签字，现在则通过 OA 系统完成。但有时会出现变形，如先手工签字再扫描上传，这反而增加了扫描和上传签字图片的步骤，容易引发抵触情绪。因此，我们应设计电子签名（内部）或电子签章（外部，具备法律效用）。

图 16-6　安全管理平台界面

第二阶段：业务的在线化到业务的数据化。通过数据审核业务结果，并实现及时预测。这一阶段的核心是找出业务的关键过程与结果指标，以便及时发现或洞察业务存在的问题，并采取相应的补救措施或调整策略。例如，分析销售目标达成情况时，通过及时了解销售漏斗各环节的数据（如陌拜[1]、线索、售前方案、评标等阶段的数据），可以找出销售目标未达成的原因。如果陌拜数据明显减少，或者线索变少了，就需要增加陌拜数量；如果陌拜数据充足但相应线索并没有变多，则需要检查陌拜质量是否达标。

第三阶段：从业务的数据化到业务的数字化。这一阶段的目标是将业务本身进行数字化。例如，记录陌拜的时长、话术应用数据、路线设计合理性，以及陌拜对象的性格特征（如鹰型为 1，老虎型为 2，兔子型为 3）。通过设定业务变化的临界值与范围，找出内在逻辑与规律，并通过建模实现数字化管理。

（2）支持公司从行业二十几名到行业龙头的转变

第一阶段：跟随。 在公司还在行业不知名的时候，主要策略是盯着行业龙头，实施多品牌、多事业部战略。此时，流程与 IT 面临的挑战主要在于支持多组织、多公司、多事业部的运营。随着公司快速发展，先是成立多个品牌，但一个公司运营多个品牌对财务核算及业务核算提出了挑战。

由于多品牌的存在，同一地区的销售人员难免对客户进行内部争抢。例如，A 品牌进入市场后，B 品牌的业务员也跟进，并以低价竞争，声称产品性能与 A 品牌相近但价格低 10%，利润高 10%，经销商自然更倾向于与 B 品牌合作，结果是 A 品牌销量下降，B 品牌销量上升而利润下滑，成本却因公关和销售费用上升。

---

1 指客户的第一次拜访。

因此，IT 系统需要对客户进行保护，但如何进行保护呢？客户的唯一识别码是营业执行号，通过营业执行号来对客户进行保护。

第二阶段：竞争。当公司进入行业前十，尤其是前五时，同行就开始对公司进行防范了。此时，公司的配方、设计文件、客户及交易资料成为竞争对手想要获取的目标，甚至销售人员也成为对方挖角的对象。如何保护关键信息、客户资料，防止因销售人员的离职导致客户流失，成为重要问题。

销售人员都是直接跟客户联系的，如何让客户直接与公司联系？因此，CRM 系统的需求应运而生。CRM 需要记录销售人员的拜访进度与结果，留存到系统中。

第三阶段：领先。当公司成为行业龙头时，行业内已找不到标杆了，此时需进行跨行业学习。如何跨行业学习？需重塑战略体系、产品开发体系、供应链体系和营销体系。

因此，这个时候的公司需引入战略管理咨询，建立 IPD 体系、ISC 体系和营销体系。

（3）支撑公司变革管理平台的落地。

第一阶段：变革 1.0。这一时期，DSTE、IPD、ISC、LTC 等都是公司首次引入的变革管理工具，此时，公司管理层从之前的跟随、竞争逐步转向领先，但管理层并未真正完成角色转换。一方面，他们对现有的管理模式较为保守；另一方面，对新的变革和咨询顾问寄予了不切实际的期望，因此，往往过于依赖咨询顾问的建议，大刀阔斧地推进流程和组织变革，改造 IT 系统，甚至希望实现全面革新。然而，咨询顾问也有其局限性，当公司缺乏相应的变革能力时，这种盲从会导致问题。管理层往往好大喜功，认为只要引进咨询顾问就能解决问题，却忽视了自身变革能力的培养。结果，一两年后，尽管投入了大量资金，变革却未能成功，或仅取得半成功的效果，流程与组织架构背离且纠结，新引进的 IT 系统也与公司实际需求不匹配。

第二阶段：变革 2.0。经历了第一阶段的变革阵痛后，企业意识到变革不能完全依赖咨询机构和顾问。如何选择合适的咨询机构和顾问，以及企业自身如何培养变革能力，成为亟须解决的问题。此时，企业开始着重培养自己的变革管理干部，建立变革管理体系，对 IT 系统的期望也更加务实，组织调整则处于小步快跑的阶段。这一时期，企业更加重视企业文化的建设，认为变革的前提是统一公司的愿景、价值观和行为准则。同时，企业建立了对咨询公司的选择标准，注重企业文化的塑造、变革的节奏把控、人才培养以及多维度管理机制的建立。

（4）IT 治理体系的建立与运营。

第一阶段：IT 从 0 到 1。这一阶段对应企业的初创期，或在行业中尚不知名。此时，公司几乎没有 IT 建设经验，通常只有一套 ERP 系统和 OA 系统，最多再配备一个即时通讯工具。管理层对 IT 的认识还停留在硬件层面，因此，这一时期公司一般只有 3 名及以下的 IT 人员，甚至没有专职 IT 人员。IT 建设以 ERP 为核心。

第二阶段：IT 从 1 到 10。这一阶段对应企业的快速发展期，或进入行业前十、前五。经过第一阶段的积累，此时企业通常会迎来 IT 建设的小高峰，包括 ERP 系统的更换与升级，ERP 与其他系统的集成，以及 CRM、WMS、MES、BPM 等系统的建设。IT 人员数量急剧增加，分工也更加明确。随着 IT 系统的建设，企业开始意识到 IT 项目管理的重要性，以及 IT 项目失败带来的风险，因此，产生了对流程管理的需求。这一时期的 IT 建设以 ERP 为核心，实现各 IT 系统之间的互联互通，对业务的支撑度达到 50% 以上，主要业务的支撑度达到 100%，RPA（机器人流程自动化）得到广泛应用。

第三阶段：IT 从 10 到 100。这一阶段对应企业成为行业领先者，或进入成熟期，或开启二次发展期。此时，IT 系统对业务的支撑度达到 80% 以上，主要业务流程实现全面数字化和自动化。

（5）流程治理体系的建立与运营。

第一阶段：无序。这一时期，公司尚未建立流程管理体系，也缺乏流程设计与流程管理的理念。OA 系统的配置主要基于简单的流程需求，缺乏系统性和规范性。

第二阶段：流程管理理念的导入（从 0 到 1）。这一阶段，公司开始引入流程管理理念，邀请外部专家进行培训和指导。管理层对流程有了基本概念，并初步成立了流程管理的虚拟组织，将流程管理作为一个项目推进。公司开始建立流程管理的基本方法，参照行业标杆建立一级流程架构清单，并制订了一些流程管理标准。然而，这些标准多为程序文件，尚未完全转化为真正的流程文件。

第三阶段：流程管理体系初步建成（从 1 到 10）。这一阶段，公司建立了 L5/L6 级别的流程管理体系，并设立了 QA（质量保证）或 PC（流程控制）组织。一级流程架构更加贴合企业实际业务，流程内容也更加充实，具备了一定的"干货"。

第四阶段：流程绩效与组织绩效的打通（从 10 到 100）。这一阶段，流程绩效与组织绩效基本实现打通，流程管理体系与 IT 系统深度融合。

（6）流程与 IT 的数字化转型成果：解锁企业效能的新篇章。

在当今这个信息化高速发展的时代，流程与信息技术（IT）的深度融合与数字化转型，已成为推动各行各业革新升级、实现高效运营的关键驱动力。这一转型过程触及了企业的每一个角落，从日常办公自动化到核心业务流程的重塑，再到客户体验的全面优化，其深远影响与显著成果不容小觑。

在流程层面，数字化手段的应用极大地简化了传统烦琐的手工操作，实现了工作流程的自动化与智能化。从前端的数据采集、处理，到后端的分析决策，每一个环节都被赋予了新的活力。通过引入先进的 ERP、CRM 系统及各类定制化的业务应用，企业能实时监控运营状态，快速响应市场变化，确保决策的精准性和时效性，从而大幅提升工作效率和生产力。

在 IT 领域，云计算、大数据、人工智能等前沿技术的融入，为数字化转型提供了坚实的技术支撑。云服务的广泛应用使资源调配更加灵活高效，大数据分析帮助企业挖掘出数据背后的价值，洞察消费者行为，预测市场趋势；而 AI 技术则在智能客服、自动化运维、风险防控等多个方面展现了其强大的潜力，进一步推动了服务个性化与管理精细化的发展。

此外，数字化转型还促进了跨部门、跨组织乃至全球范围内的协同合作，打破了信息孤岛，实现了知识与资源的共享。这不仅提高了团队之间的沟通效率，还为企业创新带来了无限可能，加速了新产品、新服务的研发周期，增强了企业的市场竞争力。

综上所述，流程与 IT 的数字化转型成果是全方位、多层次的，它不仅体现在效率的提升和成本的降低上，更重要的是，它为企业的可持续发展铺设了坚实的数字基石，开启了智慧运营的新纪元。随着技术的不断进步和应用场景的持续拓展，未来这一转型之旅还将带来更多令人瞩目的成就。

第 17 章

业财一体化数字化实践

业财一体化概述

业财一体化是指将业务管理和财务管控紧密结合，整合到一个平台或实现数据互联互通，形成无缝的信息流，这种模式确保业务数据能够实时、准确地反映到财务系统中，同时让财务信息能够指导业务决策。通过这种集成，企业不仅能提高数据的一致性和准确性，还能显著提升运营效率和决策质量。业财一体化逻辑如图 17-1 所示。

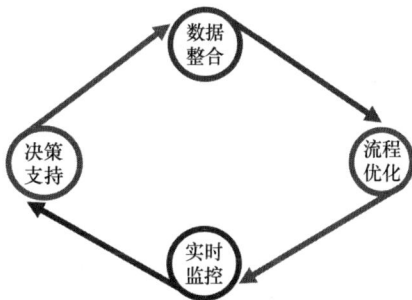

图 17-1　业财一体化逻辑

数据整合：通过数据整合技术，将业务数据和财务数据统一整合到一个系统中，实现数据共享和互通。

流程优化：通过优化业务流程，实现业务和财务的协同工作，提高工作效率和准确性。

实时监控：通过实时监控技术，实时监控业务和财务数据，及时发现问题并解决，提高风险控制能力。

决策支持：通过业财一体化平台，为管理层提供全面的财务数据和业务信息，支持管理层做出更准确的决策。

总之，业财一体化能够实现业务和财务的深度融合。通过数据整合、流程优化和实时监控，业财一体化可提高企业的决策效率和战略执行力，降低成本，提高风险控制能力，改善企业绩效管理，为企业的长期发展提供有力支撑。

业财一体化的数字化发展趋势

业财一体化数字化发展趋势是指企业运营管理和财务管理的深度融合，通过现代信息技术实现业务流程和财务数据的无缝集成。这种趋势旨在提升企业运营效率，增强决策支持能力，并确保数据的一致性和准确性。随着数字化技术的发展，业财一体化呈现出以下几大发展趋势。

- 战略规划与架构设计：采用企业架构方法论，重新定义商业模式、运营方式和组织架构。利用场景驱动的方法描绘企业未来业务发展，并规划数据治理策略。
- 智能化的数据处理和分析：借助人工智能和机器学习技术，业财一体化系统能更加智能化地处理和分析数据，为管理层提供更加精准的决策支持。
- 数据集成与共享：建立主数据管理平台和数据中心，统一数据标准和格式，确保财务数据与业务数据的兼容性，实现跨系统数据的交换和集成，消除信息孤岛。
- 移动应用与多渠道支持：开发移动应用，如移动销售、移动审批等，支持业务人员随时随地进行操作，提高响应速度。同时，集成社交媒体和电商平台，实现线上线下业务的无缝衔接。
- 数据安全与合规：针对移动化带来的安全挑战，强化数据加密和权限管理，确保客户数据的安全。
- 跨界合作与协同创新：随着企业竞争的加剧，跨界合作与协同创新成为业财一体化发展的重要趋势。企业要与其他业务部门、供应商、合作伙伴等建立更加紧密的合作关系，实现资源的优化配置和业务的协同发展。

随着数字化技术的发展，业财一体化将更加注重智能化、效率提升工具的应用、数据驱动的决策支持及跨界合作与协同创新，以实现更高效的管理和决策支持。通过实现业务与财务信息的实时同步，业财一体化能够提升决策质量，降低成本，提高组织敏捷性，为企业创造更大的价值，形成良性循环，如图 17-2 所示。

业财一体化项目涉及的利益格局冲突与变革惯性

（1）利益格局冲突。

在业财一体化项目的实施过程中，通常会涉及业务流程重构、权责利重新分配等关键事项，这些变化往往会牵涉到企业内部不同区域、部门、层级的利益格局变化，进而形成利益冲突及变革惯性，影响项目的推进。以下是一些常见的利益冲突问题。

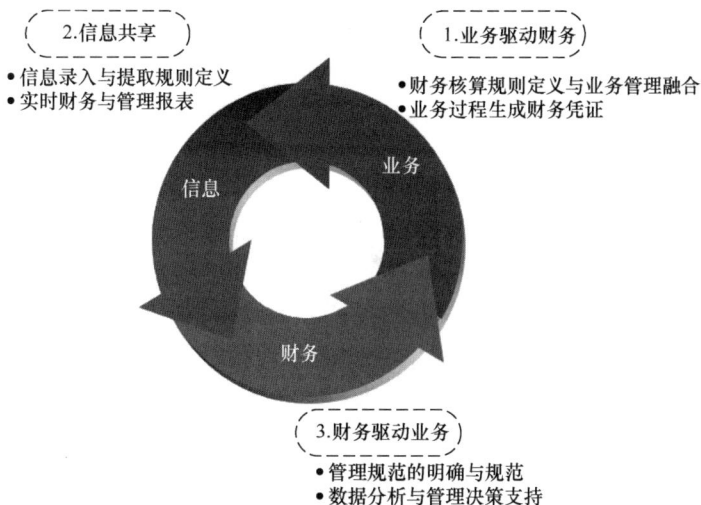

图 17-2　业财一体化的良性循环

- 部门利益冲突：在实施业财一体化过程中，不同部门可能有不同的业绩目标或利益诉求。例如，财务部门可能希望加强对业务活动的控制和透明度，同时又担忧在数据整合过程中发现历史问题会影响部门形象。而业务部门可能担心一体化会增加流程复杂性，影响日常运营效率，同时担心财务的介入会削弱他们的自主权。
- 地域利益冲突：对于跨国或跨地区运营的企业，不同地域的文化背景和管理风格不同，可能会有不同的业务模式和财务管理方式，整合可能会触犯到当地团队的相关风格或利益。
- 个人利益冲突：业财一体化可能需要重新定义工作流程和职责，这会涉及重新分配权、责、利等，这不仅影响到地域、部门、上下游，还可能会影响到某些个人的工作内容和职业发展，从而产生阻力。
- 上下游利益冲突：一体化系统可能会改变企业与供应商和客户之间的业务交易方式与财务结算模式，影响到他们的利益。

上述业财一体化利益冲突如图 17-3 所示。

（2）变革惯性。

业财一体化变革是一个涉及企业运营模式、管理理念和业务流程的重大变革，因此，可能会面临一定的惯性阻力。这种变革惯性主要来自以下几个方面。

- 组织结构调整：业财一体化变革需要调整企业的组织结构，改变传统的职能型或层级型组织结构，转变为更灵活、更扁平化的组织结构。
- 业务流程优化：业财一体化需优化业务流程，改变传统的工作方式和流程，可能会对一些员工的操作习惯和工作效率产生影响。在变革过程中，需要加强培训和指导，帮助员工适应新的业务流程。

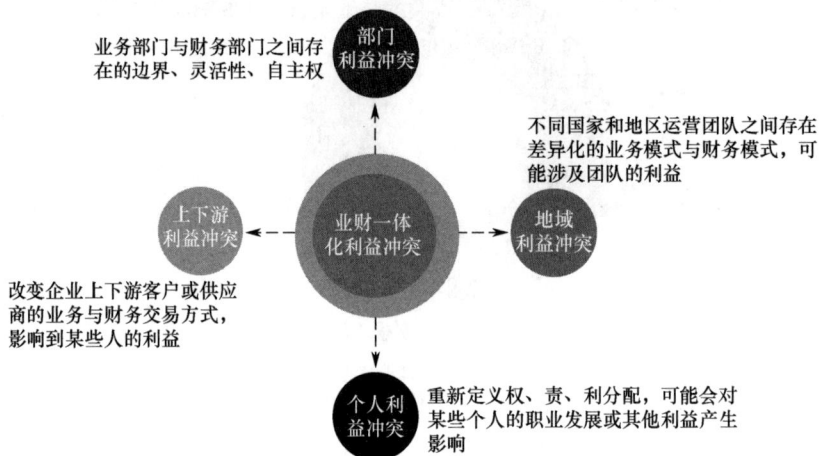

图 17-3　业财一体化利益冲突

- 文化惯性：企业的文化氛围可能会影响变革的接受度，如果企业文化不鼓励创新和变革，那么业财一体化的推进将会遇到阻力。
- 技术惯性：企业可能已经投资了大量的技术基础设施，更换或升级这些系统可能会涉及巨大的成本和技术风险。
- 风险控制：业财一体化变革可能会带来新的风险和挑战，如数据安全、合规性等。企业需加强风险管理和内部控制，确保变革过程中的风险得到有效控制。

因此，在推进业财一体化变革的过程中，企业需充分考虑变革惯性带来的影响，并据此制定相应的应对措施，如加强培训、沟通、指导等，以确保变革的顺利进行。同时，企业还构建相应的激励机制，鼓励员工积极参与和支持业财一体化变革。

业财一体化的背景

上海 AA 集团是一家多元化企业，业务涵盖半导体、物流装备、能源、旅游和投资等多个领域。集团在全国拥有 7 个生产研发基地和数十家销售与服务公司。在上海这座快速发展的城市中，AA 集团以其敏锐的洞察力和稳健的策略，不断在各个领域发掘新的增长点。

半导体业务是 AA 集团的重要支柱，凭借其技术密集和创新快速的特点，半导体业务始终处于科技前沿，带动集团发展。在物流装备领域，AA 集团是国内一流的专业物流及工业装备集团，致力于物流技术创新，为市场提供一流的物流产品与咨询服务，目前已成为国内外著名的物流品牌。在能源领域，集团主要生产、组装和加工电动叉车蓄电池和充电机，并销售自产产品且提供相关服务。集团的旅游业务专注于为集团内部员工及其亲属提供定制化的旅游体验，通过精心策划的旅行项目，增强员工的归属感和家庭凝聚力。同时，该业务还对外提供专业的签证服务，帮助国内外客户顺利办理旅行手续，进一步拓宽了客户群体。投资业务是 AA 集团战略扩张的重要催化剂，通过资本运作，集团深入挖掘行业潜力，创造更多价值。

在这样的多元化环境中，业财一体化的概念显得尤为重要。业财一体化，简单来说，就是业务系统与财务系统之间的深度融合与集成。在企业运营中，业务活动（如销售、采购、生产等）会产生大量的数据，这些数据是财务核算、决策支持和管理控制的重要依据。业财一体化的目标是通过无缝的数据流动，实时将业务活动转化为财务信息，实现业务处理与财务记录的同步，提升财务信息的准确性和及时性，进而支持企业更好地进行战略决策和运营管理。它不仅是简单的部门合作，更是一种战略层面的深度融合，旨在通过优化资源配置，提升效率，增强竞争力，实现整体价值的最大化。在 AA 集团，业财一体化不仅是提升内部协同的手段，更是公司战略转型、应对市场变化的关键。

业财一体化面临的主要挑战与问题

业财一体化作为企业管理的重要趋势和企业信息化进程中的一项重要目标，虽然在提升效率、支持决策等方面具有显著优势，但在实施过程中也面临着一系列问题和挑战，具体如图 17-4 所示。

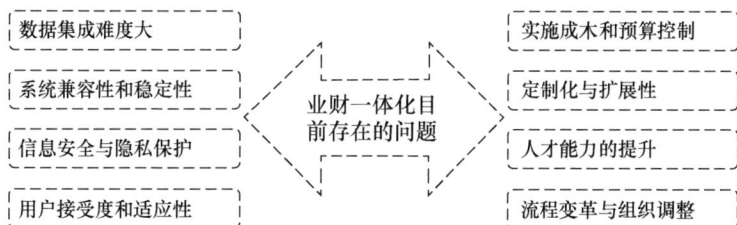

图 17-4　业财一体化目前存在的问题

（1）数据集成难度大。

在业财一体化过程中，涉及合并或并购的企业需整合多个系统的数据，但这些数据往往格式不统一。就如同拼接多个拼图,每个拼图都代表一个系统的数据。问题是,拼图的形状、颜色和大小各异,难以直接拼接。数据格式不统一,就像有的拼图边缘有齿,有的则是平滑的,需要时间和技巧进行适配和转换,这就是数据整合。数据整合后才能进行集成,而整合过程中就会遇到以下问题和风险。

首先,面临技术挑战,需找到合适的工具(如 ETL)和方法,将各种格式的数据转化为统一标准,同时确保数据的完整性。其次,数据的质量控制是关键,不一致的数据(例如重复、缺失或错误信息)可能误导决策,增加整合后的风险。再次,时间成本是另一大考量,整合过程可能影响业务运营,从而容易引发业务部门的抱怨或不配合,影响整合进度,甚至导致相关数据集成无法完成。最后,合并前各企业数据基础水平不一致,人员认识差异大,导致数据整合难度和风险显著增加。

总的来说,数据整合是企业合并或并购中的复杂工程,涉及技术、时间、成本和合规等多个维度,妥善处理这些问题,才能确保集成的顺利进行,为企业的长远发展打下坚实基础。然而,由于上述原因,数据集成的难度较大,失败的风险较高。因此,业财一体化团队需要对业务与技术进行深度融合,在思想、技术和方案上做好充分准备。

(2)系统兼容性和稳定性。

在企业实施业财一体化之前,通常已引入多个信息系统来支撑不同的业务模块,如 ERP、WMS、SRM、MES、HR 等。这些系统可能由不同的供应商开发,采用不同的技术架构,导致系统间出现兼容性问题。各系统中的数据标准不统一,无法进行直接集成对接。若处理不当,可能造成数据错误,误导决策。

此外,兼容性问题还可能引发系统稳定性风险。当不同系统间的接口设计不一致或通信协议不匹配时,可能会导致数据交换错误,引发系统崩溃或运行缓慢,甚至造成经济损失。这种情况对企业的核心竞争力和客户满意度构成极大的风险。

这就要求相关责任人在充分了解现状的基础上,制定技术、管理与规划方面的应对方案及措施,以降低或规避此类问题与风险。

(3)信息安全与隐私保护。

业财一体化系统中,财务与业务的交融使数据孤岛逐渐消失,数据的流动性与集中度大幅提升。这种集成不仅提升了运营效率,通过实时分析,企业能做出更明智的决策。然而,这也带来了一定的安全挑战。数据的集中意味着潜在风险的集中,一旦防护不当,财务数据、客户信息、供应商信息、交易详情等敏感信息可能面临泄露风险。

特别是在云端应用或存储方面,虽然云服务提供了弹性和可扩展性,但对企业数据在传输、存储和处理过程中的安全性要求更高。同时,要有强大的身份验证和访问控制机制，防止未经授权的访问。此外，合规性也不容忽视，如数据脱敏、审计追踪、安全事件监测系统，以及定期的安全评估和员工培训。选择信誉良好的云服务提供商，了解其安全措施和灾难恢复计划，也是至关重要的一步，否则风险将不可控。

在享受业财一体化带来便捷的同时，信息安全与隐私保护方面的问题与风险也更加突出。若处理不当，相关风险可能成为企业的致命隐患。因此，提升专业人员的能力及相关技术设备的投入是必不可少的基础，从而降低或规避相关风险。

（4）用户接受度和适应性。

企业在引入新的业财一体化系统时，常常会面临用户接受度和适应性的问题，这些问题主要源于用户对新系统的陌生感、对旧习惯的依赖，以及可能存在的业务流程不清晰。此外，用户可能出于对原有优势的保护，不想失去既得优势，从而产生抵制情绪。同时，新的业财一体化系统还可能涉及岗位调整，引发用户对就业安全感的担忧，如果处理不当，用户不仅不会积极接受和适应新系统，还会产生强烈的抵触情绪，这不仅会阻碍业财一体化系统的有效推广，还可能降低工作效率，影响决策质量。因此，企业需要提前制定策略，由业财一体化负责人、高层及人力资源部门共同协作，做好人员的思想引导工作。同时，企业应尽量通过"换脑"而非"换人"的方式来推动变革，帮助员工适应新的系统和流程。对于确实无法胜任的员工，企业应提前做好调岗或辞退的安排，将问题解决在萌芽状态，降低变革过程中的风险。

（5）实施成本和预算控制。

业财一体化系统的构建与维护成本高昂，这类系统往往涉及定制开发或购买高端套装软件，初始投入巨大。因此，企业需要针对不同类型的企业来进行不同决策的处理。

对于中大型企业，由于资金相对充裕且人才资源较为丰富，企业可以选择进行自定制开发或购买高端套装软件，甚至可以采用多种方案的组合。然而，对于小型企业来说，资金和人才成本的限制使得这一决策尤为棘手。小型企业通常会选择市场上的 SaaS（软件即服务）产品，虽然 SaaS 模式缓解了一次性购买的压力，但按月或按使用量计费的模式，随着企业的发展，长期成本可能超出预期，给小型企业带来持续的财务压力。此外，集成不同系统、保证数据的准确与安全、聘请专业人员，以及定期的技术更新和维护，都是不可忽视的成本因素。这些挑战可能限制了小型企业利用先进技术提升运营效率的能力。因此，企业需根据自身的发展阶段、资金和人才资源，进行审慎评估和长期规划。

（6）定制化和个性扩展性。

在业财一体化过程中，定制化和个性扩展性是常见的需求，特别是在面临独特的业务流程或特定行业规则时。为了贴合内部运作，企业可能会对标准化系统进行深度定制。然而，这种做法也存在一些问题和风险。

首先，定制化和个性扩展性的初始投入往往较高。专业开发团队的工资、额外的代码编写、测试和集成成本都会显著增加项目预算。而且，定制化与扩展性工作通常比预设功能的实施更耗时，可能会延长项目上线的时间，从而影响业务的正常运行。

其次，定制化和个性扩展性在长期维护上存在挑战。随着业务的发展和技术进步，企业要对系统进行更新和升级。然而，高度定制或扩展性的系统可能与新版本的软件不兼容，或者需要大量额外工作才能适配。这不仅增加了运维成本，还可能因为频繁地修改而导致系统稳定性下降。

再者，定制化与个性扩展性通常意味着更少的标准化支持。很多供应商主要支持其产品的通用版本，对于定制化与个性扩展性部分的支持可能有限。这在遇到问题时，可能难以获得及时有效的解决方案。

最后，随着员工流动，内部对定制化与个性化扩展内容的理解和熟悉程度可能会发生变化，从而带来风险。新员工可能需要更多的时间和资源去适应和学习这些独特的功能，这在一定程度上降低了工作效率。

因此，企业在追求定制化和个性化扩展性以满足特殊需求的同时，必须权衡成本、维护复杂性和潜在的技术风险。企业可能要寻求合作伙伴的专业意见，或者考虑使用支持高度配置的灵活平台，以在定制化和标准化之间取得平衡，做出慎重的决策。

（7）人才能力的提升。

场景举例：在企业实施业财一体化的过程中，海量数据的生成为战略决策提供了丰富的信息资源。然而，如何将这些数据转化为切实可行的决策支持，却成为一个关键挑战。这涉及人才能力的提升和新鲜团队血液的注入。

在数字化转型的浪潮中，业财一体化整合了业务与财务数据，海量信息犹如一座金矿等待开采。然而，如何挖掘并转化这些数据，使其成为驱动决策的智慧，对企业的员工能力提出了更高的要求。员工不仅要具备数据分析的技能，理解业务逻辑，还要能将技术与管理融合，实现数据驱动的决策。这涉及数据解读、业务洞察、模型构建等多方面能力。

问题和风险也随之而来。

首先是人才短缺，具备跨领域知识的复合型人才市场紧俏，企业需要具备数据解读、分析和应用能力的复合型人才，他们能将业务知识与数据分析技能相结合，以数据驱动决策。缺乏此类人才可能导致数据价值无法充分挖掘。

其次是技能断层，老员工可能难以迅速适应新技术和分析方法，如果"换脑"

方案行不通或不能完全落地，且新技能人员无法及时到位，实际应用将达不到预期效果。

再次是人员识别数据干扰的能力不足。信息过载时，员工需具备从庞杂数据中筛选关键信息的能力，避免决策被无关信息干扰。

最后是老人员对数据安全与隐私问题认识不足，在处理敏感信息时缺乏严格遵循规定的意识，从而导致数据安全与隐私问题。

除了以上问题，企业还要应对组织文化的转变，企业需要鼓励数据驱动的文化，而不仅仅是技术层面的革新，形成人人具有数据驱动理念的氛围。除了团队的合适流动与补给外，更重要的是如何构建持续的教育与培训，构建学习型组织。同时，通过引入合适的技术工具，如人工智能和自动化，辅助人才进行高效的数据分析。

（8）流程变革与组织调整。

业财一体化是企业运营中的关键环节，涉及财务与业务流程的紧密融合。在这一过程中，流程变革与组织调整会遇到多重挑战与风险。

首先，流程变革要求将原有的财务与业务流程进行深度整合，确保信息在各个环节顺畅流动。这可能触及部门间的权责划分，需重新定义工作流程和角色，可能导致员工对新流程的适应性问题，甚至出现抵触情绪。

其次，组织调整中，可能需要设立或调整专门的岗位，如财务共享服务中心，以支持一体化的运营。这涉及人员配置、技能提升和文化融合。同时，高层领导的推动和跨部门的协作至关重要，否则可能导致执行力度不足，甚至出现"孤岛式"应用，影响整体效率。

对于流程变革与组织调整涉及的问题及风险，仅靠某个部门或几个人是无法解决的。因此，需要管理决策层的参与和支持，同时建立对员工的培训和激励机制，这些都是降低风险、确保流程变革和组织调整成功的关键因素。

为了应对这些挑战，企业需充分规划和准备，除了选择合适的系统和技术，进行员工培训及人才储备外，还需要做好变革管理及相关的风险应对策略。确保在实施业财一体化的过程中能够逐步解决问题。持续的沟通、反馈和调整机制，有助于应对变革中的不确定性，最终推动业财一体化的顺利实施，实现管理效率和决策质量的提升。

【案例】AA 集团企业内部存在部门间及业务模块间信息割裂、业务协作不畅、数据汇总分析难、高层决策受限等问题。财务系统、运营系统与销售系统各自独立，报表仅满足专业需求，数据口径、格式和标准不一，异常业务定义不统一。这些问题主要可归纳为表 17-1 所示的 3 大类 6 个细分问题。

表 17-1　问题分类分析

问题大类	细分类	主要问题点
集团管控能力不足	没有统一管理思想和模板	◎管理模板未形成（缺乏统一基础数据体系、核算体系、执行规范体系），影响企业快速复制能力。 ◎缺乏财务业务一体化平台支持，集团业务推进扩展难度大，工作量大。 ◎现有核心管理工具对集团管控支持弱，单组织系统难以支持多业务板块、多组织的统一管理模式
	没有统一集团数据体系，数据准确度差	◎缺乏统一的物料编码体系，物料增量不可控，管理和维护流程冗长，难以支持集团业务扩张。 ◎产品结构缺乏模块化思维，依赖人工经验，难以满足集团信息化平台对产品结构数据的要求。 ◎产品 BOM 结构多为一次性 BOM，复用率低，分解工作量大，错误和风险高，成本高，难以持续发展
周转慢及盈利能力弱	周转速度特别慢	◎订单需求转换周期长：首先，从接单到需求到分解完成平均需要 15 天。其次，由于没有产品的结构模型和价格库逻辑，订单接收后需传递多个部门完成系统结构创建和价格确认流程，处理周期长。 ◎产出计划和生产指令协同能力弱：首先，缺乏完备的基础数据支撑，很难对产出计划、生产指令进行指导。其次，缺乏工具支持，不能通过工具提供可参考的计划建议。最后，订单产出计划、半成品计划没有确切划分，较难保证按订单齐套交付。 ◎业务 PDCA 周期过长：首先，信息分散，需依靠大量人工进行汇总。其次，数据规范不一致，汇总分析难度大。最后，现有工具支持力度弱，处理周期长，不足以支撑公司考核管理。 ◎信息传递效率低：首先，业务流程中所需信息较多，信息系统覆盖不足，导致信息传递不及时或不准确。其次，产品数据结构较为复杂，处理难度大，过于依赖人工处理会影响效率
	企业整体盈利能力弱	◎产品成本越来越高，首先表现在生产资源浪费上，基础数据（如 BOM）不完整、不准确，材料领用管控薄弱，多领、错领现象频发。材料利用率的核算缺乏准确性和及时性，无法有效控制材料利用率。实际领料业务的执行未完全按照业务规范进行，绕过流程的业务进一步导致资源浪费和成本不准确。其次，成本分析能力不足，难以支持成本的持续优化，业务管理较为粗放，导致成本核算不够精细。产品结构复杂，缺乏数据和工具支持，使成本核算无法真实反映业务状况，难以挖掘改善点。

续表

问题大类	细分类	主要问题点
周转慢及盈利能力弱	企业整体盈利能力弱	◎费用管控不到位：首先，研发领料与生产领料混杂，后续拆分难度大，难以精确计算研发材料费用。同时，高新技术产品研发费用和成本管理难度大、工作量大，且缺乏工具支持。其次，企业尚未基于费用管控和精细化核算搭建成本中心架构，部门间费用未能有效分开，导致各部门间的费用无法区分和透明化。 ◎销售风险较高，由于产品数据等基础数据的完整性和准确性不足，难以实现较为准确的成本测算。销售报价规则依赖人工，未能转化为知识库，导致工作量较大，准确性不足，价格管控力度较低，进而使订单盈利空间难以控制。 ◎产品类型和业务类型的定位较弱，缺乏工具支持。成本核算的准确度和细度不足，无法有效支持利润分析。企业难以对成本和利润进行真实、详细的盈亏分析，也无法对产品类型和业务类型的优劣势及发展趋势进行有效的数据分析与定位支持
风险控制不足	业务执行合规性控制能力弱	业务执行随意性强，难以控制。首先，未形成一体化管理平台，前后端业务相互制约较弱，导致业务规范难以固化。其次，流程设计不合理或岗位职能缺失，流程控制点设置不合理，流程规范标准制订不完整，缺乏统一规划，各职能、各组织执行业务的方式存在差异。再次，已制定的流程规范缺乏固化手段，难以有效执行
	业务执行透明度差	◎业务过程信息难以实时获取。首先，手工记账较多，导致信息透明性不足。其次，业务信息系统覆盖不足，导致信息传递不及时或不准确。 ◎异常状况无法及时了解。首先，信息工具未全面应用，信息整理和汇总分析依赖人工，难度较大。其次，各业务环节信息缺乏清晰的线索连接，无法做到按单控制。再次，缺乏对业务异常实时监控的工具，难以快速识别和处理异常状况。最后，异常信息获取后的处理过程涉及多部门传递，成本较高
	账务信息准确性差	◎账实不相符，财务信息可追溯性差。首先，部分业务存在账实不符的情况，车间未对线边库进行管理。其次，财务业务未完全形成一体化，部分环节依靠人工转换，存在差异。 ◎对业务执行健康度的检查分析作用不足。首先，业务精细化不足，导致核算不够细，未能给管理会计分析提供坚实基础。其次，缺乏工具支持，未能结构化成本核算结构和分摊规则等核心规则，缺少按规则抽取的成本统计分析表。最后，成本结构和核算体系的基础缺乏工具支持

业财一体化的关键举措

业财一体化牵涉面广、纵深度深，但这也是导致其项目失败案例频发的原因之一。为了确保业财一体化的顺利推进，在规划初期，需从不同维度进行综合考虑与规划，这是一个复杂且艰难的过程。然而，总体而言，这一过程是有规律可循的。在业财一体化的前期，必须明确以下问题：企业推进业财一体化的目标是什么？为什么要推进业财一体化？如何实施？要回答这些问题，关键在于先厘清以下四个关键背景因素，如图 17-5 所示。

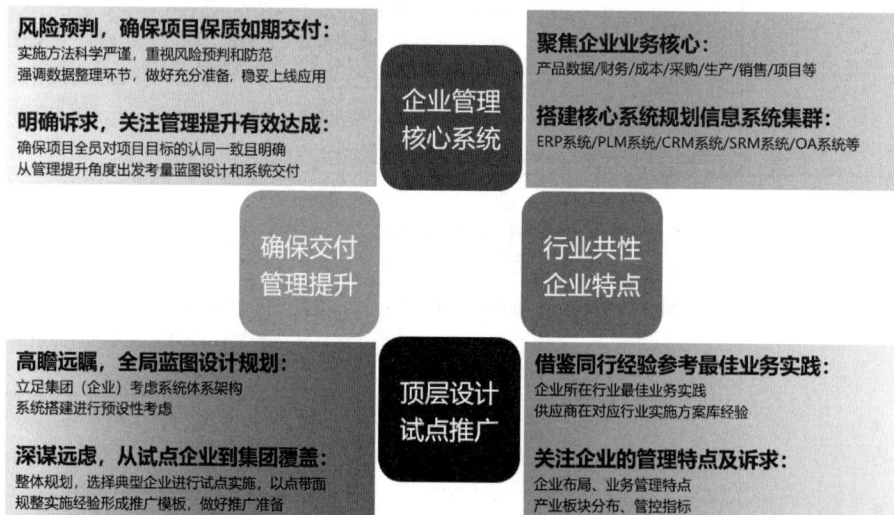

图 17-5　业财一体化关键背景因素

企业管理核心系统

企业管理聚焦于企业业务核心至关重要，涉及深入理解企业的核心竞争力。企业的核心业务主要包括以下方面。

- 研发产品数据：其重要性在于为决策、优化设计、追踪进展、质量管理、降本增效和组织学习提供支持，对保持创新竞争力和推动组织发展至关重要。
- 财务管理：其核心作用是保障企业的资金需求和资金安全，提供财务报告和决策支持，管理风险和内部控制，评估绩效和激励员工，从而为企业的长期可持续发展保驾护航。

- 成本管理：其本质是通过对成本的全面控制和优化，运用不同的管理方法和工具，持续识别问题并采取改进措施，从而降低成本、提高效率、优化资源配置，增加企业的利润和竞争力，实现企业经济效益的最大化。
- 采购管理：采购管理不再仅是传统意义上的谈判和议价，而是企业优化资源配置、提高供应链效率和稳定性、确保采购品质、建立良好供应商生态链的重要手段。有效的采购管理将为企业的长期发展和竞争力增强奠定坚实基础。

由于这些核心业务对企业具有各不相同又千丝万缕般交织的关系，因此，对应的核心系统本身的核心应用价值及与其他系统之间的交互集成问题也随之出现，这正是业财一体化形成的基本背景。对于业财一体化的系统集群问题，由于涉及的系统多，规模大且复杂，因此，不能采取激进的全面铺开方式，亦不可抓到一个算一个。前者极有可能导致项目失败，后者则容易形成信息孤岛或达不到预期效果。因此，需要在项目启动初期进行整体规划，分阶段实施，巩固成果，逐步推进。首先形成业财一体化的业务地图，然后根据企业的情况分优先级，逐个攻克，达到以面定点、以点带面的良好"动态"效果。

行业共性，企业特点

提炼行业共性，利用供应商的行业最佳案例经验，结合本企业的个性化特点，将三者进行融合与提升，整合出一套既符合本企业需求又具有个性化的信息化系统。这不仅有利于企业信息化的标准化，还能保留企业特有的属性与敏锐性，实现更高效、快速地响应市场需求，从而增强企业的竞争力。

顶层设计，试点推广

顶层设计是四个阶段中最核心的部分，也是成功的关键因素。负责顶层设计的 CIO、CEO 及对应负责人，需做到高瞻远瞩，好高"务"远。基于企业全局进行系统规划，从当前到未来，从现阶段的试点应用到未来的推广实施，绘制出清晰的规划框架（见图 17-6）。

确保交付，管理提升

在业务管理中，紧抓关键点和薄弱环节是管理提升的核心。结合行业最佳业务实践，借鉴成熟经验，融合本企业实际情况，总结并集成既有良好做法，同时不断优化完善。从系统适应性应用角度出发，考虑信息系统集群的整体解决方案。

在上述关键因素得到合理处理的基础上，业财一体化为企业带来的好处显而易见,其核心价值如图 17-7 所示。

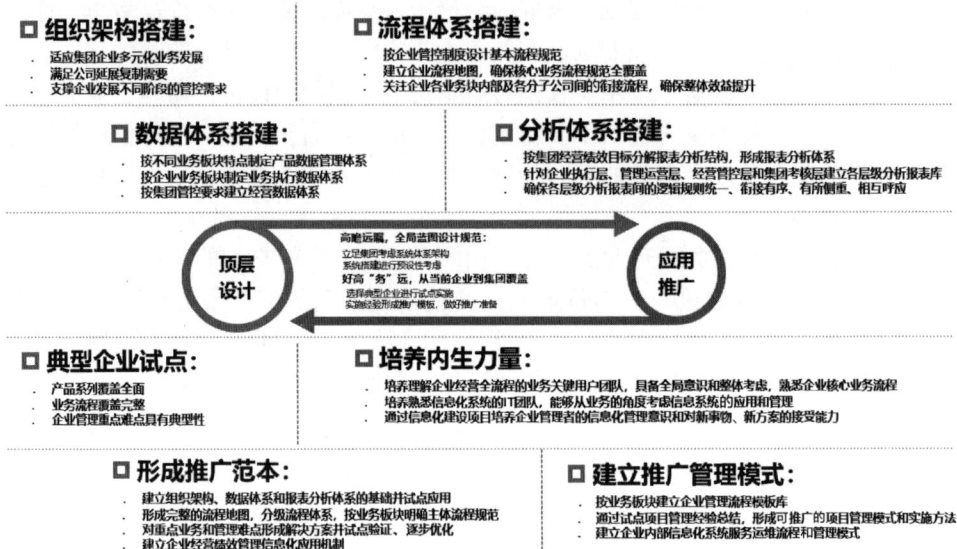

□ **组织架构搭建:**
- 适应集团企业多元化业务发展
- 满足公司延展复制需要
- 支撑企业发展不同阶段的管控需求

□ **流程体系搭建:**
- 按企业管控制度设计基本流程规范
- 建立企业流程地图,确保核心业务流程规范全覆盖
- 关注企业各业务块内部及各分子公司间的衔接流程,确保整体效益提升

□ **数据体系搭建:**
- 按不同业务块制定特点制定产品数据管理体系
- 按企业业务板块制定业务执行数据体系
- 按集团管控要求建立经营数据体系

□ **分析体系搭建:**
- 按集团经营绩效目标分解报表分析结构,形成报表分析体系
- 针对企业执行层、管理运营层、经营管控层和集团考核层建立各层级分析报表库
- 确保各层级分析报表间的逻辑规则统一、衔接有序、有所侧重、相互呼应

顶层设计 → 高瞻远瞩,全局蓝图设计规范:
立足集团问考虑系统体系架构
系统搭建按预设性考虑
好高"务"远,从当前企业到集团覆盖
选择典型企业进行试点实施
实施经验形成推广模板,做好推广准备
→ **应用推广**

□ **典型企业试点:**
- 产品系列覆盖全面
- 业务流程覆盖完整
- 企业管理重点难点具有典型性

□ **培养内生力量:**
- 培养理解企业经营全流程的业务关键用户团队,具备全局意识和整体考虑,熟悉企业核心业务流程
- 培养熟悉信息化系统的IT团队,能够从业务的角度考核信息系统的应用和管理
- 通过信息化建设项目培养企业管理者的信息化管理意识和对新事物、新方案的接受能力

□ **形成推广范本:**
- 建立组织架构、数据体系和报表分析体系的基础并试点应用
- 形成完整的流程体系,分级流程体系,各业务板块明确主体流程规范
- 对重点业务和管理难点形成解决方案并试点验证、逐步优化
- 建立企业经营绩效管理信息化应用机制

□ **建立推广管理模式:**
- 按业务板块建立企业管理流程模板库
- 通过试点项目管理经验总结,形成可推广的项目管理模式和实施方法
- 建立企业内部信息化系统服务运维流程和管理模式

图 17-6 顶层设计与应用推广

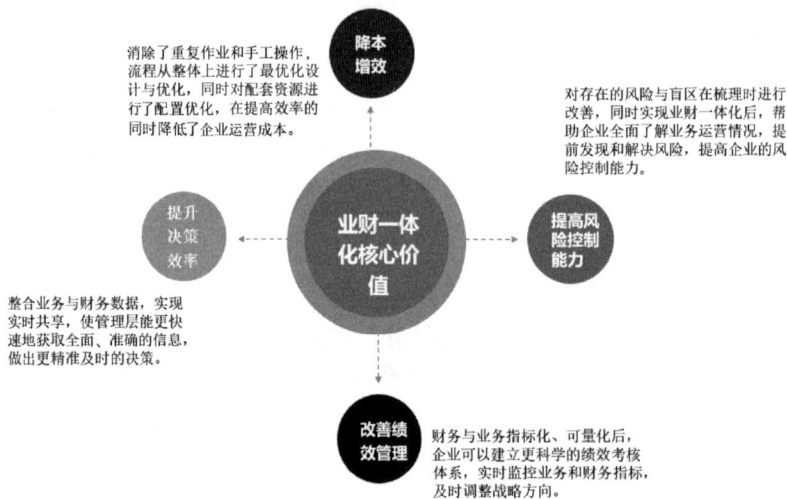

消除了重复作业和手工操作,流程从整体上进行了最优化设计与优化,同时对配套资源进行了配置优化,在提高效率的同时降低了企业运营成本。

对存在的风险与盲区在梳理时进行改善,同时实现业财一体化后,帮助企业全面了解业务运营情况,提前发现和解决风险,提高企业的风险控制能力。

降本增效

提升决策效率

业财一体化核心价值

提高风险控制能力

整合业务与财务数据,实现实时共享,使管理层能更快速地获取全面、准确的信息,做出更精准及时的决策。

改善绩效管理

财务与业务指标化、可量化后,企业可以建立更科学的绩效考核体系,实时监控业务和财务指标,及时调整战略方向。

图 17-7 业财一体化的核心价值

此外,业财一体化与战略落地关系密切。它可以帮助企业更好地实现战略目标,将战略转化为可执行的操作计划,并通过业务与财务过程的校验、财务数据的监控和分析,及时调整战略执行方向,确保战略能有效落地并取得预期效果。因此,业财一体化是战略实施的重要支撑和保障。企业在制定和落实战略计划时,应充分考虑业财一体化的价值，将其作为重要的战略工具，以提升企业的竞争力和长期发展能力。

组织与策略匹配

业财一体化的不同阶段对组织和策略有不同的要求。业财一体化不同阶段与之匹配的组织、策略如表 17-2 所示。

表 17-2　业财一体化不同阶段与之匹配的组织、策略

名称	起步建设阶段	单项应用覆盖阶段	集成提升阶段	创新突破阶段
组织特征	规模小，响应快，基本没有流程、管理规范及信息化，充分发挥快准灵的优势	建立了一定的市场地位，但内部管理尚未跟上，对流程、管理规范及信息化的需求强烈	管理成熟且规范，对流程、内部管控、协同办公等需求较高，通过数字化与智能化降本增效	管理高度自治而规范，对数字化及自动化的需求强，以降本增效、提高决策效率、激发新业务模式
业财一体化特征	没有财务系统或孤立的财务系统	财务系统开始与部分核心业务集成，实现部分业务数据的自动传递	企业级全面集成，多业务系统与财务系统深度整合，数据实时流动	利用大数据、AI 等先进技术，实现数据深度分析，预测和优化业务决策
价值体现	没有体现价值或是初步实现财务电子化和自动化处理，提升财务工作效率	减少了人工数据录入，提高了数据准确性，初步打破了信息孤岛	业务流程自动化，数据一致，决策支持增强，企业级协同效率提升	实时洞察业务，数据驱动决策，提高运营效率和市场响应速度，激发新的商业模式
企业策略	从局部应用入手，提高内部信息共享水平，提升部门工作效率	尝试将财务系统与业务系统进行初步集成，解决部门内部的信息孤岛问题，优化业务流程	从全局视角进行集成设计，解决跨部门、跨系统的数据共享和业务协同问题，制定统一数据标准，构建集成平台	移动优化与云服务，利用 AI、大数据分析驱动决策，推动智能财务的实现。关注移动战略、数据驱动、智能优化和用户体验

总之，业财一体化是企业信息化建设中的关键环节，随着企业信息化建设的深入而不断演进。从局部整合到全局集成，再到利用新技术推动创新，每个阶段都有其特定的策略和重点。企业需根据自身情况灵活调整，制定相应的业财一体化策略，以实现最佳的业务效益和组织价值。

提炼关键业务场景

业财一体化的关键业务场景通常覆盖企业运营各环节，确保财务数据与业务活动的实时同步、高效整合与紧密集成。这些场景通常聚焦于财务与核心业务流程的交汇点，确保数据实时、准确流转。以下是一些常见的业财一体化典型关键

业务场景。

（1）销售、收款与收入管理。

- 销售订单与信用控制相结合，销售系统与财务共享客户信用信息，防止坏账风险。
- 发票与收款自动化，销售订单、发票与银行收款自动同步，实时跟踪销售订单，自动记录收入确认，减少账务处理时间。
- 销售订单与收入预测，根据销售数据预测收入和现金流。

（2）采购与成本控制。

- 采购订单与发票，自动匹配采购订单与发票，确保成本准确记录。
- 分析供应商绩效，优化采购成本。

（3）库存管理与供应链管理。

- 集成库存变动数据，实时反映库存价值和成本。
- 优化供应链流程，减少库存积压，提高库存周转率。

（4）项目管理与预算控制。

- 监控项目成本与进度，确保项目在预算内完成。
- 基于项目实际进展调整预算和资源分配。

（5）费用报销与现金流管理。

- 自动化费用报销流程，减少手工处理时间。
- 实时监控现金流状况，优化资金分配。

（6）风险管理与内部控制。

- 实时监控财务和业务风险，及时采取措施。
- 确保内部控制流程与业务活动同步更新。

（7）财务报告与决策支持。

- 自动生成财务报表，提供决策支持。
- 利用财务数据进行经营分析和战略规划。

（8）税务管理与合规。

- 自动计算税金，确保税务合规。
- 落实税收优惠政策，优化税务支出。

（9）融资与投资决策。

- 基于财务数据评估投资项目可行性。
- 管理融资活动，优化资本结构。

（10）客户与供应商关系管理。

- 分析客户和供应商的财务状况，优化合作关系。
- 管理信用风险，确保交易安全。

在这些业务场景中，业财一体化通过整合信息系统和流程，确保业务数据和财务数据的一致性、准确性和实时性，从而提高决策效率和经营效果，帮助企业更好地控制成本和风险，提升整体竞争力。

流程梳理

业财一体化，即业务与财务管理的一体化，是指将企业的业务流程与财务流程有机结合，使财务数据能实时、准确地反映业务活动的全过程，从而提高企业的管理效率和经济效益。其核心目的是实现业务数据和财务数据的集成与共享，消除信息孤岛，确保决策的及时性和准确性。

业财一体化的业务流程梳理主要通过以下几个步骤进行。

- 业务活动识别与分析：首先识别和分析企业中的所有业务活动，包括采购、生产、销售、库存管理等，了解这些活动产生的数据类型及其对财务管理的影响。
- 财务流程分析：对现有的财务流程进行详细分析，包括会计记账、报表生成、预算编制、成本计算等，确定这些流程如何支持或影响业务活动。
- 数据集成方案设计：根据业务活动和财务流程的分析结果，设计数据集成方案，确保业务数据能够顺畅、准确地传递到财务系统。
- 流程重组与优化：在数据集成的基础上，对业务和财务流程进行重组和优化，去除不必要的环节，提高流程的效率和效果。
- 系统集成与测试：将业务系统和财务系统进行集成，确保数据能在两者之间自由流动，并进行充分的测试，确保新流程的顺畅运行。
- 监控与持续改进：对业财一体化流程进行监控，实时监控企业的现金流、成本、利润等关键指标，发现异常情况及时预警，帮助企业进行风险控制及不断改进流程，确保其能满足企业日益变化的需求，同时进行有效的风险管控。

通过业财一体化的业务流程梳理，企业能获得以下改善和收益。

- 提高决策质量：决策者能即时获取准确的业务和财务数据，从而做出更加明智的决策。
- 提升运营效率：消除重复工作和手工操作，自动化流程提高工作效率。
- 优化资源配置：通过实时财务分析，企业能更有效地管理资金、存货和劳动力等资源。
- 降低成本：减少因信息不准确或流程不顺畅造成的损失和浪费。
- 支持战略规划：为企业的长远规划提供坚实的数据基础和分析支持。

总之，业财一体化业务流程梳理是企业信息化建设的重要组成部分，能提供全面的财务数据和分析报告，为企业决策提供支持，帮助企业制定更加科学合理的经营策略，实现转型升级，提升核心竞争力。

形成方法论

业财一体化是企业业务流程和财务管理深度融合的过程，旨在提升财务信息的实时性和决策支持能力，实现业财一体化也有一定的方法论遵循，相关方法论是指一系列的实践原则、步骤和技术，用于指导企业如何有效地将财务和业务运营整合在一起。实现业财一体化的方法论主要有：

- 业务流程梳理：对企业内部的业务流程进行详细分析，理解每个环节的输入、输出和价值创造点。确保每个业务步骤都能产生可追溯的财务信息。

- 数据管理与集成：建立统一的数据标准，确保业务系统与财务系统之间的数据一致性和互操作性。利用 API、Webservice 或数据同步工具集成各系统，实现实时数据交换。数据管理方法论包括数据建模、数据质量保证、数据治理和数据迁移策略等。

- 系统选型与定制：选择支持业财一体化的 ERP（企业资源计划）系统，或对现有系统进行定制以满足特定需求。确保系统能无缝连接业务模块（如销售、采购、生产）与财务模块（如会计、预算、报表）。

- 敏捷方法和迭代开发：采用敏捷方法论（如 Scrum），帮助团队快速适应变化，并在不断反馈和改进中推进项目。迭代开发允许企业分阶段实施业财一体化，每次迭代都增加新的功能和改进。

- 变革管理：变革管理方法论关注如何引导和帮助员工适应新的业务和财务流程。这包括沟通计划、培训策略、管理层支持和持续的沟通机制。

- 价值流映射：价值流映射是一种可视化工具，用于识别业务流程中的浪费，并优化流程以提高价值创造。这种方法论可帮助企业识别业财一体化中可以改进的地方。

- 持续优化及监控：采用持续部署或持续集成等方法，鼓励企业不断评估和改进业务和财务流程。通过定期审查和反馈，企业可不断持续优化业财一体化的效果。定期评估系统性能，根据业务变化进行调整，并利用数据分析工具监控业务流程与财务数据的关联性，以实现持续改进。

- 风险控制：识别和管理业财一体化过程中的风险，如角色缺失、流程争议、数据标准不一致等。制定应对策略，确保项目顺利推进。

- 数字化转型的方法论：数字化转型方法论关注如何利用技术和创新来改变商业模式和运营方式。这包括数字战略制定、技术采用和数字化文化的培养。

这些方法论可以单独使用，也可以结合使用，以适应不同企业的具体需求和业务环境。重要的是选择合适的方法论，并确保所有相关人员都参与和支持业财一体化的实施，从而让企业在推进业财一体化的过程中少踩坑、不踩坑，确保业财一体化的顺利推进和持续优化。

配套举措：业财一体化组织功能与绩效

业财一体化的组织功能和绩效是指在企业中将财务和业务功能整合在一起，以实现更高效的运营和更好的绩效表现。这种一体化可以帮助企业更好地管理财务流程、优化资源配置，并更好地监控业务绩效。通过整合业务和财务功能，企业可以更全面地了解业务运营情况，从而更科学地制定战略和进行决策。

为实现业财一体化，组织功能需要实施一系列配套举措来确保业务和财务部门的无缝协作。在组织功能及绩效配套上，可以围绕以下几个关键点进行设计。

- 组织结构调整：建立跨部门团队，促进业务部门与财务部门的紧密合作，例如成立业财融合的项目组。提升 CIO 的角色，使其能领导变革，融合业务与 IT，推动业财一体化，确保 IT 从技术支持转向业务变革。
- 风险管理和控制：识别并管理角色缺失、流程争议、标准不一致、非自动传送、数据质量等风险。对涉及变更的方案进行重新讨论和调整，确保方案完整并适应业务需求。
- 流程优化与标准化：梳理和规范业务流程，减少争议，同时定期审查和调整流程，确保它们适应不断变化的业务需求和市场条件。制定统一的数据标准，通过集成系统消除信息孤岛，优化业务流程，减少重复工作，提高整体运营效率。
- 培训与持续改善：提供培训，确保员工理解业财一体化的重要性和他们在日常工作中如何支持这一目标。促进部门间的信息共享和沟通，减少误解，提高执行效率。鼓励持续学习和创新，探索新的技术和方法来持续提升业财一体化的成效。
- 目标一致性：确保财务目标与业务目标紧密相连，通过 KPI（关键绩效指标）将业务流程的效率和财务成果统一衡量。同时制定跨部门的 KPI，如收入增长、成本降低、资产周转率等，鼓励部门间协同。
- 综合性指标引导：设计与业财一体化目标相匹配的激励机制，如利润分享、项目奖金等，鼓励员工参与并推动业财一体化进程。建立基于数据的绩效考核体系，用实际的业务成果和财务指标来评价员工贡献。

通过这些组织功能与绩效双举措，企业可确保业财一体化不仅是一个技术项目，而是真正推动业务增长和财务健康的业务、财务、技术相融合的关键战略。

业财一体化领域数字化项目运营成果

业财一体化的运营管理与经营决策

在业财一体化的数字化运营管理与决策中，CIO 扮演着至关重要的角色。他们需要构建一个高效的信息系统，以支持企业从数据收集、分析到策略制定的全过程。通过整合财务和业务数据，企业可以更好地理解其业务流程，优化成本结构，支持经营决策，并通过数据驱动的方式提升整体运营效率和业务决策的同步性。以下是业财一体化领域数字化运营管理与决策的一些关键点。

- 实时报表与分析：提供实时的财务和业务报表，帮助决策者及时了解企业运营状况。同时利用大数据和数据分析工具，进行深度洞察，发现潜在的业务机会和风险。实现多维度、自定义的报表，满足不同管理层级的决策需求。
- 智能预测与预算管理：通过机器学习和人工智能技术，进行销售预测、成本分析，支持预算编制和执行。采用滚动预算和灵活预算模型，反映市场变化，提高预算的准确性和响应速度。
- 流程自动化与优化：通过自动化工具简化审批流程，提升效率，减少人为错误。运用业务流程管理（BPM）优化业务流程，降低运营成本。与 ERP、CRM，SRM 等系统集成，实现业务与财务的一体化操作。
- 风险管理与合规：建立基于数据的风险监控系统，实时预警潜在风险。遵守相关法律法规，如税务规定，确保企业合规运营。利用数据审计功能，确保数据完整性和可追溯性。
- 决策支持与战略规划：利用数据驱动的决策支持系统，辅助高层制定战略。通过数据可视化工具，以清晰的图表形式呈现关键指标，提升决策效率。结合业务场景，构建预测模型，支持战略规划和执行。

通过上述措施，业财一体化系统能为企业的决策层提供实时、准确的数据支持，优化运营流程，降低风险，提高决策质量和效率，推动企业向数字化、智能化转型。同时，这也有助于业务部门、财务部门、信息技术部门从单一角色转变为战略合作伙伴，为企业的运营管理与经营决策提供新的创新运营模式与决策模式，成为推动企业增长的核心驱动力。

业财一体化是企业信息化进程中的重要里程碑，它强调业务流程与财务系统的紧密结合，以提高决策效率和企业整体运营效能。其中，权责利的重构是这一过程中关键的一环，它确保了在集成系统中，各个部门和岗位的职责明确，利益相关，且有适当的权力去执行任务并承担责任。主要成果包括：

- 明确职责：在一体化系统中，每个部门和角色的职责需要清晰界定，以确保信息在流程中顺畅流动。例如，销售部门负责销售预测，财务部门负责预算管理，而 IT 部门则负责系统集成与数据安全。
- 权力下放：为了提高决策效率，企业在业务扩展时需下放部分权力到区域或项目层面，这不仅提高了效率，还增强了团队的责任感和积极性。例如，以往所有费用或投资都要上报公司最高层审批，而在业财一体化梳理中，可以根据人员级别、项目重要性及资金额度等，将一部分权责下放给对应级别的人员，同时让他们对相关决策的风险及利润承担责任。
- 利益共享：一体化系统鼓励跨部门合作，通过共享财务数据和业务成果，激励各部门优化业务流程，提升整体业绩。例如，通过利润考核，让各部门更关注项目利润，并为此共同努力。
- 责任追踪：每个决策和操作都有相应的责任归属，通过系统可以追溯，确保出现问题时可及时调整和优化。例如，对于成本超支的情况，可通过系统追踪到具体的责任人和环节。
- 流程标准化：通过标准化的业务和财务流程，确保所有参与者遵循统一规则，减少人为错误和误解。例如，统一数据标准和报表格式，减少因格式不一致导致的清洗工作。
- 灵活配置：系统要有灵活的配置能力，以适应快速变化的业务环境和未来可能的组织结构调整。这意味着权责利的分配可能需要在系统中动态调整。
- 持续监控与评估：高层通过辅助平台实时监控业务动态，评估各部门的业绩，及时调整策略。同时，通过系统定期回顾和分析成本目标，确保整体运营目标的达成。

通过权责利的重构，企业可以实现更为高效的业务流程，减少信息孤岛效应，提升整体运营效率。同时，决策支持的增强、客户满意度的提升以及企业可持续发展的促进等多重成果，将通过数据驱动的决策支持，推动企业的战略转型与创新。

成果案例

在进行业财一体化前，AA 集团总部战略委员会、董办、人事、信息技术部就企业变革进行了长达一年多的变革准备与沟通，并深入探讨了战略方案。在推进过程中，由董事办下属的信息技术部负责人亲自带队，董事长、CEO、人事行政、律师团队等随时响应需求并提供支持。

从集团层面开始，组织架构就进行了全面优化。过去，各业务板块独立作战，跨模块协作依赖人工处理，且各板块内部系统数据不统一，跨模块协作更是困难重重。经过调整，从集团层面到板块公司，再到分公司及业务部门，实现了统一规划与规范。调整后的业财一体化组织架构如图17-8所示。

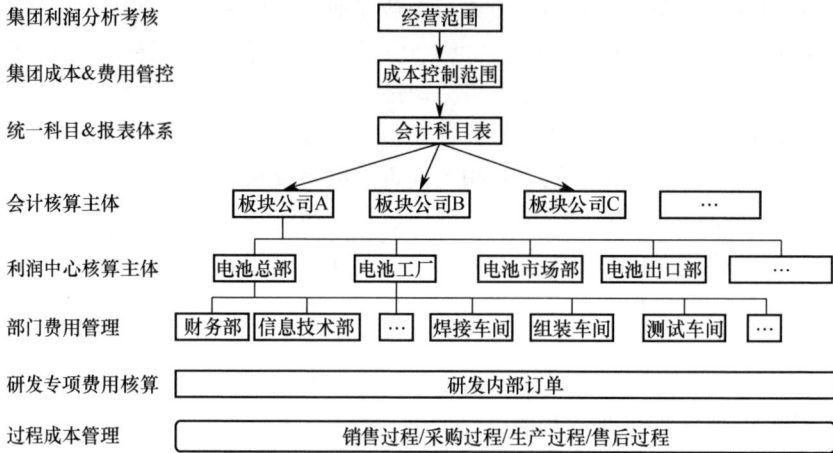

图 17-8　调整后的业财一体化组织架构

这种结构的主要优势体现在：（1）构建统一、灵活的组织架构，支持 AA 集团未来基于战略布局的组织调整、业务统计和绩效管理要求。（2）组织机构层级的灵活分配与高度继承性。（3）业务、财务、管理组织的灵活匹配，确保数据一致性，解决前瞻性问题。同时，实现了集团层面的业财一体化功能。

在业财一体化项目实施过程中，对各板块进行了全面的流程、制度、规范与表单梳理，并形成了流程地图。在流程梳理过程中，首先对相关制度和规范管理清单进行整理和梳理，形成标准化的规范性文件。随后，通过业务一体化项目，将这些规范在系统中逐步落实。流程梳理和跟踪模板如图17-9所示。

将流程所属的模块、分类、唯一流程编号、名称、最终确认时间、流程编制人员、审核人员、确认责任人、IT 跟踪人员及最终版本流程图链接在一个表中，作为备查及存档的交付物，也是未来调整变更的依据。

分流程整理完成后，进行流程地图的拼接及复盘，汇总结果如图17-10所示。

流程地图的主要功能是对各流程进行复核，确保各流程之间能够实现集成并顺利流转，避免出现孤立流程或未形成有效集成的流程。具体而言，流程地图需确保各流程之间无反复、无遗漏、无阻塞，从而实现高效、顺畅的业务流转。

在整理流程的过程中，相关的制度、表单等同步进行匹配，确保相关流程或业务能有效落地，项目流程跟踪模板如图17-11所示。

模块	分类	流程编号	流程名称	最终确认稿时间	流程编写人员	审核人员	确认责任人	IT跟踪人员	visio图最终版本
FI	FI主数据	AA FI-001	会计科目主数据维护流程	XXXX-XX	翠花	翠花	李四	张三	AA FI-001
FI	FI主数据	AA FI-004	资产主数据维护流程	XXXX-XX	东风	翠花	李四	张三	AA FI-004
FI	总账管理	AA FI-101	总账凭证处理流程	XXXX-XX	翠花	翠花	李四	张三	AA FI-101
FI	总账管理	AA FI-102	员工借款流程	XXXX-XX	王二	翠花	李四	张三	AA FI-102
CO	成本主数据	AA CO-001	成本中心主数据维护流程	XXXX-XX	西南	西南	李四	张三	AA CO-001
CO	成本主数据	AA CO-002	研发项目维护流程	XXXX-XX	西南	西南	李四	张三	AA CO-002
FI	总账管理	AA FI-103	费用报销流程	XXXX-XX	王二	翠花	李四	张三	AA FI-103
FI	资产管理	AA FI-401	资产入账流程	XXXX-XX	东风	翠花	李四	张三	AA FI-401
FI	资产管理	AA FI-402	固定资产转移流程	XXXX-XX	东风	翠花	李四	张三	AA FI-402
FI	资产管理	AA FI-403	资产处置流程	XXXX-XX	东风	翠花	李四	张三	AA FI-403
FI	资产管理	AA FI-404	固定资产盘点流程	XXXX-XX	东风	翠花	李四	张三	AA FI-404

图 17-9　流程梳理和跟踪模板

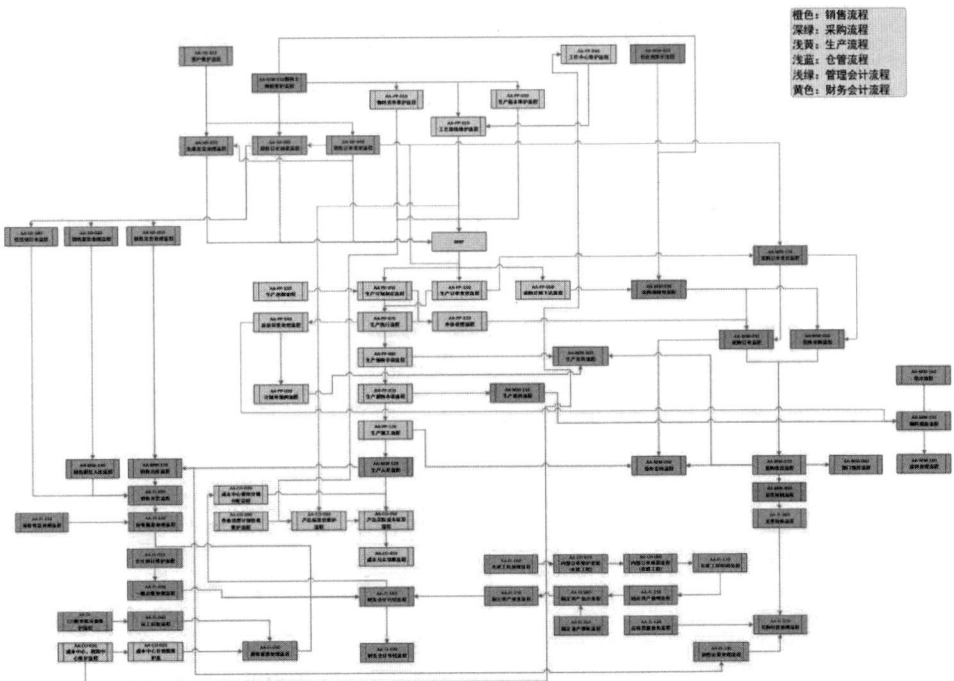

图 17-10　业财一体化项目流程汇总

编号	模块	单据名称	系统内/系统外	现有/新增	单据功能	链接
1	SD	《客户主数据申请表》	系统外	新增	维护客户主数据的依据	客户主数据申请表
2	SD	《信贷主数据申请表》	系统外	新增	维护信贷主数据的依据	信贷主数据申请表
3	SD	《建议调价申请单》	系统外	现有	价格主数据变更的依据	调价申请单
4	SD	《基híc价清单》	系统外	现有	价格主数据新增和变更的依据	AA板块A类产品基准价清单
5	SD	《报价需求表-平库》	系统外	现有	报价的依据	平库类货架项目规划设计信息需求表
6	SD	《报价需求表-立库》	系统外	现有	报价的依据	立库类货架项目规划设计信息需求表
7	SD	《销售合同评审表》	系统外	现有	合同评审依据	合同评审表
8	SD	《工程变更申请单》	系统外	现有	工程变更依据	工程变更申请单
9	SD	《工程变更评审单》	系统外	现有	工程变更依据	工程变更评审单
10	SD	《工程变更通知单》	系统外	现有	工程变更依据	工程变更通知
11	SD	《退货申请单》	系统外	新增	退货订单的依据	退货申请单
12	SD	《免费订单申请表》	系统外	新增	免费订单的依据	免费订单申请表
13	SD	《询价单》	系统外	现有	只针对废料销售价格的依据	询价单
14	SD	《发货通知单》	系统外	现有	仓库备货的依据	发货通知单
15	SD	《开票申请单》	系统外	现有	开票依据	开票申请单
16	SD	《报价单-内销》	系统内	现有	提供给客户的报价单	报价单-内销
17	SD	《报价单-外销》	系统内	现有	提供给客户的报价单	报价单-外销
18	SD	《产品运输交接单》	系统内	现有	出货时随货的产品清单	产品运输交接单
19	SD	《开票清单》	系统内	新增	提供给财务的开票清单	开票清单
20	SD	《销售报价统计表》	系统内	新增	系统内对销售报价数据进行统计	销售报价统计表
21	SD	《销售订单统计表》	系统内	新增	系统内对销售订单数据进行统计	销售订单统计表
22	SD	《销售出货统计表》	系统内	新增	系统内对销售出货数据进行统计	销售出货统计表
23	SD	《销售订单汇总表》	系统内	新增	系统内对销售订单汇总数据进行统计	销售订单汇总表
24	SD	《发货计划明细表》	系统内	新增	系统内对发货明细数据进行统计	发货计划明细表
25	PP	《物料主数据收集表》	系统外	新增	收集物料主数据信息，为新增、修改物料主	物料主数据收集表

| ‹ › ›| 目录 | 物料主数据收集表 | 计划内领料单 | 计划外领料单 | 计划退料单 | 调拨单 | 盘点表 | 呆滞品库龄清单 | 销售BOM维护申请表 | BOM导入模板 | VC维护申请 ⋯ |

图 17-11　项目流程跟踪模板

此外，还有相关制度梳理跟踪表，无论是制度、表单还是规范，牵引主体都是流程，它们与流程形成对应关系，从而确保流程的有效落地和执行。这里不一一列举。

针对标准行业及非标行业物料及 BOM 管理的困难点，结合 AA 公司业财一体化的方案，这里简单介绍一些管理思路和举措。

标准行业与非标行业物料及 BOM 管理思路如图 17-12 所示。

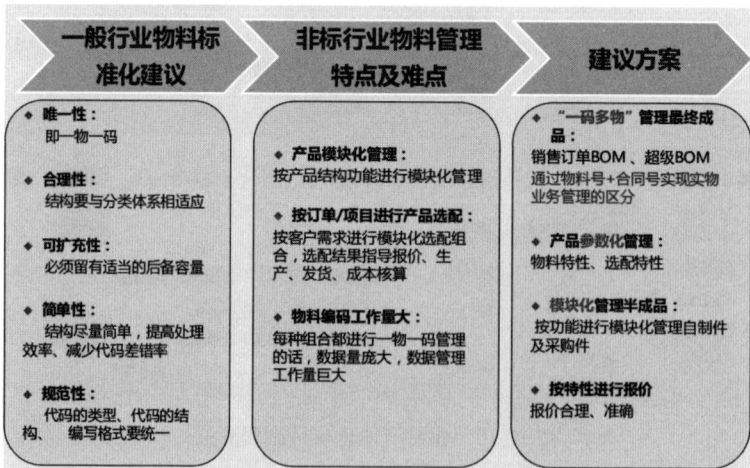

图 17-12　标准行业与非标行业物料及 BOM 管理思路

产品模块化管理思路及路径如图 17-13 所示。

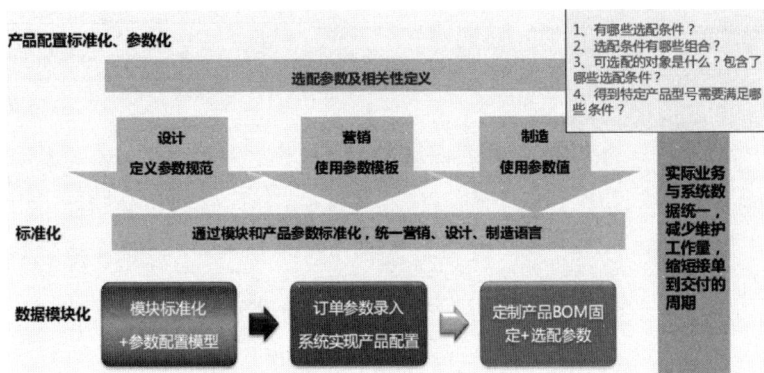

图 17-13　产品模块化管理思路及路径

配置需求传递过程如图 17-14 所示。

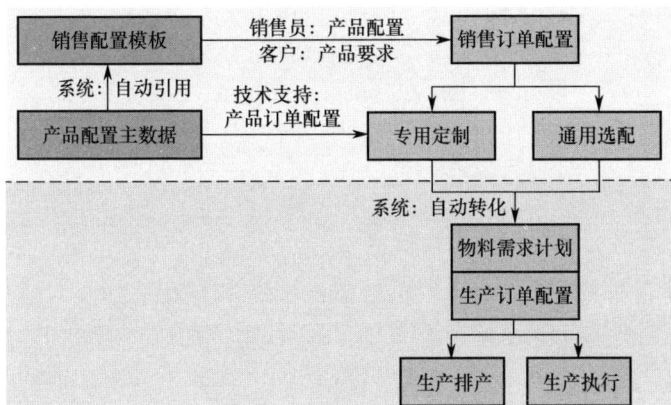

图 17-14　配置需求传递过程

通过模块化与配置化思维，将 AA 集团模板 C 的业务从需求到产品设计交付的周期，由原来 7～15 天缩减为几分钟至半小时内完成。原来需要专业设计人员完成的工作，现在可由文员操作。这不仅实现了业务流与财务数据的高度集成，充分体现了业财一体化的重要性，还为集团未来战略调整做好了充分准备。

反侵权盗版声明

电子工业出版社依法对本作品享有专有出版权。任何未经权利人书面许可，复制、销售或通过信息网络传播本作品的行为；歪曲、篡改、剽窃本作品的行为，均违反《中华人民共和国著作权法》，其行为人应承担相应的民事责任和行政责任，构成犯罪的，将被依法追究刑事责任。

为了维护市场秩序，保护权利人的合法权益，我社将依法查处和打击侵权盗版的单位和个人。欢迎社会各界人士积极举报侵权盗版行为，本社将奖励举报有功人员，并保证举报人的信息不被泄露。

举报电话：（010）88254396；（010）88258888

传　　真：（010）88254397

E-mail：　dbqq@phei.com.cn

通信地址：北京市万寿路 173 信箱

　　　　　电子工业出版社总编办公室

邮　　编：100036